あなたの猫を世界でいちばん幸せにする方法

ザジー・トッド＝著

片山美佳子＝訳

PURR

ハーリーとメリーナ、
そしてすべてのネコに捧げる。

あなたの猫を世界でいちばん幸せにする方法

ザジー・トッド／著　片山美佳子／訳

はじめに………………10

1章　あなたのネコは本当に幸せでしょうか？

家の中の暮らしにストレスがないか？ 14
ネコへの数々の固定観念におさらば
食事、環境、健康、仲間、正常な行動 17
動物の福祉のガイドライン「5つの自由」
あなたの時間をネコのために使おう 27
問題行動の原因が飼い主にないか？
行動と表情で読み取る研究の結果 37
ポジティブな感情とネガティブな感情

2章　ネコを家に迎えるときの心得

「椅子の下のネコ」もいる 44
「膝の上のネコ」もいる
空間、植物、危険物、穴、扉、トイレ、片づけ、イヌ 46
子ネコのための安全対策8つのポイント
なぜネコを飼いたいのか？ どんな環境で飼うのか？ 48
自分に合ったネコを選ぶための大事な意識
早くから触れてあげる、母ネコとは長くいる 54
子ネコの社会化に大切な時期
まずは一部屋にいて落ち着いてもらう 60
家にネコが来た日とそのあと

3章　ネコが心地よく過ごせる環境づくり

我が家にやって来て見つけた隠れ家はベッドのマットレスの中だった　66
必須条件としての「安全な場所」とストレスフリーへの物質的&精神的ニーズ　68
ネコの「必需品」は複数用意しよう　置き場所はバラすのがポイント　72
遊び＝「捕食者」としての本能を満たしてあげる　本物の獲物のように動かす工夫を　74
長時間で回数が少ないよりも　短時間で何度もなでてもらいたい!?　79
ネコの嗅覚とフェロモンのすごさ　「アロラビング」「バンティング」「ミドニング」etc　82

4章　「安全」と「幸せ」を両立させるために

窓越しに野生動物と遭遇　ネコの安全のために考えること　92
「完全室内飼い」と「半外飼い」　ストレスの感じ方は一匹一匹違う　95
屋外に出るリスクのいろいろ　有毒植物、化学物質、車、野生動物　98
屋外の安全への対策グッズは？　マイクロチップの装着は重要　104
ネコにもあるレム睡眠とノンレム睡眠　人間同様に夢も見る　110

5章　トレーニングで生まれる最良の信頼関係

118 「おすわり」から「ちょうだい」へ手の合図から言葉の声かけへ
120 トレーニングは短時間でペースもゆっくりごほうびのおやつは少量に
123 「報酬」による学習には「正」と「負」が快を得る場合、不快がなくなる場合
130 ほかのネコや人について生涯学び続けるポジティブな経験が友好的なネコを育てる
133 トレーニングによって強い絆を育む学習は愛猫の福祉向上にも役立つ

6章　動物病院と健康を保つ手入れ

142 ブラッシングが至福の時間ネコがほかのネコを舐めるように
143 もっと動物病院に行きましょうストレスを感じさせないための対策
151 ストレスや不安から解放してあげる獣医師側の工夫あれこれ
154 ワクチンについての基本知識手伝いとしてのブラッシングと爪切り
159 歯の手入れを軽く考えないで歯磨きはゆっくり慣れてもらう

7章　さらなる幸せのために「エンリッチメント」

166 やっぱりネコは箱が好きそして扉を開けることも好き!?
167 エンリッチメントの必要性ネコ本来の行動をする機会を与える
169 おもちゃと遊びはエンリッチメント捕食者らしい行動をさせよう

視覚的なエンリッチメント 172
窓際、キャティオ、トンネル、テント
においによるエンリッチメント 176
植物は効果大でマタタビ以外にも
音によるエンリッチメント 184
ネコのために作られた音楽もある

8章　飼い主への愛情とお互いの絆

おなかを見せる、視線を送ってくる…… 188
私に愛情を感じているのだろうか？
飼い主に愛着を感じているかの実験で 189
人間の親子関係と同じという結果が
人間との意思疎通は驚きの実験結果 193
言葉を聞き分け、しぐさを理解し、助けを求める
鳴き声の違いを飼い主なら判別できる!? 199
ゴロゴロ音にも目的で差があった
ネコが喜ぶかわいがり方 202
なでられたいのは顔の周り
飼い主とのコミュニケーション 208
相互のゆっくりとしたまばたきが効果的

9章　ネコの社会性

メリーナのほうが私たちを選んでくれた 214
ほかのネコとうまくやれるかの判断は……
ネコ同士が仲良く暮らすための知識 216
「コロニー」をベースとした仲間意識
ネコ社会の遊びや喧嘩 225
友好のシグナル＝尻尾を立てる、鼻を合わせる
ネコとイヌが仲良く暮らすために 231
違う種でも友好のシグナルを理解する

10章 ネコの食事

240 ハーリーが食べ物に執着していた理由……
そして、ドライフードと"ごちそう"と

242 ネコにとってのより良い食事環境を
捕食の習性、肉食、回数、フードパズル

249 ネコの太りすぎ～肥満対策への工夫
回数、カロリー、はかり、給餌機etc

11章 ネコの問題行動

260 問題行動につながる原因を探る
不適切な環境、必需品、罰などのストレス

263 トイレ以外での排せつは悪意からではない
痛みや疾患、トイレの大きさや場所、ネコ砂etc

273 爪とぎの好みは一匹一匹異なる
使ったあと、おやつをあげたりなでたり

276 恐怖心と人間に対する攻撃性
両親の性格と育ち方の両方が関係

283 飼い主の留守などの分離不安について
留守中のネコの動画撮影も

284 夜の運動会と夜鳴きは退屈が原因⁉
寝る前に遊んでおやつで締めくくる

286 ネコの行動学の専門家への相談は有効
CBDや向精神薬の効果や副作用は？

12章 高齢ネコと特別なケアが必要なネコ

294 メリーナとハーリーに白い毛が
快適へのケアは年齢とともに増える

295 老化現象にはクレバーな対応を
健康診断、室内のアクセス、寝床、フードetc

301 見えない、聞こえない、動けない
特別なケアが必要なネコを支える

＊視力の喪失
＊聴力の喪失
＊運動機能障害

13章　愛猫の最期

310 訪れるときへの心の準備
自分にとって何が大切か

311 ネコの寿命の多角的考察
雑種or純血種、死因、検査、保険

314 ネコの安楽死とQOLについて
絆の強さ、苦痛、外傷、獣医師の意見

316 安楽死を決断するということ
この子にとって良い一生とは何か

321 ペットロスの悲しみや予期悲嘆
友人や家族に頼りつつ自分自身を大切に

323 ペットは仲間の死にどう向き合うのか
甘えん坊になる、よくいた場所を探す

325 さまざまな緊急時への備え
非常用袋、迷子対策、面倒をみてもらう人

14章　ネコの幸せのために

332 「ネコ科学」への関心の高まり
さらなるアイデアに期待して

336 科学的知識とネコのニーズを蓄積
愛猫にとって最高の日々を追い続けて

340 ネコの幸福度チェックリスト

………………

345 [付録] ネコのためのトレーニングプラン

356 謝辞

i 注記

はじめに

やわらかなのに、カギ爪を持つ。ゴロゴロと甘えてくるが、何を考えているかわからない。ネコは、とかく誤解されやすい。だが、ネコだって真剣に向き合うほど、大きな〝ごほうび〟を返してくれる。世の中は万事そんなものなのだが……。

室内飼い、外出もさせる半外飼い、一匹飼い、多頭飼いといった飼育環境によって、ネコのニーズは異なる。私は、何年もネコに関する執筆活動や仕事を続けてきた。本書を通じて、ネコのニーズをよく知れば、ネコとの関係をいちだんと素晴らしいものにできるということをお伝えする機会に恵まれ、今、とてもわくわくしている。そして、私の愛猫、ハーリーとメリーナの話も聞いて頂ければ。

私は博士号を取得したノッティンガム大学で、動物行動学と心理学入門の少人数のクラスを受け持ち、ヒツジの脳の解剖もした（牛海綿状脳症〔BSE〕に関わるガイドラインで、この実習が望ましくないとされる前だった）。社会心理学者として、リスクの認識とコミュニケーションに関する研究を何年か行ったあと、夫とともにカナダに移住し、ブリティッシュコロンビア大学でクリエイティブライティングのMFA（美術学修士）を取得した。

そして短期間に、2匹のイヌと2匹のネコを立て続けに引き取ってみて驚く。心理学の研究で得た知識とは一致しない事実に直面したのだ。とりわけ、しつけのために厳しい訓練方法が推奨されていたことに、疑問が湧いてきた。そこで私は、ペットの行動に関わる科学的な見解をもっとよく調べてみようと思い立ち、イヌとネコを科学的に研究するという素晴らしい分野に出会ったのだ。

2012年、私は「コンパニオン・アニマル・サイコロジー」というブログを立ち上げた。一般の愛犬家や愛猫家と、質の高い情報を共有したいと思ったのだ。すると多くの飼い主が、科学的な裏付けのある記事を求めていることがわかった。私は幸運にも奨学金を得て、ドッグトレーニングのハーバードとも呼ばれる、「アカデミー・フォー・ドッグトレーナー」で学ぶ機会に恵まれ、効果的なトレーニング法や、恐怖心や攻撃性に起因する問題行動にどう対処するかを習得している。

それは、かつて教えたことのある心理学を実際の場面で応用したものにほかならなかった。さらに、英国の非営利団体「インターナショナル・キャット・ケア」の教育講座でネコの行動を学び、上級の修了証を取得している。ネコが一生のうちにどのような体験をし、どう行動しているのかをすべて網羅した、素晴らしい内容だった。それと同時に、国際的な保護活動にも貢献している「ブリティッシュコロンビア動物虐待防止協会」（ＢＣ ＳＰＣＡ）の地元の支部で、ネコやイヌ、小動物に関わるボランティア活動を行い、多くのことを学んだ。今は「ブルー・マウンテン・アニマル・ビヘイビア」という、イヌやネコの問題行動の相談に応じる事業を運営し、やりがいを感じている。

また、ペットの行動に関する研究も続けており、人間動物学の研究内容を一般の人々に伝える方法を、米国カニシャス大学人間動物学の修士課程の学生に教えている（人間動物学とは人間と動物との関係を研究する学問）。

前作の『あなたの犬を世界でいちばん幸せする方法』を書く前から、ネコについても同様の本を書きたいと考えていた。ネコの飼い主もイヌの飼い主と同じように、ネコの飼育について専門家からもっと学び、科学的根拠に基づく確かな情報が欲しいと思っている。本書が、読者の求める新しい知識をお届けし、愛猫とより良い関係を築くのに役立てば幸いだ。

なお、本書の内容は専門家の意見を代弁するものではなく、みなさまの愛猫の個別事案についての助言でもないため、ご自身の愛猫について何か気になることがあれば、必要に応じて、獣医師、動物病院の行動診療科、ネコの行動の専門家などに相談してほしい。

1章　あなたのネコは本当に幸せでしょうか？

HAPPY CATS

ネコへの数々の固定観念におさらば家の中の暮らしにストレスがないか？

メリーナは、この原稿を書いている私の邪魔をしようと、一生懸命だ。もう2度もパソコンの画面の前を横切った。今は、キーボードの真横に座って、期待に満ちた目でこちらを見ている。知らん顔などできるわけない。私が手を伸ばすと、彼女はクンクンとにおいを嗅ぎ、頭の横を手にこすり付けてきた。それから、アゴの下をなでやすいようにちょっと上を向くので、ご要望に従う。ゴロゴロと心地よいメロディーを奏でている。すっかり満足すると、パソコンのモニターの後ろにある窓枠に飛び乗って、しばらく外の世界を眺めることにしたようだ。尻尾の先が小刻みに動いている。

ネコは飼い主に興味がないと思っている人は、ネコをよく見ていない。ネコにしてみれば迷惑な話だが、手がかからないペットだと思い込んでいるために、ネコが必要としているものを与えていない飼い主がいるのだ。

かまわれるのが嫌いで、頭が悪く、気難しいといった数々の固定観念に縛られ、誰もが目の前にいるネコの本当の姿を見てこなかったのではないか。あくまでもマイペースではあるが、飼い主の気を引きたくてたまらない、美しい、もふもふの生き物。犬はしゃぎでネコじゃらしを追いかけ、家の陽だまりで気持ち良さそうにうたた寝をする。そうかと思えば、狭くて居心地のいい場所に丸くなり、安心してくつろぐのも嫌いじゃない。そんな、ネコの本当の姿をちゃんと見て、ニーズを満たしてあげることができれば、ネコはもっと幸せになれる。おそらく問題行動は減り、ネコは愛情というお返しで飼い主に報いるだろう。

1日に30分だけぎゅっと抱いてなで、あとはほったらかしというかわいがり方を、ほとんどのネコは好まない。ネコはちょっと気まぐれなところがあり、そこがまたかわいいのだが、その一方で、どのネコにも満たしてあげるべきニーズがある。そしてネコたちは間違いなく、人間に関心を持っている。

もちろん、メリーナもそうである。あれからまた私の机の上に飛び乗ってきて、私の鼻をクンクンし（ネコのあいさつだ）、額に頭をこすり付けてきた。私の肌に、やわらかく温かい毛皮と一緒に、目に見えないフェロモンをこすり付けているのだ。この、専門家が「バンティング」（頭突き）と呼ぶ行為は、同じ社会集団に属するネコ同士における大切な行動だ。メリーナは、本棚の一番上に飛び乗った。部屋を見渡すことができ、しかも仕事をしている私を見守ることができる位置だ。こちらが見上げると、メリーナはゆっくりとまばたきをするので、もちろん私も同じことをして応える。

もう一匹の愛猫ハーリーは、体格のいいトラネコだ。こちらは、机の下の私の足元にいる。そこには温かい風が出る暖房の吹き出し口があるからいるのには違いないのだが、それだけではない。なぜなら、暖房の吹き出し口は家のあちこちにあって、よりどりみどりなのだから。実際、午前中はいつもどおり、しばらくは玄関付近の吹き出し口を完全にふさいで温風を独占し、ぬくぬくしていた。今は私に近い吹き出し口の所にいる。彼なりの流儀で、私のそばを選んでいるのだ。たぶん、もうしばらくしたら、いつものように私の膝に飛び乗り、いっぱいなでてほしいとせがむ。それから机に乗ってキーボードの上を歩き、私に抱きあげられて古い仕事椅子に移される。以前、私が使っていた椅子だが、ハーリーのお気に入りで、よくそこでくつろいでいるので捨てられない。

イエネコの祖先は、アフリカの砂漠などの一部に今も生息するリビアヤマネコ（学名／*Felis silvestris lybica*）だ。青銅器時代や鉄器時代の集落からは、たびたびネコの骨が出土している。また、英国ヨークのコッパーゲートにある遺跡の発掘現場では、皮を剥がされたと思われるネコの骨が発見された。アングロ・サクソン時代のイングランドで、少なくとも一部のネコの毛が毛皮用に用いられていた証だ。[*1] 9世紀の詩『パンガー・バーン』では、修道士がネコを友として扱っており、当時、ネコに名前を付けることもあったことがうかがえる。イエネコが人間に飼われていたことがわかっている最古の事例は、中世のカザフスタンのものだ。東アジアからペルシア、東アフリカ、南ヨーロッパをつなぐシルクロードが通っていたその地域には、人々や物資が行き交っていた。[*2] ちなみに、つい最近までイエネコはネズミを捕る動物として重宝されていたのだ。今では家族の一員として室内で飼われることが増え、イエネコがネズミを目にする機会は減った。

愛猫家なら誰しも、ネコにはそれぞれの個性や好みがあることを知っている。ただ、飼いネコと聞いて思い浮かぶのは、溺愛されて一日じゅう、うたた寝している姿だ。もし飼いネコの多くが本当は退屈していて、家の中の暮らしにストレスを感じているとしたら、飼い主はどうすればいいのだろうか？

動物の福祉のガイドライン「5つの自由」食事、環境、健康、仲間、正常な行動

ネコが求めている事柄を考えるとき、幸いなことにゼロから始める必要はない。動物の福祉についてのガイドラインがいくつか存在するため、それを参考に最善のネコの飼い方を模索すればいい。その1つが、何十年も前からある「5つの自由」だ。元々は英国で家畜向けに制定されたものだったが、ペットを含め、あらゆる動物に適用されるようになった。世界各地でも、この「5つの自由」を基準に動物の福祉や動物虐待に関するさまざまな法律が制定されており、違反すれば動物虐待の罪で訴えられる可能性がある。

5つの自由

・**飢えと渇きからの自由**　健康と活力を維持するのに必要な、水と食事を与えられていること。
・**不快からの自由**　適切な環境を与えられていること。
・**痛み、ケガ、病気からの自由**　予防および迅速な診断と治療が行われること。
・**恐怖と苦痛からの自由**　精神的苦痛のない、飼育環境や待遇が保証されていること。
・**正常な行動をする自由**　十分な広さ、適切な設備、そして必要に応じて同種の仲間を与えられていること。

アニマルシェルターに行くと、「5つの自由」というガイドラインが記されたポスターが目に入るだろう。シェルターのホームページにも掲載されている。このガイドラインのおかげで、世界じゅうの動物の福祉は大いに向上した。適切な食事、環境、健康管理、仲間との交流、正常な行動の5つは、我々のペットにとっても不可欠な要素だということだ。

「5つの自由」のうち4つには「〜からの自由」という表現が使われており、「(ほとんどの)正常な行動をする自由」という肯定的な言い回しになっているのは、最後の1つだけだ。だが動物についての理解が深まってくるにつれ、私たちは動物にもっと多くの良い経験をさせてあげたいと思うようになってきた。そして、ネコを含め、今では動物について非常に多くのことがわかっている。

かつては科学者の間に、本当は動物には感情がないという考え方が浸透していた。当時は今以上に、動物たちに感情があるということを証明するのが難しかったことを考えれば致し方ない。ただ、人間は特別な存在だという考えがあるゆえに、動物には感情がないという見方がされてきたのも事実だ。最近では、多くの科学者たちの最先端の研究によって、動物たちの考えていることを言葉で正確に表すことはできなくても、動物にもたしかに感情があるということがわかってきた。ネコが暖かい日差しを浴びているときや、餌箱の周りを飛び回るハチドリを見ているときに、何を考えているのか言葉で教えてもらうことはできない。それでも、ネコは間違いなく何かを感じているのだ。

科学者たちは、さまざまな種を対象に、神経系の研究や実験といった幅広い方法で動物の感情について調べている。そして、動物についての理解を深めるために、独創的な実験方法も編み出してきた。たとえば今では、魚も痛みを感じるということがわかっている。[*3] 侵害受容器と呼ばれる、刺激に反応して痛みを感知する受容体を持っていることが根拠の1つだ。しかしそれだけではなく、痛みを感じていることが実験でも証明されている。ある科学者が、ニジマスの入っている水槽の中に、通常であればニジマスが回避するような物体（レゴブロック）を落とし、異なる条件下でニジマスがどう反応するかを比較した。すると、痛みを与える酢酸を注射されたニジマスは、ブロックを回避しなかった。痛みのために注意力が散漫になったと思われる。一方、酢酸と痛み止めのモルヒネを両方注射されたニジマスは、ブロックを避けることができた。

ほかに、科学者たちが研究用のラット（ドブネズミ）に、かくれんぼを教えるという実験も行われている。[*4] そして部屋の中で隠れ場所として指定した3カ所のうちの1カ所に隠れて、リモコンを使って箱のフタを開ける。ラットが科学者を見つけたら、報酬として遊んであげる。ラットが隠れる側のときは、ラットが入った箱を開けっ放しにし、箱の横に科学者がしゃがみこんで隠れるよう合図をする。すると、ラットは箱を飛び出して7カ所の隠れ場所のどこかを選んで隠れることができたのだ。成功するたびに、ラットは報酬として遊んでもらった。ラットは隠れる場所として、透明な箱よりも不透明な厚紙の箱のほうを選ぶ傾向が見られた。見つかりやすい&見つかりにくい場所を認識していた証拠だ。

また、ラットは隠れている間はほとんど音を立てなかったが、鬼になったときには興奮した声を発していた（人間の耳で聞こえる周波数ではないが、実験室の設備で感知した）。かわいそうだが、ラットたちはほかの研究用のげっ歯類と同じく、実験が終わると安楽死の処置をされた。ただ、このような研究によって私たちは、すべての種類の動物がたしかに「何かを感じている」ということを知ることができる。

数々の研究結果を受け、科学者たちは2012年、「意識に関するケンブリッジ宣言」を発表した。[*5] 宣言の一部には次のように記されている。

「さまざまな研究によって得られた証拠を集約すると、人間以外の動物が、神経解剖学的、神経化学的および神経生理学的に見て、意識の存在に必要な基盤を有し、意図的に行動をする能力も持っていることが示された。つまり、人間だけが意識を生み出す神経科学的基盤を持っている唯一の存在ではないことを示す、十分な科学的根拠がある。すべての哺乳類、鳥類のほか、タコを含む多くの生き物が、これらの神経科学的基盤を有している」

もちろんこれは、タコや鳥だけでなく、今あなたの膝の上でゴロゴロとノドを鳴らしているネコにも当てはまる。

ネコは意図的に行動し、幅広い感情を経験することのできる、知覚を持つ生き物だ。[*6] 科学者たちは、ネコの認知能力についてもかなり研究を重ねてきた。[*7] ネコは目の前から消えたものが、まだ存在していること(「物の永続性」という)を認識できる。このことは、ひとかけらの食べ物を箱の後ろに隠すと、ネコは最初にそこを探しに行くという実験で示されている(実際にはこっそりほかの場所に隠した場合でも同じだった)。

また、ネコが2つの点と3つの点を区別するよう訓練する実験において、ネコにはある程度の「量の概念」があることも証明されている(大きいほうの食べ物を手に入れるのに役立つ能力だ)。さらに、隠してある食べ物の方向を人が指さすとネコが見つけられることもわかっている(どこで覚えたのか、ハーリーもそうだ)。そして飼い主と良好な関係を築いているネコは、恐ろしげなものを見たときに、飼い主の顔を見て情報を引き出そうとする(8章)。つまりネコは、複雑な社会に生きる知的生物であり、飼い主が手をかければいっそう素晴らしい存在になる可能性を秘めているのだ。

動物たちがさまざまな能力を持っているということがわかるにつれ、動物の福祉についての考え方も変わってきた。そして、「5つのフリーダム」を手直しした「5つの領域モデル」では、「ポジティブな経験」が追加された。[*8] 最初の4つはここまで読んで頂いてすでにおなじみの、良好な栄養、快適な環境、適切な健康管理、そして正常な行動を可能にする、環境および同じ種の仲間や人間との良好な関わりだ。「5つめの領域(動物の精神状態)では、動物たちにもっとポジティブな経験をする機会を与える責任が強調されています」と、ニュージーランドのマッセー大学の元教授で、この領域モデルの考案者のデビッド・メラー博士は述べている。

「良好な栄養状態、快適な環境、適切な健康管理、正常な行動、そしてもっとポジティブな経験をする機会」が動物福祉の観点から重要だというのだ。博士は、「動物が生き延びるために何が必要か、ということと、生き延びるだけでなく生き生きと暮らすために何が必要か、は違う」ということを私に教えてくれた。飼い主なら誰しも、ペットが生き生きと暮らせるようにしてあげたいと思うのではないだろうか。

もっとも、ネガティブな経験の中には避けて通れないものもある。生存のために、生物学的な仕組みに組み込まれているからだ。たとえば、もしノドの渇きを感じなければ、飲み物を摂取しようという気にはならない。ノドの渇きという感覚を癒すために私たちは飲むのだとメラー博士は言う。ノドの渇き、空腹、息苦しさ、痛みなどの感覚は、それぞれ特定の経験に付随するものであり、動物（人間を含む）は特定の行動をすることで、こういった感覚を取り除こうとする。これらは、長年の進化の中で培われてきた、生存に不可欠な感覚だ。

そして、こうしたネガティブな経験は、5つの領域のうちの最初の3つ（栄養、物理的環境、健康）でほぼカバーされている。「ノドが渇けば水を飲み、おなかが空けば高エネルギーの栄養を摂り、吐き気を覚えればその食べ物を避け、痛みを感じればケガをするような体験や出来事を避けるようになる」のだとメラー博士は言う。私たちが動物のためにしてあげられるのは、過度にノドが渇きすぎた状態にならないように、常に水が飲める状態にしておくことだ。ただしそれは、プラスの状態というわけではない。ノドが渇いていないというのは、ポジティブな経験ではなく、普通の状態にすぎないのだ。ところが飼い主は、普通の経験をポジティブなものにランクアップしてあげることができる。博士は例として、寒いときに熱の発生源を与えることを挙げていた。それは間違いなくネコに当てはまる。暖房の吹き出し口にへばりついているとき、ハーリーは至福の表情をしている。

こういった経験（ノドの渇きなど）は、動物の体内のメカニズムによって生じる。一方、周囲の状況の認識による経験も、動物の福祉に大きく影響する可能性があり、それも飼い主しだいで

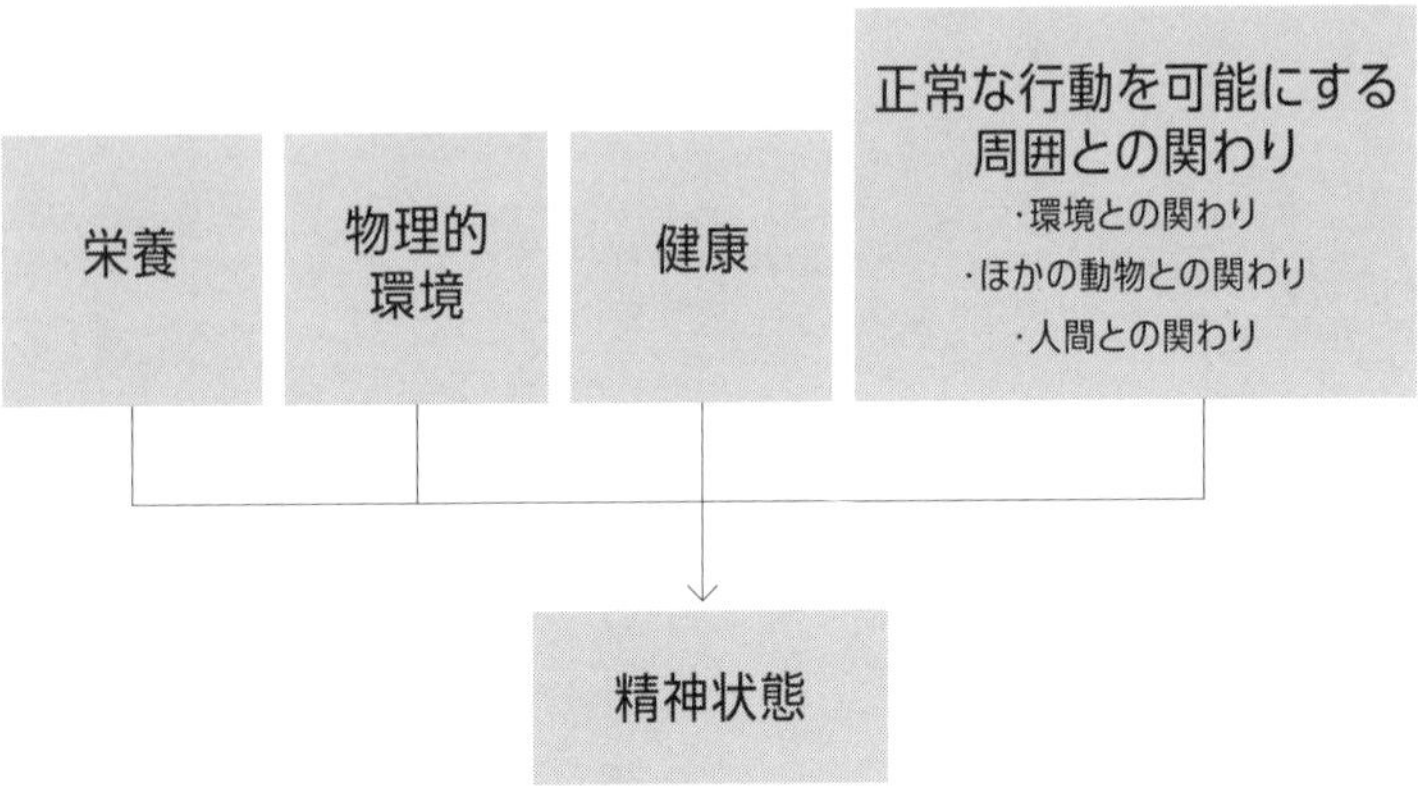

4つの物理的な領域はすべて、ネコの精神状態に寄与し、精神状態は福祉全体に寄与する。
出典／メラー（2016年）およびメラーほか（2020年）＊9

改善できる。メラー博士は、「心配、恐怖、寂しさ、退屈、激しい怒り、腹立ち、憂うつといった事柄は、動物たちが周囲の状況を知覚することによって生じるネガティブな経験だ」と説明している。ところで、ネコはほぼ（室内飼いなら完全に）、人間の管理下で暮らしている。そんなネコたちには、ポジティブな経験をさせる方法がたくさんある。たとえば、家の中を探検させたり、ネコじゃらしのようなおもちゃで狩りごっこをさせたりすることだ。

家の中でも、人間やほかの動物たちとの関わりによって、ポジティブな社会経験を積ませることができる。ちなみにネコが楽しんでいるかを判断するには、乗り気になっているかどうか見ればいい。たとえば、新しいおもちゃで遊んでいるだろうか。残念ながら、どこか痛かったり、怯えていたりすると、楽しいはずのことにも興味を示さない。そういう意味でも、ネガティブな経験はできるだけ減らすことが重要だ。それ自体が不快なだけでなく、ポジティブな経験への意欲も失ってしまうのだ。

正常な行動をする機会を与えるためには、同じ種類の仲間が必要な場合もある。ほかの動物たちとともに暮らす（もしくは離れて暮らす）ということは、動物の福祉における大切な要素とされている。そして今では、ペットの場合は人間との交流が福祉の充実に欠かせないと認識されている。動物たちを怖がらせたり、驚かせたりするような関わり方は、あきらかに福祉に反する。

ネコの中には（特に子ネコのときに人間との交流がなかった場合は）、人間と関わりたがらなかったり、基本的に1人か2人の特定の人としか関わりたがらなかったりする個体もいることはいる。しかし、子ネコのときに人に慣れ、人と一緒にいることが好きになったネコにとっては、人間との積極的な交流は大切な福祉の一部だ（3章で述べるネコのための健全な環境の5つの柱にも入っている）。人間と良好な関係を築けているネコは、人間に近づき、一緒にいることを好み、人間の前でくつろいだり、機嫌が良いときのしぐさをしたりする。[10] 人間が動物の福祉の向上のためにすべきことは、仲間を与え、ごほうびを使ってしつけをし、おいしい食事を与え、動物が好む方法でかわいがり、楽しい遊びに誘い、安全な拠《よ》り所《どころ》として行動し（安全基地／8章）、害悪から守ることだ。

2020年には、5つの領域モデルが改訂され、動物の福祉の観点から好ましい経験をさせるにあたって、人間が果たすべき役割が取り入れられ、5つのフリーダムにもう1つの改良点が加えられた。[*11] ネコなどの動物にとって、人間と関わる際には選択権が与えられていることが大事だ。ネコの扱いに慣れており、ネコが何を必要としているかを熟知している人ほど、ネコの身になってネコと関わることができる。逆に、ネコについての理解が乏しく、しつけのために水をかけるなどの罰を与える、ネコに選択する権利を与えない、長いこと一人ぼっちで家に置き去りにする、必要なときに動物病院に連れて行かない、といったことをすればネコの福祉は損なわれる。

最初の4つの領域——栄養、物理的環境、健康、正常な行動を可能にする周囲との関わり——は、すべて5つめの領域である「動物の精神状態」に影響する。ネコにとって5つの領域は5つの柱とともに、私たちがネコを飼う最高の方法を考える上で役に立つ枠組みであり、一般的にネコという生き物が何を必要としているかだけでなく、一匹一匹のネコが何を必要とし、何が好きかを考えさせてくれる。それらを与えなければ、ネコの福祉は損なわれる。では、ネコの福祉をもっとも損なう要因は何だろうか。

問題行動の原因が飼い主にないか？あなたの時間をネコのために使おう

英国の動物愛護団体「ピープルズ・ディスペンサリィ・フォー・シック・アニマルズ」（PDSA）は毎年、英国のペットの飼い主がどれだけペットのニーズに応えているかを評価し、「PDSA動物福祉報告書」（PAW報告書）を発行している。[*12] 調査は、イヌ、ネコ、ウサギについて、英国全体の状況が反映されるよう、代表サンプルを抽出して行われる。他国では状況が異なるかもしれないが、動物の福祉の現状の一端を垣間見ることができる。

2011年のPAW報告書では、ペットは「ストレスを感じている。寂しい。太りすぎ。退屈。攻撃的。誤解されている……だが、愛されている」と記されていた。ネコに関して当時より改善された点を1つ挙げるなら、2020年版では、マイクロチップを装着したネコの割合が大幅に増加したことが報告されている。マイクロチップは、迷子になったときに飼い主と再会するための重要なアイテムであり、英国のネコの74%が装着済みだ。

ただ全体的にまだ改善すべき点のほうが多い。子ネコのときに必要とされるすべてのワクチンを接種しているネコは69%と少なく、かかりつけの獣医師がいるネコが84%しかいない点は、2011年から進歩が見られない。英国ではネコを外出させるのが一般的だが、完全室内飼いのネコの数が増加している（詳細は4章で述べる）。そして、ペットをほかの動物と一緒に（あるいは離して）飼う必要があることや、ペットに正常な行動ができる機会を与える必要があるということを知っている人は少ない。

毎年、PAW報告書の質問では、動物の福祉上のニーズについて知っているかを人々に尋ねている。生存に不可欠な3つの事柄――良好な栄養、快適な環境、痛みや苦痛を与えない――は、もっともよく知られている。正常な行動ができる機会を与える必要性については86％、ほかの動物と一緒に、あるいは離して飼う必要については81％のペットの飼い主が知っている。しかし調査に参加する前から、ペットにとっての福祉上のニーズが5つあることを知っていたのは5人に1人だった。

社会的なつながりに関して言うと、ネコは三者三様だ。ほかのネコと一緒に育ったり、社会化の感受性が高い子ネコの時期に十分に社会化されたりしたネコの場合、ほかのネコとうまく暮らしていけることが多い（ただしその保証まではない）。だが、ネコは単独で狩りをする動物であり、生きていくためにほかのネコと徒党を組む必要はない。事実、多くのネコはほかのネコとともに暮らすことを好まない。つまり、仲間が必要かどうかは、一匹一匹、個別に判断する必要があるのだ。

中には、ほかのネコとともに暮らすことを強いられると大きなストレスを感じるネコもいる。近所の家にネコがいるだけで嫌だというネコもいる。PAW報告書によれば、ほとんどの飼い主は我が家の複数のネコたちが仲良くやっていると思っているが、多ければ5分の1のネコが、嫌いなネコと一緒に暮らしている可能性があるという。そうだとすれば、多頭飼いの家では、必要なものを一匹一匹のネコに個別に用意することがとても大事になってくる。

だが、飼い主は食事の皿以外の必需品を、飼っているネコの数に合わせて増やしてはいなかった。2匹以上のネコがいるのに、ネコ用トイレが1つしかない、もしくは1つもないという家が64％を占めている（おおよその一般的な目安は、頭数分プラス1つだ）。必要なものが十分に用意されていなければ、ネコはストレスを感じる可能性がある。77％の飼い主が、飼いネコの行動で改善したいことが少なくとも1つはあると答えている。特に多いのは、家具やカーペットで爪をとぐ、朝早く人間を起こす、食べ物を欲しがるといったことだ。

残念ながら、これらの問題行動の原因は飼い主にあるかもしれない。溺愛されている飼いネコは至れり尽くせりの環境にいると思われているので、じつは退屈し、ストレスを溜め、太りすぎている可能性があると聞けば、多くの人々は意外だと感じるだろう。不適切な住環境はネコにストレスを与え、問題行動の原因になる可能性がある。事実、英国獣医師会の発行する学術誌『ベテリナリー・レコード』に掲載された研究によれば、不適切な環境は、飼いネコを苦しめている福祉上最大の問題だ。[*13]

この研究ではネコの専門家たちに、イエネコのもっとも重大な福祉上の問題を挙げて議論してもらい、苦痛の程度、持続期間を、該当するネコの割合でランク付けしてもらった。すると、家の環境が不適切なことによる社会的問題行動（飼い主が悩む問題行動）が、個々のネコの福祉を脅かす最大の要因だったという。苦痛の程度が大きく、長期間持続する問題であることがその理由だ。ネコたちが必要としているものが欠けていれば、不安とストレスによって、トイレ以外での排せつなど、広範な問題行動につながる可能性がある。最悪の場合、問題が解決せず、飼い主がネコを手放してシェルターに渡してしまうことにもなりかねない。

ネコにとって不適切な環境とは、簡単に言うと家の中がネコ仕様になっていないということだ。たとえば、ネコには隠れる場所と、正常な行動（爪とぎや遊びなど）をする機会が必要だ。環境上のニーズについては、ネコにとっての健全な環境の5つの柱（3章）を確認してほしい。仲間とともに暮らしているネコは、一匹飼いのネコと比べて必ずしもストレスが多いというわけではないが、トイレのような必需品の利用を巡ってほかのネコと競合するとストレスが溜まり、ネコ同士の喧嘩の原因になると、科学者は指摘する。何匹ネコを飼っていても、すべてのネコが必要なものを確実に利用できるようにすることが大切だ。そして、特に完全室内飼いの場合には、ネコの暮らしを豊かにするさまざまな工夫を取り入れたい。外出ができないネコは、家の中の環境が気に入らなくてもほかに行き場がないため、いっそうイライラしてしまう。

この研究によると、個々のネコの2番目に深刻な福祉上の問題は、歯の疾患、関節炎、糖尿病、認知機能障害といった、加齢による病気だ（12章）。そして、科学者たちによれば、飼い主も獣医師も、行動や健康状態の変化を加齢のせいだと決めつけてしまうケースがある。特に、飼い主が獣医師に診せず、治療できる可能性のある病気を放置したケースでは、ネコは痛みや不調に苦しむことになる。

3番目に深刻な福祉上の問題は肥満だという。ネコの45％は太りすぎか肥満であり、結果として糖尿病や心血管疾患、尿路疾患、整形外科的な疾患を招きやすい。飼い主はネコが太りすぎていることを認識し（あるいは獣医師に教えてもらい）、体重を減らすよう努めなければならない。

そしてもう1つの深刻な福祉上の問題は、必要なときにネコを動物病院に連れて行かないことだ。ネコをキャリーに入れるのに苦戦するから行かなくなる飼い主や、獣医師の診察が必要だという判断ができない飼い主が大勢いる。

それ以外の福祉上の問題としては、シェルターのネコや飼い主のいないネコの痛みや問題の管理が不十分なことが挙げられた。

この研究では、発生件数が多いと感じる福祉上の問題も、専門家にランク付けしてもらっている。もっとも多い福祉上の問題は、ネグレクトと過剰な多頭飼育だ。過剰多頭飼育者は、適切な世話ができる頭数を超えてネコを飼っているが、多くの場合その現実を認めず、自分はネコを助けているのだと思い込んでいる。過剰多頭飼育は、複数の機関で取り組まなければ解決できない複雑な問題だ。

それ以外のよくある福祉上の問題としては、生活の質が低下している場合の安楽死の遅れ、遺伝性疾患（つぶれた顔立ちの短頭種《たんとうしゅ》のネコなど、形態に関連する問題を含む）、問題行動につながる不適切な環境、痛みの適切な管理ができていないことが挙げられている。

この論文の共著者である、スコットランド・ルーラル・カレッジのキャシー・ドゥワイヤー教授は私宛のメールで訴えた。

「ぜひネコの飼い主に、ネコの行動についての理解を深め、どうしてネコがあのような行動をするのか、ネコの福祉の充実のためには何が必要なのか、どうしたらそれを与えてあげられるのかをもっと理解してほしいのです。正直なところ（動物行動学者としてのやや偏った見方かもしれませんが）、私たちが動物の行動にもっと注意を払えば、ほかの多くの問題（問題行動を理由に飼育放棄してシェルターに渡す、痛みに気づかない、獣医師に診せない等々）もいっぺんに解決するかもしれませんよ！」

学術誌『アニマルズ』に発表された論文は、ネコについてもっとよく知れば、ネコはもっと幸せになり、問題行動は減るという考え方を裏付ける。[*14]

この研究でわかった事柄のうち良かったのは、ほとんどの飼い主はネコが一人遊びできるおもちゃ（ネズミのおもちゃなど）を与えている、ほとんどの飼い主が少なくとも1日1回はネコのトイレの排せつ物を取り除いている、3分の1近くの飼い主は投げたおもちゃを取りに行く遊びや芸など、ネコに何かをさせるトレーニングをしている、そしてネコの飼い主の半分近くが毎日ネコと遊ぶ時間を取っているということだった。

良くなかったのは、ネコが何か悪いことをしたときに、85％の飼い主が大きな音を立て、77％

が怒鳴り、51％がネコに水を吹きかけ、11％がネコを蹴るか叩くかしていたことだ。ネコの行動について詳しい人ほど、このような方法でしつけようとはせず、と同時に、飼っているネコに問題行動が見られることも少ない。また、そのような飼い主はほとんどの問題行動に対して比較的寛容だ（ただしトイレ以外での排せつは別だ）。

そして注目すべきは、この調査によると92％の飼い主が、ネコは家族の一員だと言っていることだ。オーストラリアのビクトリア州で行われた調査でも、89％の飼い主がネコは家族の一員だと言っており、同じような結果になっている。[*15]

その調査によると、ほとんどの飼い主はネコの福祉に必要な事柄をきちんと行っていたものの、やはり、改善すべき点があった。ネコが太りすぎであることに気づかない飼い主がいるようだ。また、飼い主の11％がネコにおもちゃを与えていない。十分な数のトイレを置いていない飼い主もかなり多かった。さらに、前年に一度も獣医師にかかっていないネコが4分の1にのぼった（獣医師に一度もかかったことのないネコも6％いた）。この論文の筆頭著者であるティファニー・ハウエル博士は私にこう説明してくれた。

「飼い主はネコの福祉上のニーズに応えてはいるようですが、改善すべき点がいくつかあります。たとえば、飼い主の半数はネコが自由に屋外に出られるようにしていますが、ケガにつながるおそれがあります。女性の飼い主は男性の飼い主に比べて、自分のネコの行動に関する満足度が高く、問題行動は少ないと報告しています。高齢の飼い主は若い飼い主に比べて、飼いネコが行方不明になって見つからないというケースは少ないものの、問題行動の報告数は多かったですね」

ネコは、物をたくさん買い与えたからといって幸せになれるわけではない。うちのメリーナを見ていると、乾燥した枝豆や丸めた紙にじゃれていて、安上がりなおもちゃでもネコは十分楽しめるということがわかる。ネコを幸せにするためには、ネコにとって何が大切かを知り、お金ではなく、あなたの時間をどれだけネコのために使うかが大事なのだ。ニュージーランドのマッセー大学の獣医学部（ターファアラウ・オラ）で動物の福祉について講義する獣医師のキャット・リトルウッド博士は、特に室内飼いのネコについて、苦言を呈している。

「飼い主は、ネコに十分手をかけるべきだということを自覚しなければなりません。外に出る自由を奪う以上、その埋め合わせとして、楽しい行動をさせ、豊かな環境を与える工夫をする必要があります。ネコにとって不快な事柄を最小限にするだけでは足りないということを、声を大にして言います。たとえば食べ物を山ほど与え、この上なく快適な環境を提供し、素敵なネコ用ベッドをたくさん買い与えても、それがネコにとって本当に大事なことではなく、心底幸せでないとしたら、どうでしょう……。食べ物と安全が約束されているだけでは、ネコにとって満ち足りた暮らしとは言えません。楽しみも、必要なのです」

飼い主だけでなく、誰もがネコをもっとよく理解してくれたら、ネコは今よりも幸せに暮らしていけるだろう。そして、ネコは手がかからないペットだという固定観念にも変化が生まれるだろう。「ブリティッシュコロンビア動物虐待防止協会」（BC SPCA）の獣医行動学の専門医カレン・バン・ハーフテン博士はこう述べている。

「イヌを飼うときは、散歩のために少なくとも1時間はかけることを覚悟しますよね。それと同じように、ネコにも毎日同じだけの時間を使ってあげることが必要です。ネコにもイヌと同じように、飼い主にしてもらいたいことがあるのです。一般的にネコは手のかからないペットだと思われているようですが、ネコという生き物にふさわしい豊かな暮らしをしてほしいならば、そのような考えではダメだと思います。ネコは、飼い主の努力と献身、そしてニーズへの配慮を必要としているのです」

あなたのネコを幸せにするためには、暮らしを豊かにしてあげるのと同時に、問題行動に注意を向ける必要がある。治療すべき健康上の問題や、改善すべき環境上の問題が隠れているかもしれないからだ。多くの飼い主は、ネコが問題行動の兆候を見せても、獣医師に相談したり解決策を考えたりしない。[*16] この調査結果から、ネコの福祉の向上のために必要な事柄や、問題行動への対処方法を人々に教えることが重要だとわかる。

ネコを理解することが難しい一因として、科学者たちもまだ、私たちが期待しているほどはネコのことをよくわかっていないことが挙げられる。その上、すでに科学者が知っていることですら、ネコの飼い主にほとんど伝わっていないのが現状だ。英国のノッティンガム・トレント大学でネコについて研究する科学者で、『ネコのパーソナリティテスト』（原題／*The Cat Personality*

Test）の著者でもあるローレン・フィンカ博士から、私は話を聞いた。

「人間社会では、ネコを非常に長い間ペットにしてきました。ネコは家の一員としてすっかり溶け込んでいます。しかし同時にネコという種における特有のニーズについて人間が理解してきたかというと、必ずしもそうではありません。ネコの行動やしぐさの意味については、まだわかっていないことがたくさんあります。その主な原因は、ネコが研究の対象としてとても扱いにくい種であり、イヌに比べてあまり研究されてこなかったことです。それが状況を難しくしています。あまり科学的な文献に接する機会のない一般の人々の場合はなおさらで、ネコの行動やしぐさについての理解を深めるのは簡単なことではありません」

本書の目的は、そういった科学的知識を伝え、それがネコへの理解を深めるだけでなく、より良い飼い主になるために役立つと示すことだ。あなたのネコが望んでいることを知り、好みを見極める一助として頂きたい。そのためにはまず、あなたのネコがどんなときに幸せで、どんなときに幸せでないかを理解することが大切だ。

ネコについて人々が抱いている誤ったイメージをいつか覆すことができれば、ネコの暮らしは大きく変わるでしょう。ネコに対する嫌悪や虐待、飼育放棄、無神経な態度は、人々が神話を信じたり、ネコの行動の意味を誤解したりしてきたことに起因しています。

ネコは鳥を殺す邪悪な生き物、あるいは、あまり手をかけたくない飼い主向きのペットだと見なされがちです。ネコについて正しく学べば、ネコという最高の生き物を愛し、愛されることがどんなに素晴らしいことかわかるでしょう。

——パム・ジョンソン＝ベネット

ベストセラー『シンク・ライク・ア・キャット』の著者、英国のテレビ番組「サイコ・キティ」の進行役

ポジティブな感情とネガティブな感情
行動と表情で読み取る研究の結果

さまざまな種の研究によって、動物にも感情があるということがわかってきた。中でも特に注目されてきたのは、神経科学者の故ヤーク・パンクセップによる研究だ。ラットをくすぐる研究で名前を聞いたことがあるかもしれない。パンクセップは動物の脳内にある7つの基本的な感情の回路を特定した。そのうちのいくつかはポジティブな、そしていくつかはネガティブな感情のものだ。[*17] ポジティブな感情には、好奇心、遊び、期待などを含む**探求心**がある（精神的な体験と区別するために感情回路は太字で記す）。ほかに、**遊ぶ喜び**、**性欲**、**慈愛**（子どもなどに対する愛情）

ベッドでくつろぐアリー。©写真／ジーン・バラード

もポジティブな感情回路だ。一方ネガティブな方では、**憤り**（怒り）、**恐怖**（説明は不要だろう）、そして**不安**（悲しみや寂しさ）がある。パンクセップの研究は、意識に関するケンブリッジ宣言の発表への道を切り開くことに、大きく貢献した。

　自分の愛猫を見たときに、その脳内で何が起きているかを知るすべはない。だがその行動からネコの気持ちを察する方法を習得すれば、とても役に立つ。わかりやすいよう、ネコのしぐさを二種類に分類して考えてみよう。ノドを鳴らして甘えるなどの距離を縮めたがっているサインと、距離を取りたがっているサインだ。ネコのしぐさを理解しようとするときは、ネコの全身と、そのしぐさをするスピードに注意を払おう。たとえば、ゆっくりとしたまばたきはリラックスしているサインだ（そんなときは、ゆっくりとまばたきを返すといい／8章）。一方、目を急にぎゅっとつぶるのは、怖がっているサインだ。[*18]

ネコは基本的に、ストレスが少ないときほど開放的な体勢になる。横たわっているときや、仰向けになって後ろ脚を伸ばし、尻尾を投げ出しているときはリラックスしている。目は閉じているか半開きだ。運が良ければ、あなたに向けてゆっくりとまばたきをしてくれる。耳とヒゲは定位置だ。一方、近づかないでほしいときのサインは、尻尾をぶんぶん動かす、皮膚をぴくぴくさせる、身を隠すように姿勢を低くする、四肢を体の下にしまい、尻尾も体にぴたりと付けて縮こまる、シャーッやフーといった音を出す、ギャーと鳴くなど、だ。

このような行動が見られたら、ネコに近づいてはいけない。近づかれたネコとしては「歯や爪を使って身を守るしかない！」となりかねない。こんなときはしつこくかまわないほうがいい。それがなでている途中であったら、堪忍袋の緒が切れて実力行使に出られる前にやめておこう……。常に、ネコのほうからあなたに近寄るのを待ち、交流を持つかどうかの選択肢をネコに与えることが大切だ。

ネコは退屈したり、窓の外の食べ物や鳥といった手に入れたい対象に近づけなかったりすると、いらだつ可能性がある。シェルターにいて不満を感じている場合もそうだ。フードや水入れを蹴散らし、ネコトイレをひっくり返し、ケージの柵から前脚を出す、体を扉に押し付ける、ケージをかじるなどして逃げ出そうと試みる。[19] こういった破壊行為や逃走の試みのほか、しきりに鳴く、うろうろ歩き回る、やたらと物に体をこすり付けるなどもイライラしているサインだ。尻尾をムチのように打ちつけながらひどく怒ったり、皮膚をぴくぴく動かしたりすることもある。

ネコがこういう状態のときには極めて慎重に対応しなければならない。怒りの矛先《ほこさき》があなたに向いて咬まれる危険があるからだ。攻撃的になっている原因があなたになくても、たまたまそこにいることで火の粉が飛んでくるかもしれない。ネコのイライラを解消するためには、ネコが何を必要としているかを理解し、それを安全に与える方法を見つければいい。

人間は普通、感情を読み取ろうとするときに相手の表情を見る。だが相手がネコの場合、顔立ちが千差万別なため、表情から気持ちを察するのは難しい。ただ、こんな厄介な領域に関しても、科学者による研究が進みつつある。ある研究ではシェルターのネコを使い、(人間の手か、ネコをなでる専用の棒で)なでられているネコと、ただケージの中にいるネコの表情を観察した。[20] ネコによって顔の形が異なるため、研究者たちは、顔が通常の位置からどのように変化するかに着目した。そして特に関心を持ったのは、**恐怖**、**探求心**、**憤り**を示すと思われる変化だ。

怖がっているときは、一瞬硬直して動きを止めることが多く、それに続いて見られた行動は、できるだけ低く平らな姿勢になる、隠れる、後ずさりする、など。さらに研究者たちは、ネコの頭の向きが感情と連動していることにも気づいた。怖がっているときには左側に視線や顔を向け、リラックスしているときには右側に視線や顔を向ける傾向があったのだ。また、研究対象の中にいたストレスが溜まっているネコたちには、鼻を舐める、舌を見せている、シャーッと威嚇する、といったしぐさが見られた。

また、ネコが痛みを感じているか否かを獣医師が判断する際に役立つ、ネコの顔の「グリマス・スケール」（しかめっ面指標）を開発し、有効性を確認した研究者たちもいる。[*21] 指標となる表情の変化は、マズル（鼻口部）の形の変化（丸ではなく楕円形に膨らんでいる）、耳の先端の位置の変化（左右の耳が離れ、外側に向いている）のほか、目が閉じかかって細くなっている、普段はやわらかな曲線を描いているかわいいヒゲが、顔から離れまっすぐ前を向いている、などだという。

そして、痛みを感じているネコは、頭の位置が普段よりも下がって肩よりも低くなったり、アゴを引っ込めて胸に近づけたりしているという。この「グリマス・スケール」は専門家向けに設計されたものであり、痛みによる表情の変化を見極めるのは容易ではない。それなので、愛猫について心配なことがある場合は、必ずかかりつけの獣医師に診てもらってほしい。

ネコは何を考えているかわからないと言われることが多く、それゆえに神秘的だ。ネコ好きにとってそれは欠点ではなく、そこがまたかわいいと感じる。しぐさからネコの気持ちが読み取れないのは、あなただけではない。多くの人に科学者がネコのビデオを見せて、そのネコがポジティブな気持ちかネガティブな気持ちか（要は、幸せか不幸せか）を聞くと、ほとんどの人々が正しく答えられなかった。[*22] 正答率が高かったのはわずか13％で、それも一般の飼い主ではなく、獣医師、動物看護士、動物のシェルターのスタッフなど、仕事でネコと接する人々だった。多くのネコと接する経験が、こういった感情の変化を見分ける観察眼を養っていくのだろう。

また一般の飼い主の場合、家にいる愛猫の感情表現が、すべての種類を網羅していないのも一因だ。普通のネコの飼い主が、ネガティブな気持ちのネコを見る機会がそう多くないのは良いことだ。それでも、ネコたちがどう感じているかをもっとよく知るために、ネコのしぐさに注意を払うことにはとても意義がある。自分のネコは何が好きで何が嫌いかを見極める大きな手がかりが得られるだろう（ただし、ネコはじっと見られるのが嫌いなので、見つめすぎてはいけない）。

本書では、ネコが幸せになるために何が必要かを科学的根拠に基づいて考察し、2章以降では、飼い主が実践すべきポイントを章末に箇条書きでまとめてある。巻末には、ネコが幸せかどうかのチェックリストがあり、すでに実践できている事柄や、愛猫の福祉を向上させるための改善点を確認することができる。

2章　ネコを家に迎えるときの心得

GETTING A KITTEN OR CAT

「膝の上のネコ」もいる「椅子の下のネコ」もいる

我が家にハーリーが初めてやって来たとき、慣れない環境で気おくれしないよう、落ち着くまでの数日間は彼を一部屋（寝室）にとどめておいた。ほどなくしてハーリーはベッドでくつろぐようになったが、人間の膝に乗るのが好きなタイプではないことが判明。これには少しがっかりした。それでも私は、ハーリーが彼なりの流儀で私の近くにいようとしているのだと気づいた。私がソファに座ると、ハーリーは部屋の壁沿いをぐるりと回って、私が座っている場所の真下に落ち着く。はじめは私が座っているからそこにいるのか半信半疑だったが、もしかしたら私の近くにいることで彼なりに安心しているのではないかと思った。

それを確かめようと、私はソファの反対の端に移動してみた。すると予想どおり、ハーリーも私の真下になるように移動したのだ。さらに、私が椅子に移ると、やはり椅子の下に移ってきた。彼は「膝の上のネコ」ではなく、「椅子の下のネコ」だったのだ。もちろん、さらに我が家に慣れてくると、隠れる必要を感じなくなったようで、時折、膝の上にも乗るようになった。

それから間もなく、メリーナを迎えたが、やはりはじめは寝室だけにとどめておいた。メリーナの場合、慣れるまでにやや時間がかかった。新しい環境に馴染むのにかかる時間は、ネコによって違う。そういえばかつて、初めて大人のネコを家に迎えたときも、最初の1週間は隠れたまま出てこなかった。全然姿は見せないのだが、ごはん皿とトイレの状態から、私が出かけているときや寝ているときに隠れ場所から出てきていることがわかっていた。隠れる場所を与え、無理にかまわずにそっとしておくと、やがて彼は落ち着き、本当に素敵な貫禄のあるネコになった。

そこでメリーナにも、ゆっくり時間をかけて慣れてもらうことにした。いったん慣れてからは、来客があると喜々としてあいさつをする、物怖《お》じしないネコだということがあきらかになった。お客さんがバッグを床に置くと、においを嗅ぎ、何か面白いものは入っていないかと、顔を突っ込もうとする。

大人のネコよりも子ネコのほうが、飼い始めたときに楽だと感じる人が多いだろう。子ネコは大人のネコに比べて、警戒心が少ないからだ（ただし、臆病な子ネコもいる）。だが子ネコを危険から守るために、事前に準備しておくことは多い。電気コードはかじるためのものではないとか、スニーカーの紐がおもちゃではないということを、子ネコはまだ知らないのだ。子ネコを迎えるつもりなら、前もって家の中を注意深く調べ、危険な物や場所を確認して対策をしておかなくてはならない。

子ネコのための安全対策8つのポイント
空間、植物、危険物、穴、扉、トイレ、片づけ、イヌ

1. 子ネコにとって危険、もしくは入ったら出られなくなるような狭い空間がないか確認する。子ネコは非常に狭い場所に登ったり入り込んだりする可能性があるため、洗濯機の横、食器棚の下の隙間のほか、戸棚の中などの入って出られなくなりそうな場所をすべてふさいでおく。

2. 観葉植物や花はすべて、子ネコが届かない所に置く。まず家にある植物がネコにとって安全かを確認し、有害なものがあれば処分する。ユリ、スパティフィラム、金のなる木（クラッスラ）、アロエヴェラ、スイセン、ヒヤシンスなどはネコにとって有毒だ（これで全部ではなく、ほかにもたくさんある）。米国動物虐待防止協会（ASPCA）のウェブサイトで、有害な植物のデータベースを閲覧できる。

3. 子ネコが壊しそうな物（花瓶など）や、噛んだら危険な物（電池など）を片づけておく。ネコがじゃれそうな、ブラインドの紐や電気コードをまとめておく。引っ張ると簡単に外

れるタイプのものにすれば、幼児だけでなく子ネコの重大事故も防ぐことができる。また、ネコじゃらしなどネコ用のおもちゃの中には紐が付いているものがあり、子ネコに絡まってしまう危険があるため、飼い主が見守って遊んでいるとき以外は片づけておく。

4. 網戸に穴がないかを確認し、窓の安全対策を講じる。子ネコは非常に小さな穴でも通ることができてしまう。また、網戸の多くはそれほど丈夫ではないため、子ネコが（大人のネコも）破って外に出てしまうおそれがある。ベランダに柵や手すりがある場合は、子ネコが落ちないように安全対策を講じるか、近づけないようにする。

5. 洗濯機や乾燥機の扉を常に閉じておく。使用する前には、洗濯機や乾燥機の中を確認する習慣をつける。特に乾燥機は暖かいことが多く、ネコがよく入りたがる場所の1つだ。

6. トイレのフタを閉じておく。子ネコがトイレに落ちないよう、使用後はフタを閉じることを家族に周知徹底する。

7. 家の中を片づけておく。食べ物のかけらや輪ゴム、ペーパークリップなどが落ちていると、子ネコが食べたり遊んだりするおそれがある。こういったものを飲み込むと腸閉塞を起こし、緊急手術が必要になることもある。

8．イヌを飼っている場合、子ネコでも大人のネコでも、最初は離しておく。そしてネコのために、高い場所や隠れる場所を用意する。イヌとネコを一緒に飼う場合については、9章で詳しく述べる。

自分に合ったネコを選ぶための大事な意識
なぜネコを飼いたいのか？ どんな環境で飼うのか？

ネコを飼う場合、ブリーダーから購入したり、友人や近所の人から譲り受けたりすることが多い。保護団体やシェルターから子ネコや大人のネコを引き取るのも良い方法だ。疾患（糖尿病など）を持つ成ネコの場合、現在かかっている医療費を負担してくれる団体もある。子ネコか大人のネコかを問わず、元気かどうかよく観察しよう。年齢に応じて必要なワクチンの接種や、寄生虫の予防や駆除がなされているかも確認しよう（6章）。耳、目、お尻の周辺がきれいなこと、毛並みがきれいで健康そうなこと、子ネコの場合は生き生きとして正常に動き回っていることも大事なポイントだ。動物保護施設のネコは、すでに避妊または去勢済みのこともあるが、もしまだの場合は想定外の出産を避けるために、6カ月に達する前に避妊または去勢することが望ましい。

母親や一緒に生まれたきょうだいがいれば、必ず一緒にいるところを見せてもらい、いつ生まれたのか、人なつこいか、どこで育っているか（ガレージや外の物置などではなく、家の中であることが大切）、そしてネコたちの社会化を促進するためにどんな工夫をしたかも尋ねよう（社会化に関しては次のセクションで説明する）。

純血種のネコならば、その種類に多い遺伝性疾患を調べ、母ネコと父ネコについてどんな検診を行ったかブリーダーに確認しよう。優良なブリーダーならば、詳しい説明をしてくれるはずだ。また、あなたが飼い主としてふさわしいかどうかを確かめるために、多くの質問をしてくるだろう。英国王立動物虐待防止協会（RSPCA）などの団体のウェブサイトで、子ネコを譲り受ける際のチェックリストを見ることができる。[*1] 生まれてから少なくとも2カ月が経っていない子ネコは、連れて帰ってはいけない。

子ネコは1匹よりも2匹同時に飼い始めるほうがいい。シェルターや保護団体の中には、それを引き取る際の条件にしている所もある（ただし、すでにやさしい性格の大人のネコを飼っている場合は別だ）。2匹いれば、互いに交流を持ち、遊び相手になれる。互いから学び続け、仲間と一緒にネコらしく行動することを覚える。[*2] また、大人になってからも、ほかのネコを受け入れやすい性格になる。

大人のネコは、すでに家の中での適切な行動を身につけており、子ネコほど動き回らないため飼いやすい。以前、そのネコがどんなふうに暮らしていたのかも調べよう。前に飼われたことのある家と新しい家が少しでも似ていれば、順応しやすいからだ。たとえば、シェルターや保護団体は、そのネコが子どもやイヌとの暮らしに慣れているかどうか、屋外に出る習慣があって外に出たがるか、それとも完全室内飼いに慣れているかなどを教えてくれることも多い。複数のネコが欲しい場合、シェルターには、一緒に引き取ってくれる人を探している仲良しのネコがいることも多いので聞いてみよう。

純血種の子ネコは、ブリーダーから購入できるが、シェルターや保護施設にもいる。ある研究によると、雑種のネコに比べて純血種のネコは人なつこいという。そしてその主な理由を2つ挙げている。[*3] この論文の著者の一人である、ローレン・フィンカ博士から話を聞いた。

「(ブリーダーが) そういうタイプのネコを多く選んできたからかもしれません。野良ネコが近づけない環境で飼育されているので、去勢されていないどこかのオスが、こっそりブリーダーのメスネコと交尾することはまずありません。純血種は、人間が作為的に選び、その管理下で繁殖させてきたネコなのです。ですから総じて、普通の雑種のネコとは基本的な性格がかなり違います。雑種の場合、親が野良ネコの場合もありますしね」

博士はもう1つの理由として、純血種を選ぶ飼い主と雑種のネコを選ぶ飼い主とでは、ネコとの関わり方や管理の仕方も違うからかもしれないと言う。さらに、純血種のネコの場合、生まれて8週ではなく12週が過ぎてから飼い主のもとに引き取られることが多く、母ネコやきょうだいと過ごす時間が長いことが性格に影響している可能性もある。

大人のネコにしろ、子ネコにしろ、選ぶときには、「どうしてネコを飼いたいのか、そのネコをどんな環境で飼うつもりなのかを考えることがとても大切です。この2点が自分に合ったネコを見つけるポイントになります」とフィンカ博士は言う。たいていの人は人なつこいネコを欲しがるので、その子ネコがどのように育てられたのか、あるいは大人のネコの場合、どのような生い立ちなのかを尋ねることで、自分の家族にあったネコを見つける手がかりが得られるだろう。さらにフィンカ博士は、「飼い主が多忙な生活をしている、家の中が慌ただしい、人の出入りが激しいといった場合、ネコがそれに対処できるかも問題です」と話す。

「通常、若いネコのほうが新たな環境に適応しやすいのです。家の中がバタバタしていることが多く、それにうまく適応できるネコが欲しいならば、年齢も考慮したほうがいいでしょう。一方、ソファに座る飼い主の隣で静かに横になり、あまり鳴かず、しつこくかまわれるのを好まないネコがいいという飼い主もいます。そういう場合も、自分の好みに事前に気づくことが大事です。とても社交的でなれなれしく、しょっちゅう鳴いているネコを引き取ってしまったら、それもまた相性が悪いですから」

ネコの中には、ペルシャやエキゾチックショートヘアのように、短い、ぺちゃんこの顔を持つ短頭種と呼ばれる種類がいる。ある研究によると、平らな顔を持つネコは呼吸器系に問題がある割合が高く、寝ているときにいびきのような音を立てることが多い。[*4] 短頭種では、目や歯にも問題が起きやすく、キャットショー（ネコの品評会）に参加しているペルシャやエキゾチックショートヘアの80％に鼻孔の狭窄《きょうさく》が見られ、30％に眼瞼《がんけん》の内反《ないはん》（まぶたが内側に入り込んでしまう状態）が見られた。[*5]

また、科学者がネコの表情を分析したところ、短頭種のネコの多くは、実際にはどこも痛くないときでも、痛がっているような表情に見えることがわかった。[*6] それがもっとも顕著なのは、スコティッシュフォールドだ。この結果から、特定の特徴（丸い顔と大きな目）を持つように繁殖させることで、コミュニケーション能力にも影響することがわかる。か弱そうな見た目によって、守ってあげたいという気持ちを人々に起こさせる一方、表情が読み取りづらいため、治療が必要な状態なのか否かがわかりにくくなることが懸念される。

もう1つ懸念されるのが、イエネコと野生のネコとの交配だ。ベンガルは当初、イエネコとベンガルヤマネコとの交配によって作り出された。現在はイエネコの一品種となっているが、家庭内では飼いきれなくなるケースもある。[*7] ヤマネコはあくまでも野生のネコであり、イエネコと交配するべきではない。

ネコの中には面長《おもなが》の長頭種《ちょうとうしゅ》と呼ばれる種類もいる。顔の形が極端に短かったり長かったりするネコを飼っている人々は〝ブランド信仰〟が強く、同じような形の顔のネコを好む傾向があるという研究結果がある。[*8] この研究によれば、ほとんどの人々は、普通もしくはやや長めの顔のネコのほうが好きだという。一番好まれるタイプは、眼の色が緑か青、短毛ではなく長毛か中毛、被毛の色はブルー（グレー）、茶（オレンジ）、トラ柄だった。

被毛の色はネコの性格と関係があるとよく言われ、それがネコを選ぶ際に影響している可能性もある。ただ、サビネコはしつけやすいが性格はきつめ、オレンジか二色模様のネコは人なつこいと言われているが、本当にそうだという客観的な証拠はない。実際、ある純血種の研究で、性格の違いは被毛の色ではなく、主に品種と関連があるということがわかっている。[*9] また、別の研究では、ネコの品種は主に4つのグループに分類でき、品種によって行動の仕方が違うことや、一部の行動の特徴には遺伝的要因も関係していることがわかった。[*10] ブリティッシュショートヘアや、ペルシャ、バーマン、ラグドール、ノルウェージャンフォレストキャットといった長毛種は、もっとも穏やかで臆病でなく、もっとも外向的でないグループに分類された。ここでいう外向的とは、非常に活発で、人間と関わりを持ちたがるという意味だ。ロシアンブルーとベンガルはもっとも外向的でもっとも臆病、ターキッシュバンはもっとも攻撃的だった。またもっとも人見知りしないのはバーミーズ、もっとも人なつこいのはコラットだった。

子イヌと同じように、子ネコにも社会化を促したら、この世はネコにとってもっと暮らしやすい場所になるでしょう。社会化を受け入れることのできる、生まれて3週から

7週までは、子ネコがこの世界について知るとても重要な時期です。この間、子ネコには良い経験をさせてあげなければなりません。さまざまな人々、環境、物、動物に接し、ハンドリング（触って人間の手に慣れさせること）を受ける機会を与えましょう。これらを実施することで、ネコたちの経験、一生がどれほど違ってくるかを考えてほしいのです。幼い頃に社会化できていれば、避けては通れない新しいものとの遭遇や環境の変化を怖がらないネコに育ちます。とても単純なことなのに、イヌと違って、ネコの社会化は重要視されてきませんでした。おそらく、それが重要なポイントです。私たちは、ネコについての考え方を変える必要があります。

——キム・モンティース

ブリティッシュコロンビア州動物虐待防止協会・動物福祉マネージャー

子ネコの社会化に大切な時期 早くから触れてあげる、母ネコとは長くいる

生まれてから数週間をどう過ごすかは、子ネコの脳の発達と、大人になってからの行動に大

きく影響する。生後2週から7週までを社会化の「感受期」と呼ぶ。以前は、この時期の良い経験が正常な発達に不可欠と考えられていたため「臨界期」と呼ばれていたが、もっとあとになってからでも脳は変化しうるということが判明し、感受期という呼び方に変わった。

一般的に、子ネコを新しい飼い主の家に迎えるのは感受期が終わってからで、ブリーダーの所にいる純血種の場合は生後12週、シェルターのネコの場合は8週を過ぎてからだ。英国の王立動物虐待防止協会をはじめ多くの動物福祉団体は、子ネコが生後8週から9週になるまでは母ネコから引き離さないことを推奨している。それより幼いときに引き離すと、のちの問題行動の原因になることがあるのだ。子ネコにとっては、生まれた家が、引き取られて一生暮らすことになる家と同じような環境であることが一番望ましい。普通の家の暮らしや光景、音に慣れておくことができるからだ。

生まれてから納屋などで育てられていた子ネコは、普通の家での暮らしをまったく知らず、誰にも会ったことがない可能性がある。生まれて間もない時期に適切な経験をしていないと、のちの行動に影響が出ることも考えられるし、家の中で暮らして十分に社会化された場合と比べ、人なつこく社交的なネコにはなりにくいだろう。子ネコはこの時期に、少なくとも4人の人間が触って慣れさせ、それが心地よい経験として記憶される必要がある。*11

子ネコに社会化の感受期があるということは、週齢の若い子ネコを、ラットなどのほかの動物と同じ場所で飼育した研究で初めて知られるようになった。そして1970年、獣医師のマイケル・W・フォックスが、子ネコの感受期は生後17日頃から始まるらしいということを突き止めた。[12] さらに詳しいことがわかったのは、米国ペンシルベニア州テンプル大学の研究室で子ネコを飼育していた、アイリーン・カーシュ博士のおかげだ。彼女の研究については、トーマス・マクナミーの著書『猫の精神生活がわかる本』（エクスナレッジ）で詳しく解説されている。[13] マクナミーは、すでに退官していたカーシュ博士を探し出し、彼女の研究について聞きだしたのだ。

カーシュ博士は、子ネコが生後3週・7週・14週という3つのグループで、それぞれに対して4週間にわたる「ハンドリング」を行った。ハンドリングの内容は、毎日15分間、誰かが子ネコを膝に乗せてなでるというものだ。それを行なったあとで、生後14週から1歳までの期間に間隔をおいて何回か、人間の膝の上に乗せるテストを行った。すると、生後3週からハンドリングを行った子ネコたちがもっとも長く膝の上にとどまり、人間の近くにいることが心地よいと感じていることがわかった。また博士は、子ネコたちが部屋の反対側に座っている人間に近づくまでにどれだけの時間を要するかも計った。すると生後3週からハンドリングを受けていた子ネコたちがもっとも早く人間に近づいたのだ。

早期離乳が子ネコに与える影響を調べた大規模な研究もある。早期離乳とは、生後12週にならないうちに母ネコから引き離し、新しい家に連れて行くことだ。[14] この研究では、5726匹のネコの飼い主を対象に、ネコの行動と離乳の時期の調査を行った。生後8週よりも前に母ネコから引き離されたネコは、生後12〜13週の場合と比べて、見知らぬ人に対して攻撃的になりやすく、問題行動が多い傾向があることがわかった。

一方、生後14〜15週と遅めに母ネコから離した場合は、見知らぬ人に対して攻撃的になったり、過剰な毛づくろいをしたりする傾向が少ないことがわかった。大人になってから母ネコと離れたり、母ネコと離れることなくずっと同じ家で暮らしたりしている場合は、知らない人に対して攻撃的になる傾向が低いだけでなく、家族やほかのネコに対してもあまり攻撃的にならなかった。

これはアンケート調査に基づく研究のため、早期離乳が問題行動の原因だという証明にはならない。ただこの調査は、雑種を含む多くのネコ種（40種類以上）を対象に、かなりの規模で行われたものだ。さらなる研究が必要ではあるが、この調査結果からおおむね、子ネコは現在の一般的に認識されている離乳時期よりも遅い14週まで、母ネコやきょうだいたちと過ごしたほうが良いということがわかる。

子ネコがいつ生まれたかわからない場合、月齢を知るにはどうしたらよいだろうか。シェルターや保護団体は、迷子の子ネコの月齢を推定することに慣れているが、一番簡単な方法は体重を量ることだろう。[*15] 5カ月まで、子ネコの体重をポンド（1ポンド＝453・6グラム）に換算すると、ほぼ月齢と同じになる。たとえば12週齢（3カ月）のネコは通常約3ポンドだ（ただし、飢えてやせすぎていないことが前提だ）。

社会化の感受期が過ぎ、新しい家に迎えてからも、必ず子ネコにポジティブな経験をいろいろさせること、ストレスを与えすぎないことが大切だ。そうしたポジティブな経験を重ねることで、子ネコは社会化の時期に学んだことを土台にさらに成長し、それまでに見知ったことを汎用化して、のちに体験する類似の出来事に応用できるようになるのだ。そして食器洗い機、電子レンジ、洗濯機の音など、家庭にある物に慣れ、いちいち気にしないでいられるようになる。

世界じゅうのネコを幸せにする一番の決め手は、ネコの行動について人々に学んでもらうことです。ネコの行動や好みについて知ってもらうことがとても大切なのです。子ネコの幼稚園である「キトン・キンディ」の教室では、子ネコにも飼い主にも楽しんでもらいながら、簡単かつ効果的にそういった知識を教えることができます。

ネコは社会性を携えた動物ですが、すべてのネコが社会化されているわけではありません。社会化とは、個々のネコが、ほかのネコや人間のすぐ近くにいることを許容できる状態になることです。ほかのネコや人間を全員好きになるという意味ではありません。まるで人間の話をしているみたいでしょう?

社会化の時期は、子ネコにこの世界について教えてあげる最適な期間で、それが生後3週から7週です。ですから、ブリーダーがどのように子ネコを育てるかがとても重要と言えます。ただし、何歳からでも社会化できる可能性は残されています。

では、社会化期とその後の時期に、何をしてあげたらいいのでしょうか。多くの人はネコに仲良しの友だちが必要だと考えます。でも多くの（ほとんどの）ネコは、一匹飼いのほうが向いているのです。

ネコの習性や好みについては、ほかにもあまり知られていない事柄があります。たとえば、ネコはフードと水を少し離れた所に置いてあるのを好みます。また、理想的なトイレの大きさはネコの体長の1・5倍です。ただし、この大きさのトイレはなかなかありません。においが外に出ないように、出入口付きでカバーがあるものもあります。それを多くのネコはなんとか使いこなしますが、必ずしも好きというわけではなく、結果的にトイレ以外での排せつなどの問題行動に発展する可能性もあります。

ネコが行動する上で何を必要としているかを知り、それを尊重することによって、この世界をネコにとってずっと暮らしやすい場所にすることができるでしょう。社会化の時期から、そういう環境を整えてあげることがベストなのです。

――ケルスティ・セクセル博士

獣医学士、英国王立獣医外科学会会員、オーストラリア・ニュージーランド獣医師会フェロー、米国獣医行動学専門医協会認定獣医師、欧州動物福祉行動医学会認定専門医、オーストラリア獣医師会フェロー、シドニー・アニマル・ビヘイビア・サービスの獣医行動学専門医

家にネコが来た日とそのあとまずは一部屋にいて落ち着いてもらう

大人のネコか子ネコかを問わず、新たに家に迎え入れるときにはまず、寝室やバスルーム（脱衣所）など、1カ所をネコ仕様にし、ネコに必要な物をそこにすべて用意する。最初から家全体を探検できるようにしておくと、過度のストレスにさらされるかもしれないので、とりあえず一部屋に慣れてもらうのだ。ブリティッシュコロンビア動物虐待防止協会の獣医行動学専門医であるカレン・バン・ハーフテン博士に、怯えているネコを家に連れて帰る場合の心得を尋ねた。

「環境に慣れるのにどのくらいかかるかにもよりますが、少なくとも丸一日、場合によっては3〜4日は一部屋に隠れていられるように準備しておきます。ネコがフードを食べ、家族と関わりを持とうとし始め、くつろいでいる様子が頻繁に見受けられるようになり、ぐっすりとよく眠るようになるまでは、広い場所には出さないほうがいいでしょう。実際に広い場所に出ると、かなり気おくれしてしまうことがあるからです。家族の接し方もとても重要です。新しいネコを迎えるとなれば、家じゅうがとても盛り上がっているはずです。でも、ネコがキャリーに入ってやってきた途端に、みんながキャリーの周りに群がってネコをなでようとしたり、先を争って抱っこやキスをしたりしようとするのは、やめてください。ネコがびっくりしてしまいますから。新たにネコがやって来たときに私がおすすめしているのは、ただ同じ部屋で過ごすことです。本を読むかタブレットで動画などを視聴していてもいいでしょう。人間のほうからネコのパーソナルスペースに踏み入ることなく、ネコのほうから人間に近づいてくるのを待ちます」

　過剰多頭飼育の状態にあったネコは、落ち着くまでに普通より時間がかかるという。博士は、「誰かの家から50匹から１００匹ものネコを保護して連れて来ることがありますが、そういったネコたちは放置されたまま繁殖を繰り返している場合があり、どの子も人間との良好な社会的関係を築けていません」と説明する。幼いときに社会化の経験を経ていないこれらのネコたちには、新しい家に行く準備として、シェルターのスタッフが多くのことを教える。こういったネコたちが新しい家に迎えられた場合は、安全地帯である最初の部屋に慣れるまでに長めの時間を要する。シェルターのスタッフも、ネコに慣れてもらう方法についてアドバイスをしてくれるだろう。「場合によっては、シェルターで行われている、なでられることに慣れるプログラムの一部を飼い主に教えます。これは、ＤＳＣＣ（脱感作《だつかんさ》と拮抗《きっこう》条件付け）と呼ばれています。ネコたちに、ああ、シェルターにいたときと同じように、この部屋にいる人たちもよく自分たちをなでるのだと気づいてもらうためです」と、バン・ハーフテン博士は言う。またトイレについては、はじめは使い方を知らないかもしれないが、通常はすぐに覚えるという。獣医師の診察の際には常に鎮静剤が必要になるかもしれない。これまで診察を経験したことのないネコにとっては、安心できる領域から大きく逸脱する出来事だからだ。こういった問題が生じる可能性があることを知っておくのは大切なのだが、このネコたちも、相性のいい家に迎えられれば、素晴らしいペットになることだろう。

［まとめ］

ネコを幸せにするための心得

・生後8週間に満たない子ネコを連れて帰ってはいけない。子ネコが母ネコやきょうだいと一緒にいるところを見せてもらい、家の中（ガレージや外の物置などではなく）で暮らしていることを確認する。初期の社会化ができているかを確かめ、健康状態をチェックする。1匹だけではなく、2匹の子ネコを迎える。

・子ネコを家に連れて帰った時点で社会化の感受期が終わっていても、すでに学んだことを土台にさらに成長してもらうため、引き続きポジティブな経験をさせることが重要。同時に、家を子ネコにとって安全な環境にし、ネガティブな経験をさせないように気をつける。

・保護ネコを引き取る場合には、それまでどんな暮らしをしていたかをできるだけ詳しく調べ、自分の家に馴染んでもらうにはどうしたらいいかを考える。

・新たにネコを家に迎えるときには、ネコ用の部屋を1つ決め、その部屋に必要な物を全部揃えておく。家のほかの場所を歩き回らせるのは、ネコが最初の部屋に慣れてからにする。ネコにとって新しい家にやって来るのは一大事なので、焦らないこと。

3章　ネコが心地よく過ごせる環境づくり

HOW TO SET UP
YOUR HOME FOR A CAT

我が家にやって来て見つけた隠れ家は
ベッドのマットレスの中だった

我が家に初めてやってきた日、メリーナは完璧な隠れ場所を見つけ、私を大いに焦らせた。どこかに隠れていることは確かなのだが、なかなかその場所が突き止められなかったのだ。まずベッドの下を覗き、クローゼット、整理ダンスの脇、私が子どもの頃に祖父が作ってくれた籐の椅子の横、羽毛布団の下も見て、もう一度ベッドの下を見た。そうやって10回もベッドの下を覗いたところで、シーツが外れた隅の部分から、小さな布切れがぶら下がっていることに気づいた。ベッドの土台のスプリングマットレスの中に入っているのだろうか。じっと耳を澄ましていると、しばらくしてカサカサと動く小さな音が聞こえた。当たりだ。

メリーナはどうにかして小さな穴を見つけ、それを大きく広げてマットレスの中に入ったらしい。そしてそのまま立てこもった。夜は特に難儀だった。メリーナが安心して出て来られるのは、私たちが眠りにつこうとしているときだからだ。マットレスのスプリングの間の空間を枕元から足元まで動き回られたら、眠れたものではない。ただ、昼間は怖くて出て来られないので、私たちがその状況にじっと耐えるしかなかった。

元々眠りが浅い私は、数日間あまり眠れなかった。しだいにメリーナはマットレスの中に隠れていることが減っていき、3週間が過ぎた頃にはほとんどマットレスの中に入らなくなったので、ようやく穴をふさいで中に入れないようにしても大丈夫だと判断した。今では、ほかに何カ所かお気に入りの隠れ場所があり、主《ぬし》のように家の中を歩き回っている。

大人のネコも子ネコも、初めての家では緊張して当たり前だ。そのため、最初の数日間は1つの部屋にとどめておくのが一番いい。ただ、最初だけでなく、ネコが一生快適に暮らせるよう、家全体をネコにとって最適な状態にしておくことも大切だ。人間にとっていたって快適な空間でも、ネコからすると最悪ということもあり、ストレスが溜まって問題行動を起こすという残念な結果を招く可能性もある。1章で述べたように、学術誌『ベテリナリー・レコード』に発表された、専門家によるネコ全般についての調査で、飼いネコにおける一番の福祉上の問題は、不適切な家の環境による問題行動だと判明している。[*1] ストレスや不安は、トイレ以外での排せつや攻撃的な態度といった、さまざまな問題行動の原因となる。

でも安心してほしい。これから述べる5つの基本的なルールを守れば、ネコは家に満足してくれるはずだ。ネコの健全な環境に関するこの5つの柱は、国際猫医学会と全米猫獣医師協会（AAFP）が掲げているものだ。[*2] これを守れば、物理的な環境と、環境および人間との関わりの両方の領域を、より良いものにすることができる。では、1つずつ見ていこう。

必須条件としての「安全な場所」とストレスフリーへの物質的&精神的ニーズ

私たちはよく、人間が世話をしなければ、ネコはネズミなどを捕らえて食料にすると考える。一方、ネコも獲物になることがあるということは、あまり思い浮かべない。だが、ネコは獲物でもある。特にわかりやすいのは北米で、コヨーテやピューマがネコを捕食することがあるのだ。ネコは安穏な暮らしを好み、争いは好まないため、捕食者から隠れるという対処法を身につけた。

サンフランシスコ動物虐待防止協会の獣医行動学専門医で、『恐怖心からの解放』(原題/*From Fearful to Fear Free*)の著者の一人であるワイラニ・サング博士は、ネコが獲物であるという事実が、その行動に影響していると説明する。「小さな獲物にとってネコは捕食者ですが、大きな捕食者にとってネコは獲物です。だからいつも神経を尖らせ、ちょっとしたことでびっくりするのです」。それゆえ飼い主は、ネコがストレスを感じる対象から隠れる場所や、逃げられる高い所などを用意し、安心してくつろげるようにすることが大事だ。

学術誌『ビヘイビオラル・プロセシズ』に掲載された研究では、シェルターのネコを使った実験で、ネコにとって**安全な場所**があるということが非常に重要だと示された。実験が行われ

キャットタワーの最上段でくつろぐハーリー。
◎写真／ザジー・トッド

ネコは探検と高い所が大好き。
◎写真／ジーン・バラード

た部屋は、真ん中に空間がありフードとトイレを置いた。そこからネコ用扉を通って四方の区画に自由に移動できるようになっていた[*3]。3つの区画に、隠れることのできる箱、登ることのできる高い台、おもちゃ、を1つずつ分けて置き、残る1つの区画は、比較対照のために何も置かなかった。科学者たちは、ネコを7日間この部屋に入れ、ネコがどの区画で過ごすかを観察した。ネコが入った回数はどの区画もほぼ同じだったが、隠れる箱のある区画で過ごした時間がもっとも長かった。高い台のある区画で長く過ごしたネコもいた。このことから、隠れ場所はネコにとって「あったほうが嬉しいぜいたく品」ではなく、「なくてはならない基本的なニーズ」のようだという大筋の結論に至った。

ネコは体がすっぽり収まる、ちょうどいい広さの隠れ場所を好む（広すぎてはダメだ）。高い所に登って見渡すのも大好きなので、そこもうってつけの隠れ場所になる。多くのキャットタワーの最上段が隠れ家や見晴らし台になっているのはそのためだ。

あと、よく知られているように、段ボール箱もネコにとっては安全で素晴らしい場所だ。段ボール箱をひっくり返し、出入りできるようにネコが通れる大きさの穴を開けよう。

また、家の中を見渡せば、すでにあなたのネコが隠れたり昼寝をしたりする、お気に入りの場所があるだろう。そして簡単にネコ仕様に変えられる場所も見つかるはずだ。ベッドやソファの下、本棚や作り付けの棚の一部（安定していてひっくり返らないことを確認しよう）などに、毛布やネコ用ベッドを置いてあげるといい。寝具やタオルなどをしまっている戸棚の中や洋服ダンスの奥にも、ネコがもぐり込むのにちょうどいいスペースや、ふかふかの布があるかもしれない。安全な窓の近くの陽だまりも、眺めを楽しめる最高の場所だ。家の中の各部屋を見回し、ネコに適した安全な場所があるかを確認しよう。できれば、1部屋に数カ所あったほうがいい。

ネコの飼育と福祉に関して改善すべき点を1つ挙げるなら、とても単純なことですが、ネコに必要な環境をもっとよく理解することでしょう。ネコを取り巻く各業界すべてが、理解を深めることが大切です。ネコの飼い主向けに販売されているネコ用品は、あきらかにネコのニーズに合っていません。ネコの物質的&精神的ニーズを、獣医師会やペット用品のデザイナー、そしてペットの飼い主も、もっとよく理解する必要があります。人間の世界に合わせること、人間の期待に応えることをネコに求めても、うまくいくはずがないのです。
ストレスの少ない環境であれば、身体的な不調や問題行動も減ります。最近、「環境エンリッチメント」という言葉に代わって、より適切な「環境上のニーズ」という表現が用いられることも増え、いい傾向だと感じています。〝問題行動〟と言われている事柄の多くは、ネコがネコらしく生きられるような環境を与えるだけで、防ぐことができます。たとえば、ネコはもっと大きな（そしてもっとたくさんの）トイレを必要としています。爪とぎポールはもっと高さがあって、よく爪が引っかかる素材が好きです。ドアノブにカーペットの切れ端なんか引っ掛けても、目もくれないのです。好奇心をかき立てられ、内なる捕食者の血が騒ぐような刺激的な世界を与えてあげると同時に、ネコにとって必須の、安心できる安全な場所も用意する必要があります。以前に比べ、人々が多くの知識や良い製品を求めるようになってきたため、状況は良くなってきてはいます。しかし、家の中をもっとネコにやさしい環境にするまでには、まだまだ長い道のりを歩まなければなりません。

——イングリッド・ジョンソン
ファンダメンタリー・フィーラインを運営するネコ行動コンサルタント

ネコの「必需品」は複数用意しよう　置き場所はバラすのがポイント

ネコのための健全な環境づくりの2つめのポイントは、ネコの**必需品**はそれぞれ複数用意し、なおかつ離れた場所に設置するということだ。まず、何が必需品なのかを考えよう。あなたのネコ用品のリストには、複数のトイレ、フード、水、爪とぎポール、ベッド、そしておもちゃもいくつか入っているだろうか。これらはネコの必需品だ。

それぞれを複数の場所に用意してあげれば、ある場所で安心して利用できない場合に、ほかの場所のものを使うことができる。複数あっても、離れた場所に置かなければ意味がない。並べて置いてあると、ネコからしたら1つしかないのと同じなのだ。飼い主にありがちな失敗は、1部屋に2つのネコ用トイレを並べて置くことだ。その場合、どちらかのトイレが安心して使えない状況なら、同じ場所にあるもう1つのトイレもやはり安心して使えない。たとえば脱衣所に置いてあって誰かが入浴している場合や、ほかのネコがその場所にいるような場合が想定される。

複数のネコを飼っている場合、あるネコが必要なものを使おうとしても、ほかのネコが妨げになるかもしれない。たとえば、トイレが置かれている脱衣所の入り口に1匹が寝そべっているとしよう。そうすると、ほかのネコは容易に脱衣所に入っていけないのだ。したがって、特に複数のネコがいる場合には、離れた場所に必要なネコ用品を複数設置することが大事になってくる。トイレの数は、ネコの頭数プラス1つが基本だ。

ネコは、仲良しグループを作ることがある（9章）。グループ内のネコは、寄り添って寝たり、非常に近くにいたりすることが多い。同じグループ内のネコたちは、ネコ用品を仲良く共有できる。だが複数のネコを飼っていて、複数のグループが存在する場合、違うグループのネコたちはネコ用品を共有できないと考えたほうがいい。

もし、飼っているネコが屋外に出ることもある場合は、外にも水飲み皿などのネコ用品を用意するようにしよう。外にフードを用意するのは難しいかもしれない。ネズミやアライグマなどの野生動物が寄ってきてしまうからだ。でももし安全が確保できる庭やベランダがあれば、ガーデンテーブルの下や植木鉢の陰に置いてもいいだろう。家の中への入り口付近が、見通しの良い安全な場所であることも重要だ。

遊び＝「捕食者」としての本能を満たしてあげる本物の獲物のように動かす工夫を

ネコの健全な環境のためのもう1つのポイントは、**捕食者らしい行動**（たとえばネズミを捕るときのような行動）の機会を与え、狩猟本能を満たしてあげることだ。飼い主やほかのネコなどと一緒に遊んでもいいし、単独でもいい。ネコは、おもちゃのネズミやボールなどで一人遊びを楽しむこともできるのだ。遊びは捕食者としての行動の一環なので、羽根や尻尾が付いているような獲物を模したおもちゃが好きだ。飼い主がネコじゃらしなどを使って遊んであげるときは、できるだけ本物の獲物のように動かすよう工夫する。

たとえば、本物の獲物はネコのほうにまっすぐ向かって行ったりはせず、一瞬ぴたりと動きを止めたあとで逃げ去るものだ。ネコが夢中になってくれなくても、自信をなくさず、いろいろなやり方でおもちゃを動かしてみよう。

ちなみに、子ネコを飼い主の手にじゃれさせるのは良い考えとは言えない。子ネコが成長して強く鋭い爪を持つ大人のネコになってからも飼い主の手で遊ばれたら、たまったものではないからだ。手ではなく、おもちゃに興味を持たせることをおすすめする。そして、飼い主が目を離すときは、ちぎって食べてしまったりすると危ないので、ネコじゃらしを片づける。輪ゴムなど、ネコがじゃれそうな危険なものも放置しないように気をつけよう。

ネコは気難しいとよく言われるが、さまざまな種類のおもちゃを用意しておくといい。「おもちゃ入れには、ネコの主な獲物を模したおもちゃをすべて取り揃えることをおすすめしています」と話すのはマイケル・デルガード博士だ。「フィーラインマインド」を運営する認定ネコ行動コンサルタントであり、イヌと飼い主のマッチングサービスを提供する「グッドドッグ」のスタッフでもある。

「鳥、ネズミ、ヘビやトカゲ、虫の形のおもちゃのほか、リスやウサギといったもっと大きな哺乳類を模したおもちゃもいいでしょう。そして必ず用意してほしいと私がいつも言っているのは、いわゆるインタラクティブ・トイ（7章）です。棒の先端に紐が付いていて、その端に何かがぶら下がっている釣りざお型のネコじゃらしなどもいいですね」。決まった種類の獲物（おもちゃ）に執着するネコもいるが、いろいろなおもちゃで遊ぶのが好きなネコもいる。

物体で遊ぶネコについての研究で、ネコはおもちゃに飽きるが、おもちゃに変化があればまた遊び始める可能性があるということがわかった[*4]。研究者たちは、獲物に見立てた物体が変化するか、別の獲物が現れなければ、ネコは飽きるという仮説を立てて実験を行った。デルガード博士はこの研究自体には携わっていないが、こう話している。

「ネコは、狩りがうまくいっているという手応えを獲物から得られれば、狩りを続けます。たとえば羽根が取れたり、皮膚が裂けたりといった獲物の形の変化で。要は、獲物の体の損傷がモチベーションを保つのです。飼い主はおもちゃで遊んであげるとき、次々おもちゃを買わなくて済むように、バラバラになりにくいとても丈夫なおもちゃを選びがちです。けれどもじつはネコは、おもちゃが壊れる感覚を楽しんでいるのかもしれません」

薄紙や新聞、段ボールなどをボロボロにするのが好きなのは、そのせいかもしれない。

米ジョージア州アトランタの「ファンダメンタリー・フィーライン」の認定ネコ行動コンサルタントであるイングリッド・ジョンソンは、おもちゃを頻繁に取り替えることを勧める。「何週間も床に転がっている羽根のおもちゃでわくわくするわけがないでしょう？　死んでる……用済み……つまらない！　となりますよね」と彼女は言う。

おもちゃは箱や引き出しに入れ、一度に取り出すのは2、3個にしよう。新鮮さを取り戻すために、キャットニップ（和名はイヌハッカ＝ネコが好きなにおいを放つシソ科のハーブ）などネコの好きなにおいのものと一緒にしまっておくのもいい考えだ。ジョンソンはまた、ちょっとした環境の変化も大事だと強調する。段ボール箱や茶色い紙袋、外で集めてきた葉を入れた箱を置いたり、床に薄紙を積んだりするといい。

学術誌『ジャーナル・オブ・ベテリナリー・ビヘイビア』に発表された研究によると、ネコは平均7個のおもちゃを持っている。[*5] 一番人気があるのは毛皮製のネズミのおもちゃで、64％のネコが所持。それ以外では、キャットニップ入りのおもちゃ、鈴入りボール、ぬいぐるみ、爪とぎポール、箱、鈴の入っていないボール、などを持っているネコが多かった。こういったおもちゃの多くは、遊びや狩りの行動の機会をネコに与える。

この調査では、フードパズル（10章）を持っているネコは非常に少なかったが、それも与えたほうがいいものの1つだ。多くの飼い主（78％）はおもちゃをいつでもネコの手の届く所に置いていたが、ネコが飽きないように、定期的におもちゃを取り替えることを忘れないようにしよう。この調査で、月に1回しか愛猫と遊んであげないという飼い主もいたが、17％が毎日、64％の飼い主が1日に2回、遊んでいると答えている。遊ぶ時間の長さは、5分が飼い主の33％で、10分が25％と、大半がここまでだった。ほどんどのネコはもう少し長く遊びたいだろう……。

行動医学を専門とする診療所「ベテリナリー・ビヘイビア・ソリューション」の獣医行動学専門医、ベス・ストリクラー博士は、この研究論文の著者の一人だ。彼女によれば、ネコは一匹一匹違っていて、遊びの種類や時間の長さもそれぞれの好みがあるのだという。一般的には若いネコのほうがたくさん遊びの時間が必要なのだが、高齢のネコの中にも、ゆっくりしたペースではあるが遊ぶのが大好きなネコがいる。ストリクラー博士は「大事なのは遊んであげる時間の長さではなく、飼い主と一緒にどんな遊びをしたいのかをわかってあげることと、ネコが遊びたいときに遊べるようにしてあげることです」と話す。また、一人遊びに向いているおもちゃを用意することも大切だ。

この調査の対象は、行動以外の理由で動物病院を訪れたネコの中から選ばれた。だがそのうち61％のネコに、よくある6つの問題行動のうちの1つが見られた。そしてその問題行動について獣医師に相談したことがあるのは、飼い主のわずか54％だった。ネコの二大問題行動は、飼い主に対する攻撃（36％）とトイレ以外での排せつ（24％）だ。

特にトイレ以外での排せつについて獣医師に相談しないのは気がかりだ。隠れた病気が原因の場合があるし、治療や対処法についても多くの選択肢がある（11章）。おもちゃの数や飼い主が遊んであげる頻度は、問題行動とは関係がなかった。しかし、1回につき少なくとも5分以上愛猫と遊んであげている飼い主は、1分しか遊んでいない飼い主に比べて、問題行動の報告数が少なかった。

キャットニップで遊ぶクランシー。ネコには、おもちゃでの一人遊びと、飼い主と一緒に遊ぶ機会の両方が必要だ。©写真／ジーン・バラード

愛猫がもっと遊びたいのかを見極めるには、遊ぶのをやめたときの反応をよく観察するといい。遊びの時間の終わりには、ネコじゃらしを片づけ、ネズミのおもちゃ、フードトイ（フードが少しずつ出てくるおもちゃ）、ごほうびのおやつなどをあげて、あたかも獲物を捕えたような気分にさせてあげよう。ちょっとおやつを食べ、毛づくろいをして昼寝の準備を始めたら、ネコは満足している。もしこのときに不満そうだっ

たり、まだあなたの足元にまとわりついていたりしたら、それは遊び足りないサインなのだ。

長時間で回数が少ないよりも短時間で何度もなでてもらいたい!?

ネコには、一緒に住んでいる人々との日常的な楽しい**交流の時間**が必要だが、交流を持つか否かは常にネコに決めさせよう。両者の思いがよく食い違うのは、かわいがり方だ。人間は1日1回だけ長時間なで続ける傾向にあるが、ネコはたいてい1回の時間は短く、そして1日に何度もかわいがられるのを好む。ただし、かわいがられ方の好みは、年齢によって変化する。子ネコや若いネコは、飼い主との長めの交流を好む傾向があるが、年齢を重ね、社会的に成熟したネコ（2〜3歳頃）は、短時間での交流を好むようになる。

また、加齢によって関節炎などを発症し運動機能に問題が出てくると、それで交流の仕方の好みが変わることもある。ソファにいる飼い主の横に座るのが好きになる、あるいは自分で飛び乗るのが億劫になって、抱き上げて隣に座らせてほしいとせがむような目を飼い主に向けるようになるかもしれない。中には、以前までは抱っこが好きだったネコが嫌がるようになるケースもある。その変化をたんに加齢のせいだと決めつけてはならない。必ず獣医師に相談し、何かの病気が隠れていないか調べよう。

複数のネコを飼っている場合は、一匹一匹に愛情を注ぐことに留意したい。ネコの好みがそれぞれ違うことに飼い主も気づくはずだ。たとえば、ほかのネコよりも長くなでてもらいたいネコや、しつこくなですぎるとすぐに咬みつくネコがいるなどといったことだ。すべてのネコに気を配り、それぞれの好みに合わせたかわいがり方をするように心がけよう。

もし家族の誰かが新しい仕事に就いたり、旅行に出かけたりして、それまでよりも留守がちになると、ネコもそれに気づくと心得ておこう。ネコによっては、家にいるほかの家族にもっとかまってもらいたがる。そうではなく、あまり会えなくなった家族をひたすら恋しがり、家に帰ったときにかまってほしいといっそう強く要求するようになるネコもいる。家族と関わりたいという愛猫の欲求をないがしろにしてはならない。

ネコのかわいがり方、なでられるのが好きな部位については、8章で説明する。

たとえ家で飼われていても、愛猫がネコらしい行動をする本能や欲求を持ち続けているということを飼い主が理解すれば、この世界はネコにとってもっと暮らしやすい場所になるでしょう。爪とぎ、におい付けのマーキング、獲物の追跡や狩り、安全な縄張りの確保といった行動は、ネコの本能によるものです。つい最近まで、飼いネコは近隣を自由に歩き回るのが普通でした。比較的広い縄張りを持ち、獲物に忍び寄って狩りをし、高い所に登り、爪をとぐことができていたため、欲求不満は解消され、健康を維持し、本質的にネコらしい暮らしができていたのです。

とりわけ完全室内飼いのネコの場合には、こういった本来のネコらしい行動をさせてあげる工夫が必要です。さもないと、家具で爪をといでボロボロにする、人間や家にいるほかの動物に対して攻撃的になるといった問題行動に至りやすいのです。とりわけ多頭飼いの家では、ほかのネコと競合して、必要不可欠なネコ用品が使いづらい場合があり、ストレスや不安から、不適切な場所での排せつや縄張りを示すマーキングといった問題が起きがちです。これは、ネコがシェルターに渡されてしまう主な原因でもあります。

ネコらしい行動をさせてあげるためには、爪とぎポールや爪とぎボードを複数箇所に設置し、キャットタワーや高い棚などネコが避難できる安全な場所を用意し、複数のトイレを使いやすい場所に置く（多頭飼いの場合は特に重要）ことが必要です。できれば安全に出られる屋外のスペースもあるといいでしょう。毎日、獲物を模したおもちゃで遊ぶ機会があれば、狩りや獲物に忍び寄る行動をしたいという気持ちを発散させ、人間や家にいるほかの動物への攻撃性を緩和できます。

――ケイト・モーンメント

応用動物行動学博士、ペッツ・ビヘイビング・バッドリーのコンサルタント

ネコの嗅覚とフェロモンのすごさ
「アロラビング」「バンティング」「ミドニング」etc

ほとんどの人々は、ネコの嗅覚のすごさを知らない。鋭い嗅覚はイヌの専売特許だと思われているのだ。だがネコは素晴らしい鼻と鋤鼻器《じょびき》と呼ばれる器官を持っている。*6 **においとフェロモン**はネコにとって非常に重要だと言っていいだろう。フェロモンは、硬口蓋《こうこうがい》の上にある鋤鼻器によって感知される化学信号だ。

飼い主ならきっと愛猫が口を開け、上唇を引き上げて冷笑しているような顔を見たことがあるだろう。あれが、フレーメン反応と呼ばれているしぐさだ。そのとき、ネコは鋤鼻器で何かを確認している。鋤鼻器には空気が達しないため、においの分子を粘液の中に取り込み、門歯《もんし》（前歯の中央にある歯）の真後ろにある口蓋の2つの穴から、鋤鼻器に送り込んでいるのだ。

ネコのフェロモンについてはまだわかっていないこともあるが、興味深い事実も判明している。フェロモンが分泌される場所は、頭部の目と耳の間、耳の付け根、頬、アゴの下、口角、肉球の間、尻尾の付け根、肛門や性器の周辺、メスの乳首の周りなどだ。違う場所から出るフェロモンには、それぞれ異なる役割がある。

フェロモンやにおいは、子ネコが生まれた瞬間から大切な意味を持つ。母ネコは乳首の周りの腺からフェロモンを分泌する。生まれて1〜2日から32日まで、同胎《どうたい》の子ネコたちは、それぞれ自分の好きな乳首を決めてお乳を飲む（「ティート・コンスタンシー」と呼ばれる）。どうやって自分専用の〝マイ乳首〟を確かめているかは、はっきりわかっていないが、母ネコのフェロモンと前回飲んだときに付いた自分のにおいが目印になっているのではないかと考えられる。

子育ての巣には独自のにおいがある。母ネコの分泌物と子ネコたちの毛、尿、唾液が混ざったにおいだ。子ネコたちは目も耳も閉じた状態で生まれるが、このにおいと、感触、ぬくもりによって巣の場所がわかる。巣のにおいはストレスを軽減し、気持ちを穏やかにし、子ネコの健康状態を良くする効果があると考えられている。

複数のネコを飼っていると、ネコ同士が互いのにおいを嗅いでいるところを見たことがあるだろう。ネコの社会的行動において、においは重要な役割を果たしている。同じ社会集団に属しているネコは、互いに頭を、時には全身を、こすり合わせたりする（「アロラビング」と呼ばれる）。この行動は仲間のグループに特有のにおいを形成する役目を果たしているとされる。

うんちの中にもフェロモンが含まれていて、ある一匹のネコを調べたところ、ネコの肛門腺の中に存在する細菌がそのにおいを決めていることがわかった。*7 うんちのにおいを嗅いでいる時間の長さの違いを調べた結果、ネコは自分とほかのネコのうんちのにおいを嗅ぎ分けることができ、慣れ親しんでいるネコとよそのネコのうんちのにおいの違いもわかるということが判明している。*8

ネコは通常、自分の庭でうんちをしたときは埋める。よそでしたときには埋めずに放置することがあり、この行為を「ミドニング」と呼ぶ。うんちを埋めない理由ははっきりとはわかっていないが、1つの可能性として、ほかのネコが近づかないよう、自分の縄張りであることを見た目とにおいで示していることが考えられる。

ネコが物に頭をこすり付けるのは、頬にある腺からでるフェロモンを残すためだ。この行為を「バンティング」と呼ぶ。顔周りから出るフェロモンは、F1、F2、F3、F4、F5の5種類だ。F1とF5の役割はわかっていない。F2は性行動に関連があると思われる。たとえばオスネコが繁殖可能なメスに頭をこすり付けるときは、F2のフェロモンを残している。F3は、縄張りに関連がある性質のものと考えられている。F4については一番よくわかっていて、仲の良いネコ同士がアロラビングによってグループの団結を維持するのに役立っている。同じ社会集団にいるネコは、アロラビングをするだけでなく、住んでいる場所の同じ所（家の壁やテーブルなど）に頭をこすり付けて、集団のにおいを作り上げている可能性がある。飼い主に顔をすり付けるときも、飼い主を社会集団の一部と見なしてフェロモンを残しているのだ。

においがネコの社会的行動において果たしている役割を利用して、ネコ同士が信頼関係を築いたり、互いに相手を安心させたりすることができる。たとえば、2匹のネコを引き合わせるときに、前もって相手のにおいを嗅がせておいてから実際に会わせるといい。ただし、ネコに選択肢を与えることを忘れてはいけない。嫌がる可能性もあるので、強制的にほかのネコのにおいと交わらせるようなことをしてはならない（たとえば、ほかのネコのにおいを体にこすり付けるなど）。

また、ネコは寝床に自分のにおいを付けるので、ネコの寝具を一度に全部洗うのは避けたほうがいい。においの付いた寝具を一部残すことで、ストレスを感じさせずにすむ。床に放置した汚れた洗濯物の上でくつろぐのが好きなのも、においで説明がつく。我が家のメリーナも、夫が脱いだセーターをたたんであげると、その上に横たわる。

こうしたにおいによってネコは安全で安心だと感じるため、飼い主は愛猫のためににおいを消さないようにする必要がある。ネコがくつろぐお気に入りの場所の近くで、香料の強い洗浄剤を使用することは避けよう。ネコのにおいが消えて、不快だと感じるにおいに変わってしまうからだ。たとえばネコ用のトイレには、無香料の洗浄剤やネコ砂を使うことが大切だ。人間が好きなにおいだからといってネコも好きなわけではないので、ネコトイレ周辺が人工的な香料のにおいになると、ほかの場所で排せつしてしまうおそれもある。

また、ネコは家具や壁にもにおいを付けており、頻繁ににおい付けをしている場所は塗装が剥げたりしているかもしれない。我が家の玄関の壁の角にも、メリーナが何度も頭をこすり付けた痕跡が1カ所ある。ネコは自分のにおいがすることで安心感を得られるので、もしすぐに掃除したり塗り直したりしなくてもいいのなら、ネコのためにそのままにしておいてあげよう。

ネコは爪をといでいるときに、前脚にある腺から分泌されるにおいを付けている。長いこと同じ場所で爪をといでいると、その場所ににおいが蓄積され、ネコにとって自分の場所であることを示す「においの目印」ができる。つまり、ネコに適切な爪とぎ場所を与え、そのにおいを残しておくのは、家具を守るためにも、ネコの福祉のためにも良いことなのだ。ネコが爪とぎポールを利用したら、ちょっとしたごほうびをあげたり、なでたりしてホメてあげよう。ほかの場所で爪をといだからといって罰するのは良くない（5章）。

科学誌『ジャーナル・オブ・フィーライン・メディスン・アンド・サージェリ』に発表された研究によれば、頻繁に家の中で爪をとぐネコ（去勢されていないオスに多い）と、飼い主が不適切だと考える場所では爪とぎをしないネコ（屋外にも出している去勢されたオスと避妊していないメスに多い）がいるという。[*9] ただしこの研究では、ネコは爪とぎポールがあればそれを利用することも示された。

同誌に発表された別の研究では、飼い主がネコのために用意した爪とぎの種類に注目し、その多くがネコにとっては〝粗悪品〟であることがわかった。[*10] たとえば、いまひとつ丈夫でない、ドアのように動く物にぶら下げてある、十分に体を伸ばしてとぐほどの高さがないといった爪とぎが多いのだ。壁にぶら下げたり取り付けたりするタイプの爪とぎはネコに人気がないようで、不適切な場所での爪とぎにつながるケースが多い。

ネコが不適切な場所での爪とぎをほとんどしない家で使われている爪とぎポールを調べれば、

ネコが好きなタイプの爪とぎがわかる。ネコは麻のロープをぐるぐるポールに巻いたタイプの爪とぎをもっとも好み、一段またはそれ以上の段のあるキャットタワーを置いている家では、不適切な場所での爪とぎがあまり見られないことがわかった。

この研究では、ネコの爪とぎに対して人間がとるべき行動にも注目した。ネコに爪をといでいる場所から離れるように伝え、ネコをその場所から引き離し、ほかの場所に連れて行って爪をとぐように促しても、まったく効果がなかった。爪とぎ問題は相変わらず続いたのだ。一方、ネコが自分の爪とぎポールで爪をといだときにおやつをあげる、なでる、ホメるといったごほうびをあげると、爪とぎ問題は改善することがわかった。

結論を言うと、ネコに適切な場所で爪とぎをしてもらうポイントは2つ。愛猫が気に入る爪とぎポールを与え、それを使用したらごほうびをあげることだ。爪とぎポールの数は多いほうがいい。また、ネコは一匹一匹好みが違うため、中には木製のポールやカーペット素材の爪とぎを好むネコもいる（特に高齢のネコの場合）。

またネコは、水平な面で爪をとぐのも好きだ。段ボール製の優秀な水平タイプの爪とぎが売られている。『ジャーナル・オブ・フィーライン・メディスン・アンド・サージェリ』に掲載された別の研究では、子ネコにいろいろなタイプの爪とぎを与え、選ばせている。[*11] 子ネコは与えられたほかの爪とぎ（麻紐を巻いたポールやさまざまな段ボールの爪とぎ）より、ウェーブ型の段ボールの爪とぎを好んだ。そこに、キャットニップのにおいや、ほかのネコの毛が付着しているかどうかは関係なかった。
ネコの健全な環境のための5つの柱を守るよう気をつければ、ネコの幸せの実現に向かって確実に進むことができる。次の4章では、ネコの環境のほかの側面について述べていく。

［まとめ］
ネコを幸せにするための心得

・ネコの体がすっぽり収まる安全な隠れ場所を与える。ネコが隠れているときは邪魔をしない。隠れることはネコにとって正常な行動であり、ストレスへの対処方法なので、隠れたいときにはそっとしておく。
・ネコ用品はそれぞれ複数用意し、離れた場所に配置する。そうすれば、ある場所のネコ用品が使いづらい状況でも、ほかの場所のものを利用することができる。複数のネコがいる場合や、ほかのペット（イヌなど）がいる場合は、特に重要なポイント。
・ネコが一人遊びできるおもちゃを与える。ネズミのおもちゃ、追いかけて遊べるボール、ネコの好きなにおいのするおもちゃ、蹴りぐるみ（前脚で抱えて後ろ足で小刻みにキックして遊ぶぬいぐるみ）など。
・毎日ネコと一緒に遊ぶ時間を設ける。このとき使うのはネコじゃらしがベスト。もしネコが遊びに乗り気にならなかったら、いろいろなやり方でおもちゃを動かして興味を引いてみる。獲物がネコから逃げようとしている動きを再現する努力を忘れずに。

・なでたり、膝に乗せたりするか否かは、ネコの気持ちを尊重して決める。ネコは一匹一匹好みが違うが、ほとんどのネコは頭の周辺をなでられるのが好きで、おなかをなでられるのは嫌いだ。かわいがる1回の時間は短く、回数は頻繁に。

・愛猫がシャイなタイプなら、それを受け入れる。人間にぴったり寄り添うのが好きなネコもいるが、膝に乗るよりも同じ部屋にいる程度の距離間を好むネコもいる。やや控えめだとしても、そのネコなりに愛情を示している。

・物に頭をこすり付けているときは、ネコが安全で安心だと感じるのに必要なフェロモンを残していることをお忘れなく。掃除するときは、全部拭き取ってしまわず、一部でも残してあげたい。

・視力があまり良くないネコにとって、においは、自分がいる場所を確認する目印の役目を果たしている可能性がある。

4章　「安全」と「幸せ」を両立させるために

KEY ASPECTS OF CARING

窓越しに野生動物と遭遇
ネコの安全のために考えること

今、私が住んでいるカナダのメープルリッジには、故郷のイングランド北部には見られない野生動物がたくさんいる。深い森や山々を擁する美しいブリティッシュコロンビア州のメトロバンクーバーには、自然と隣接する町が点在しており、メープルリッジもその1つだ。小川が緑のリボンのように大地を横切り、低い雲が立ち込めて大雨が降り注ぐ秋から冬には、新たな細流《さいりゅう》が出現する。この流れを頼りに野生動物が容易に山から人里に降りてきて、ゴミの日に出される〝ごちそう〟を漁るのだ。ここに引っ越してきてから、ボブキャット、アメリカクロクマ、ピューマ、そして想像以上に多くのコヨーテを見かけている。

ネコを飼い始めたとき、外に出すと危険だと近所の人たちから忠告を受けた。もしイングランドに住んでいた頃、いつか室内だけでネコを飼う日が来るよと言われたら、そんな残酷な仕打ちはあり得ないと思っただろうが、ここではネコの安全のためにそうするしかない。完全室内飼いのハーリーとメリーナでさえ、たまに窓越しに野生動物と出くわしている。

数年前のある日、洗濯物を取り込んで窓の外を見やると、庭の横をアメリカクロクマが歩いていくところだった。メリーナも私と一緒にいて、クマを見た。木々の脇を歩いていくクマに、私もメリーナも釘付けになる。姿が見えなくなったので、もっとよく見ようとリビングルームに移動すると、メリーナもついてきた。クマはゆっくりと近所の庭に入っていき、車のにおいを嗅ぐと、木々の間を通ってまた戻り、私たちの家の正面に向かって歩き始めた。

メリーナは窓台の上で耳を平らに寝かせ、尻尾を激しく左右に振って、この上なく大きな唸り声をあげている。小さな体のどこからそんな大きな声が出るのかと思ったほどだが、外にいるクマは聞こえないのか気にも留めていない。悠然と歩いて窓に近づくと、立ち止まり、鼻を上に向けて空気のにおいを嗅ぎ、もっとよく嗅ごうとするかのように頭を動かした。

ほかの部屋にいたイヌのボジャーが気づいて吠えると、ようやくクマは少しだけ速足になり、我が家の前を横切って道路に去っていった。メリーナはこの間ずっと唸り声をあげ続けていたが、ハーリーは途中で何かが起きていると気づいたものの、それほど気にしていないようだった。

メリーナは非常に神経を尖らせていて、私は、どうしてあげたらいいか決めかねた。少し震えていたので、すぐに手を触れるのは安全ではないと判断し、そっとしておいた。1時間後に見ると、窓から離れてベッドルームのドアの所にいたが、まだ興奮冷めやらぬ様子で、名前を呼んでもこちらをちらりと見ただけだった。それからさらに1時間後、名前を呼ぶと今度は私のほうに来たので、なでるとようやく落ち着いた。私が知る限りでは、それからしばらくメリーナが野生動物に出くわすことはなかった。

だが、先週のことだ。ある夕方、メリーナが激しくいらだち、緊張して耳をそばだてていた。遠くで地震が起きていないことを確認した私は、また野生動物を見たのだろうと判断した。そのあともどうしても下の階に行こうとしないことから、私の考えは確信に変わる。この暑い夏の夜の間、メリーナは夕方になると涼しいベースメント（半地下）の窓際にあるキャットタワーで過ごすことが多かった。それなのにこのときは、階段を途中まで降りると立ち止まって耳を澄ませて、まるで階下に何かいるのではないかと恐れているような素振りをしていた。翌朝、夫が庭仕事をしていると、メリーナが夕方を過ごすお気に入りの窓の外に、大きなフンの山があるのに気がついた。たぶんなんらかの野生動物がやって来てメリーナを捕らえようとしたが、窓が邪魔をしたため、怒ってフンをしていったのだ。フンの大きさから、家のすぐそばまでやって来たのはピューマではないかと思う。そうだとすればメリーナがこんなに怯えているのも無理はない。

家の周辺に野生動物がいることから、私はネコを屋内だけで飼う決心を固めているが、それはそれでネコの福祉上の課題が浮上する。この問題については、「ネコをある程度は屋外にも出すのが一般的」な英国を含むヨーロッパおよびニュージーランドと、「完全室内飼いが一般的」なカナダおよび米国とで、考え方が大きく異なる。ネコにとって何が良いのかだけを判断基準にする人もいれば、鳥や野生動物に影響があるのではないかと懸念する人もいる。新聞の見出しのように、ひと言で人々を納得させられるような問題ではないのだ。

「完全室内飼い」と「半外飼い」ストレスの感じ方は一匹一匹違う

これを読んでいるネコの飼い主は、もちろん自分のネコを念頭に置いているだろうし、ネコの飼い方についてもそれぞれの意見があるだろう。完全室内飼いにするか、日中ある程度は外出させるか、またはキャティオ（囲いのあるネコ用のパティオ）のような囲いのある屋外スペースで過ごさせるかの判断は、人によってまちまちだ。フランスのアプトにある、情報化学物質・応用動物行動学研究所（IRSEA）の獣医師、ナイマ・カスベウイ博士は言う。

「飼い主はそのネコに合う飼育環境を真剣に考えないといけません。まずネコの性質を考慮します。子ネコのときから飼っている、つまり最初から室内飼いのネコなので、ある程度の広さがあれば家の中でも満足できるのか。あるいは、以前は野良ネコで、長いこと屋外を自由に闊《かっ》歩《ぽ》していたので、室内に閉じ込められたらストレスを感じるのか。2つのケースの答えに、正解はありません。一匹一匹、状況が違うからです」

完全室内飼いか外出させるかの論争は、そう簡単に決着がつきそうにないが、すでにこの分野でも科学者が非常に興味深い研究を行っている。学術誌『バイオロジカル・コンサベーション』に発表された、飼いネコや農場のネコの行動範囲（行動圏と呼ばれる）の研究によると、オスはメスよりも行動圏が広く、避妊や去勢をされているかどうかは広さに影響しないということがわかった。[*1]

また、一軒一軒の家が離れて建っている田舎では、家同士が密接している都会に比べて、ネコの行動圏が広いという。田舎のネコの平均的な行動圏は、都会のネコに比べて14・4倍の広さがあった。都会には人間やイヌ、車が多いことも影響しているかもしれないが、ネコの数が多いために1匹当たりの行動圏が狭くなっている可能性が高い。成猫（2〜8歳）は、8歳以上のネコに比べて行動圏が広い。年を取ると縄張りを守るのが難しくなってくるため、家の近くにいることが多くなるのだろう。

人間に慣れているか、定期的に餌をもらっているか、獣医師の診察を受けているか（農場のネコは該当する割合が低い）は、ネコの行動圏の広さとは関係がなかった。

学術誌『アニマル・ウェルフェア』に掲載された、デンマークにおける飼いネコの研究では、完全室内飼い、もしくは室内と囲いのある庭だけで飼っているネコは、主に室内にいるが自由に外出できるネコに比べて問題行動が多いことがわかった（家の中での排せつ、退屈に起因する行動、家具の破壊）。[*2]ブラジルの研究では、室内だけで飼っているネコは問題行動が多く、肥満の傾向があるが、飼い主とはより緊密な関係にあることがわかった。[*3]これらの研究結果から、完全室内飼いの場合には、より良い環境を準備してあげることが大切だということになる。

屋外に出ることのできるネコは、容易にネコ本来の行動をとることができる。獲物に忍び寄り、追いかけるといった捕食者らしい行動をし、十分に運動し、家の中だけにいるネコよりも、ネコという動物が適応してきた環境で長い時間を過ごせることは間違いない[*4]。そして、完全室内飼いのネコは、太りすぎ、もしくは肥満の傾向がある（10章）。

ネコの飼い主や世話をする人々にとって、イエネコの進化の歴史を知り、ネコという生き物についての、そして現代のネコの生物学的および精神的なニーズについての理解を深めることはとても大切だと思います。今でもネコたちのニーズは、もっとも近い祖先であるリビアヤマネコとの共通点がとても多いのです。リビアヤマネコは、縄張りを持ち、単独行動をする捕食者で、1日の多くを探検と狩りに費やします。孤独を好み、隠れたり高い所に登ったりして脅威から身を守っています。

しかし私たちはネコたちに、それとはまったく違う世界で暮らしていくことを望んでいます。探検や狩りをする機会を奪うことも多く（たとえば室内に閉じ込めること）、ネコたちに社会との関わりを持つことを期待し（たとえばほかのネコや人間と交流すること）、人間の手で執拗《しつよう》に触られること（抱き上げる、やたらとかまう）への我慢を強いているのです。

多くのネコはなんとかそれに対処し、人間の期待に応えていますが、耐えがたく感じているネコも少なからずいます。その原因は、発育の初期（生後2週から7週）とそのあとの時期に社会化が適切になされなかったことや、それ以外に起因するネコの性格でしょう。あるいはただ、ネコという生き物が本来求めるような行動をする機会がないからかもしれません。

私たちにできるのは、自分のライフスタイルに合ったネコを選ぶこと、ネコたちにポジティブな認知的、感覚的刺激を得る機会を与えること、ストレスを与える存在から逃げられるようにしてあげることです。また、私たちがネコに対して、社会的な関わりを持つようプレッシャーを与えすぎていないかにも気をつける必要があります。ネコたちが、誰にも邪魔されずに一人になれる時間を十分に確保してあげましょう。

――ローレン・フィンカ博士

ノッティンガム・トレント大学のネコ学者

屋外に出るリスクのいろいろ
有毒植物、化学物質、車、野生動物

ネコにとって、家の外は危険がいっぱいだ。ユリなどの有毒な植物を食べてしまう、不凍液などの化学物質で汚染された水溜まりの水を飲む、といったおそれもある。[*5] 不凍液のせいで毎年何匹のネコが命を落としているかは定かではないが、少量であっても腎不全を起こし、命に関わる場合がある。吐く、ふらつく、酔っているように見える、眠たそう、元気がない、呼吸困難、けいれんなどの症状が見られたら、ただちに獣医師に診てもらおう。

冬場に凍結防止のために歩道や道路にまかれる塩も、ネコにとっては有害だ（ただし、販売されている凍結防止剤の中にはペットに無害のものもある）。

どの物質がどのくらいネコに危険を及ぼしているかはわかっていない。近隣の住人がネズミやモグラ、ウサギを駆除するために毒を使用している場合は、ネコがそういった小動物を捕食することで、二次的に毒を摂取してしまうこともある。

屋外に出るネコにとって最大のリスクの1つは、車にひかれることだ。ナイマ・カスベウイ博士は、「博士課程のときに、コミュニティで調査を行いました。対象は、英国の小さな都市リンカンにある田園地帯のコミュニティと町のコミュニティです。誰もが、外を自由に歩き回るネコの一番のリスクは交通事故だと言いました」と話していた。

実際、英国の6つの動物病院の協力を得て行われた2004年の研究では、[*6] 127匹のネコが交通事故にあっており、そのうち命を取りとめたのは93匹だった。一命を取りとめたネコの中には、相当な重傷を負ったネコもいて、手足を切断しなければならないケースや、回復に5

カ月以上を要した例も少数ながらあった。身体的なケガの回復に必要な日数は平均47日だった。ケガが重いほど治療費もかさんだ。

生き残ったネコのうち34匹（3分の1強）の飼い主は、ネコが外に出るのを怖がるようになった、車を怖がるようになったなど、ネコの行動に変化があったと答えている。飼い主の約5分の1はネコが屋外に出る機会を減らし、そうでない飼い主の中にも、以前よりもネコを外に出すことが心配になったと答える人がいた。この研究の結果、ネコが交通事故で一命を取りとめたとしても、長きにわたってネコの福祉に影響することが判明した。

野生動物からネコを守るため、あるいは野生動物をネコから守るためにネコを完全室内飼いにする飼い主もいる。北米では、コヨーテ、ピューマ、フクロウ、ワシなどの野生動物が飼いネコを捕食する可能性がある。近所をうろつく野犬も危険を及ぼすかもしれない。研究者たちが、シカゴ南西部の郊外で野良ネコに無線発信機付きの首輪をして追跡したところ、ネコたちはコヨーテが生息する周辺の森や自然のままのエリアを避けて、都市部にとどまる傾向があることがわかった。[*7] この研究結果から、ほかにも理由があったかもしれないが、ネコたちがコヨーテを避けるために民家の近くにとどまっていたことがわかる。

フンの分析から、主食ではないにしても、コヨーテがネコを食べることがわかっている。ロサンゼルスで、国立公園局と市民のボランティアが協力し、コヨーテが何を食べているかを調べるためにフンを集めたことがあった。また、科学者たちは生け捕りにした、もしくは死んだ状態で見つかったコヨーテから、ヒゲも採集した。[*8]

コヨーテはロサンゼルス盆地全体に生息しているが、サンプルは建物が密集したダウンタウン、広い庭付きの家が建ち並び、丘の上など未開発の地域も残る郊外、そして（フンではなくヒゲは）農場や未開発エリアの多いサンタクラリタ渓谷で採集した。コヨーテはこの地域全体に生息しており、ヨモギの仲間の低木（セージブラシ）が茂る海岸沿い、市街地、樫の木の森、農場、郊外の民家の裏庭など、さまざまな場所をすみかとしている。

分析の結果、都市部では19・8％のフンにネコが含まれていた（もちろん何匹が飼いネコで何匹が野良ネコかを知るすべはない）。ネコより少なかったが、ペットフード（3％以下）、イヌやニワトリ（それぞれ1・5％以下）もフンに含まれていた。郊外では、採集されたフンの3・9％にネコが含まれていた。いずれの地域でも、フンの主な内容物は観賞用の果実と種子だった（コヨーテがイチジク、ブドウ、ヤシの実などを食べるとは知らなかったので意外だった）。つまりは、庭に果実のなる木をたくさん植えると、コヨーテが寄ってきてしまい、ネコを危険にさらす可能性があるということだ。

別の研究では、デンバーの大都市エリアのコヨーテのフンを分析した。[*9] コヨーテのフンはイヌのものとは見た目が違った。もしコヨーテがイヌと同じようなものを食べていたら、フンの採集は難しかったかもしれない。フンの中に含まれていた哺乳類の毛の中で、ペットのものと思われるのはわずか3％だった。つまり、コヨーテがたくさんのイヌやネコを食べているわけではなかったのだ。しかし、ペットを愛する飼い主にとっては、たとえ食べられたのが1匹でも大問題なのだ。
田舎に比べて住宅密集地では、多くのペットの毛がコヨーテのフンに含まれていた。コヨーテとペットの喧嘩は、12月か1月に多くの事例が報告されるが、フンの中のペットの毛の量は、季節による変化は見られなかった。つまり、コヨーテがペットを殺すのは、食べるためだけでなく、エリア内における脅威もしくは競合相手の排除が目的なのだ（食べられた数よりも多くのペットが殺されているということだ）。

コヨーテはネコと同じように多くのげっ歯類を食べるので、ネコを〝食料の競合相手〟と見なして殺すのかもしれない。ただ、コヨーテが出産する3月は、コヨーテのフンに含まれるペットの毛の量が増える。都市部ではコヨーテの食べ物が豊富にあるため、ペットを食べる必要はないように思われるが、特に12月から3月にかけては、近隣をうろつくコヨーテに注意したほうがいい。自分の家の庭にコヨーテが入れないようにするには、フェンスの上にコヨーテローラーという回転パイプを取り付けて足掛かりを得られないようにするか、侵入防止柵（かえし付きのものなど）を設置する。

こうした研究結果から導かれることとして、ネコは獲物であると同時に捕食者でもあるという逆方向の認識も持つ必要がある。ネコの主な獲物はハツカネズミだが、鳥や爬虫類、両生類、コオロギなどの昆虫のほか、ドブネズミ、ハタネズミ、ウサギといった小さな哺乳類も獲るため、それを嫌って家からネコを出さないようにしている飼い主もいる。実際、飼いネコはどの程度ハツカネズミや鳥といった野生動物に脅威を与えているのだろうか。

その答えは簡単ではない。ネコが年間で殺す野鳥の数の調査結果が新聞の見出しを飾ることがあるが、その多くは野良ネコを対象としているため、食べ物を十分にもらっている飼いネコには当てはまらない。そしてこういった調査の多くは、方法に問題があり、非常に少ないサンプルから推論しているにすぎない。鳥の生息数の減少の原因は、気候変動、昆虫の数の減少、殺虫剤や殺鼠剤の使用、高層ビルの窓の反射などいろいろあるが、ネコが鳥を獲った場合に限ってやたらと目くじらを立てる人々がいるのだ。

ネコが鳥の生息数の減少の原因だという証拠はない。[*10] ネコは主に弱っている鳥を殺し、鳥の卵を盗むドブネズミやハツカネズミも殺す。そして、飼いネコの調査については、偏りが生じている可能性がある。ネコは獲物のすべてを家に持ち帰るわけではないので、ネコの飼い主の調査では数が低く見積もられているかもしれない。その一方で、狩りが上手なネコの飼い主がそういった調査に進んで参加している可能性があり、ネコが殺している獲物の数が多めに見積もられていることも考えられる。

こういった調査方法の諸問題を回避するために、ニューヨークのアルバニー・パイン・ブッシュ保護区では、いくつかの方法を組み合わせて調査を行った。無線発信機付きの首輪による追跡、行動の観察、そして、においによって調査対象種を誘引して行う調査＝保護区内に設けたニオイステーションだ。[*11]

飼い主の報告によると、屋外にも出している飼いネコは平均して1カ月に1・67匹の獲物を捕まえる。だが観察結果から、研究者たちはその数が夏には1カ月当たり5・54匹近くに上ると推定した。これまでのところ、もっとも多かったのはハツカネズミ（獲物の47％）で、ほかはトガリネズミ（15％）、ワタオウサギ（8％）、シマリス（8％）などだった。獲物のうち鳥は13・6％を占めた。前述の野良ネコの研究の場合と同じく、この研究の対象となった飼いネコも、森の奥深くには足を延ばしていなかった。そしてある程度の数の小型哺乳類が捕えられてはいたが、ネコが捕えるのは主に子どもの動物のため、全体の生息数に影響を及ぼすほどではなかったという。

屋外の安全への対策グッズは？マイクロチップの装着は重要

飼いネコを外には出してあげたいが、狩りはさせたくないという場合、いくつかの方法がある（もちろん、狩りをする必要がないように十分なフードを与えていることが前提）。

1つめは、ネコの首輪に鈴をつけることだ。音が鳴るため、ネコが獲物に気づかれずに忍び寄ることができなくなる。2つめは、「キャットビブ」というネコの首から下げる柔軟性のある合成ゴムでできたエプロンを利用する方法だ。着用してもネコは自由に動き回ることができ、木登りも可能だが、獲物に正確に忍び寄って仕留めるのは難しくなる。オーストラリアで63匹のネコにキャットビブだけ、またはキャットビブと鈴を3週間装着したところ、どちらもつけていない場合に比べて、仕留めた鳥や哺乳類の数は少なかった。[*12]

そして3つめは、「バーズビーセーフ」という襟巻《えりまき》だ。鮮やかな色をしたデザインのため、多くの色を認識できる鳥、爬虫類、両生類からは見えるが、ハツカネズミなど色覚の弱い哺乳類からは見えない。オーストラリアにおける別の研究では、虹色のバーズビーセーフはほかの色のものよりも効果的で、ネコによる鳥の捕食が減少したが、哺乳類の捕食は減らなかったという。[*13] つまりこの襟巻は、鳥は守りたいがハツカネズミは獲っても良いという飼い主には好都合だ。ほとんどのネコは、この3つの対策グッズのうちどれを装着してもさほど嫌がらなかった。

こうした対策グッズ以外では、「キャティオ」などの安全な囲いのあるスペースを設け、屋外と接点を確保してあげる方法がある。英国における研究で、そういったスペースを設置したネコの飼い主は、元々は外を自由に歩き回っていたネコの場合であっても、福祉が向上したと評価していることがわかった。

また、ほかのネコが寄ってくることが大幅に少なくなり、それもネコのストレスの原因の軽減や排除につながる可能性がある。屋外を歩き回るネコが、同じエリアをほかのネコと〝タイムシェア〟し、鉢合わせを避けるのはよくあることだ。リンカン大学の博士研究員で、この論文の筆頭著者であるルシアナ・サントス・ジ・アシス博士はこの結果について、「ネコの幸せと安全を両立するために、完全室内飼いか自由に外出させるかのどちらかを選択する必要はない。屋外との接点を確保しつつ、リスクを大幅に減らし、野生動物も保護しながら、高いレベルの福祉を維持することができることが示された」と述べている。

屋外に出られるほうがネコは幸せだと信じているために、ネコの外出制限をためらう人は多い。ある科学者のグループは、実際に獲物を狩ることなくネコの狩猟本能を満足させられないか検討した。[*14] 学術誌『カレント・バイオロジー』に掲載されたこの研究では、普段から狩りをしているネコを募集して以下のようにグループ分けし、効果を検証した。バーズビーセーフを装着、鈴を装着、毎日5分から10分遊ぶ、高品質のフード[*欄外注]を与える、フードパズルのおもちゃを与える、の5つのグループと、何もしない比較のためのグループ（対照群）だ。

鈴は効果がなく、ネコは容易に適応し、工夫して狩りを行った。バーズビーセーフを装着したグループでは、鳥の捕食は42％減少したが、小型哺乳類の捕獲には、予想どおり効果がなかった。毎日遊んだグループでは、遊びは基本的に夕方行い（ネコがよくネズミなどの小型哺乳類を追いかける時間帯）、哺乳類の捕食は35％減ったが、鳥に関しては大きな効果がなかった。遊ぶ時間を朝にすれば、鳥の捕食も減少するかどうかは不明だ。

高品質のフードを与えたグループでは、鳥の捕食が44％、哺乳類の捕食が33％減少した。驚いたことに、フードパズルを与えたグループは、ハツカネズミの捕食数が増えた（ただし鳥は増え

＊穀類や、ミートミールや肉骨粉といった食肉加工場で出た不可食部位を原料とする加工品を含まないフード。

なかった)。ネコが欲求不満になったか、おもちゃの与え方が適切でなかったのかもしれない。さらなる研究が必要だ。

この研究から、愛猫に狩りをさせたくなかったら、より高品質のフードを与え、遊んであげる時間を増やすのが効果的だということがうかがえる。

庭やキャティオにネコを出すことにしたら、ネコが喜ぶ環境づくりを考えよう。「草や刈りたての芝生が生えているばかりで、変化に富んだ土や木や茂みがなかったら、ネコはあまり楽しくありません」とカスベウイ博士は言う。博士によると、自宅の敷地にある離れをネコハウスとして改造し、ネコ用扉を使って自由に家との間を行き来できるようにした飼い主がいるという。庭の物置でも同じことができる。

ただ、そんなにお金をかけなくても、庭やキャティオ、ベランダをネコが楽しく過ごせる場所に変えるだけでも十分だ。さまざまな木や低木、鉢植えの植物、そしてネコが安全に昼寝できる隠れ家を取り入れてみるといい。土をいろいろな種類のものにしてみたり、外用のネコトイレを設置したりするのもおすすめだ。

そして、ネコを外出させる場合は日中に限定すべきだ。もし愛猫がマイクロチップを装着しているなら、マイクロチップ対応ネコ扉という便利な製品がある。自分のネコだけが通れて、ほかのネコやアライグマが通れない仕組みになっているのだ。タイマーが付いている製品もあり、ペットドアを使える時間帯を制限できる。名前や電話番号が記された安全バックル付きの首輪

（どこかに引っかかってしまったらすぐに外れるようになっている）を装着するのもいい考えだ。

恒久的に身分を証明するマイクロチップの装着は必ずしておきたい。完全室内飼いのネコであっても、不意に外に出て迷子になってしまうことがあるのでこれは重要だ。国によってはタトゥーという方法もある。住所や電話番号が変わったら、登録されている情報を忘れずに変更しよう（マイクロチップの場合は登録機関、タトゥーの場合は獣医師に連絡）。もしも、行方不明になってしまったあとで、自分のネコとおぼしきネコを見つけても、すぐにそうだと決めつけず、地元のシェルターか動物病院でマイクロチップを確認してもらおう。

ネコを室内だけで飼っている場合には、ネコの欲求を満たすため、飼い主はいっそうの努力が必要だ。できることはいろいろある。遊んであげる時間を確保する、高さのある見晴らし台を設置する、窓に安全対策を施して半開きにしたり、網戸を付けたりして外の空気を嗅ぐことができるようにする、運動のためにキャットホイール（ネコ用の回し車）を与える（そして使用できるようトレーニングする）、リードにつないで散歩できるように練習する、安全なキャティオを設置する、といったことだ。

獣医行動学専門医の、カレン・バン・ハーフテン博士は、私に話してくれた。

「私が大きな問題だと思っているのは、室内飼いのネコのことです。室内飼いの場合、暮らしが豊かで変化に富んでいるとは言い難いですよね。福祉上の大きな問題だと思っていますが、ほとんどの飼い主はそのことを十分認識していません。家の中の環境が充実していなければストレスが溜まり、身体的な不調につながることもあります。獣医である私にとっては由々しき問題です。ネコと一緒に暮らすというのは、家の中にかわいい装飾品を置いておくのとはわけが違います。ネコは生き物で、満たしてあげるべき行動上のニーズがあるのです。変わりばえのしないドライフードが山盛りのごはん皿が床に置いてあるのも、ネコの福祉上問題があると私は思っています」

フードパズルというおもちゃと、食事の与え方については10章で解説する。

ネコとはどういう生き物なのかを私たちがもっとよく理解すれば、この世界はネコにとって今より暮らしやすくなるでしょう。ネコは、何千年もの間、人間と共存してきた〝複雑な生き物〟です。でも人々は、ネコの本来の行動とニーズについて、いまだに十分に理解しているとは言えません。ネコの福祉が損なわれる主な原因は、ネコの行動や周囲の生き物との関わり方について人間が誤解していることです。ネコは狩猟本能と縄張り意識を持ち、独立心が強く、それでいて適応力の高い生き物なのです。

現代の私たちの暮らしの中で、ネコは往々にして本来の行動を制約されています。たとえば、室内飼いのネコに適切な空間や狩猟本能を発揮する機会を与えていません。ネコのストレスの最大の原因の1つは、ネコには同じネコの〝仲間〟が必要だという、多くの人が陥りがちな勘違いです。ネコは単独行動を好む、縄張り意識の強い生き物なのです。ネコには生物学的に、自らと同じ種の仲間が欲しいという欲求はありません。単独で狩りをし、縄張りを守るという生き方が身についているのです。ですから、自分の縄張りにほかのネコが入ることは、時として非常に大きなストレスとなります。

飼い主がネコの本当のニーズやなぜあのように行動するのかを理解することによって、ネコの暮らしは環境的にも社会的にも改善するでしょう。それによって問題行動が減少し、飼いネコの福祉と生活の質の向上につながるはずです。

——エリザベス・ウェアリング

「インターナショナル・キャット・ケア」のネコの行動学講座主催者

ネコにもあるレム睡眠とノンレム睡眠
人間同様に夢も見る

ハーリーとメリーナは、夜は私たちのベッドで一緒に寝るのが好きだ。ハーリーはルーティンにこだわるタイプで、就寝時にもお決まりの〝儀式〟がある。二匹とも夜のおやつをもらうのだが、メリーナはダイニングルームにあるアンティークのナイトテーブルの上で、ハーリーは寝室の床に敷いてある自分専用のタオルの上で食べる。ハーリーは夜のおやつを食べるのに少し時間がかかるため、メリーナに横取りされないよう別々の部屋であげているのだ。

私たちがベッドに横になると、ハーリーは私の横に飛び乗り、私の髪の毛を踏みつけながら枕の上をずんずんと横切り、完全に私のことを無視して夫のほうに行く。最初の頃は頭にきたが、今はあきらめがついている。ハーリーは夫のそばでくつろぎ、なでてもらうと、ノドをしきりにゴロゴロと鳴らし、時には甘噛みをしようとする。しばらくそうしてから、ハーリーは私の足元か足の上に移動して丸くなり、一晩そのまま過ごす。

このルーティンが少しでも狂うと、まるで何かを間違えてどう収拾をつけていいかわからないとでもいうように、遠吠えのような鳴き声をあげながら寝室や廊下をうろうろする。見かねた私が手のひらでベッドを軽くポンポンと叩くと、納得して上がってくる場合もある。だがその合図に反応しないこともあって、そのままではみんな眠れないので、私が仕方なく起き上がり、ハーリーを抱き上げてベッドに連れて来る。

メリーナは私が眠ってしばらく経ってからやって来る。時にはドンと上に飛び乗って私を起こす(おなかの上に飛び乗られたことも何回かあった)。ハーリーの上に飛び乗ることもある。そして寝床を決めると、じっとしてそこから動かない。日中私の膝に乗っているときは移り気で、私がほんのちょっと動いただけで飛び降りるのに、夜ベッドで眠っているときは何があっても動かない。私が思いっきり掛け布団を引っ張り上げても、どんなにもぞもぞ動いてもおかまいなしだ。ただし自分の都合でときどきベッドから降りていったり、戻って来たりすることはある。私の腕がしびれそうな位置に寝ていたからとか、布団を独占してしまっていたからとか、そんな理由ではない。

二匹とも日中も眠る。メリーナは元々イヌのボジャーのものだったベッドをいつも使っている。メリーナのお気に入りなので、まだ私たちのベッドの下にあるのだ。ハーリーはしばらくの間、ダイニングルームにあるキャットタワーの最上段でうたた寝をする。ただし暑い夏の日には、寝室の窓の近くの陽だまりを選び、ときどき起き上がっては、ボジャーのベッドで寝ているメリーナの様子をうかがう（ハーリーはそこでメリーナと一緒に寝ようとしたことはないが、そうしてみようかと考え込んでいるふうに見えるときもある）。ときどき私も、あんなふうに一日じゅう寝てみたいと思う。

夜にネコが眠る場所として一番多いのは飼い主のベッドで34％、家具の上は22％、自分のネコ用ベッドが20％だ。[*15] おそらくあなたのネコにも寝るときのお気に入りの場所があるだろう。ネコが気に入る場所を増やしてあげることはできないか、暖かいフリース毛布や新しいネコ用ベッドを新たに置くのに適した場所はないか考えてみるといい。

寒い季節には、暖かいクッションやペット用ホットカーペットも人気だ。もちろん、素晴らしいネコ用ベッドだと思って買ってきたのに、ネコは鼻であしらって見向きもしないということも考えられる。そんなときは、ベッドを置く場所を良さそうな所に変えてみる、そのネコのにおいが付いたタオルなどを敷いてみる、ネコがうろうろしているときに目に留まるように、ベッドの上におやつを置いておくなど、さまざまな工夫をしてみよう。

1984年の研究論文に、多くの動物（ミユビナマケモノ、ゴールデンハムスター、シロイルカなども含む）の睡眠時間と眠りのサイクルの長さの一覧表が掲載されている。それによると、イエネコは24時間のうち、13・2時間も寝ているという。つまり1日の半分以上を寝て過ごしているわけだ。[*16]また、ネコの1回当たりの睡眠時間は50分から113分の間だと記されている。

人間と同じようにネコの睡眠のサイクルにも、レム睡眠とノンレム睡眠がある。レム睡眠は、急速眼球運動を伴う睡眠で、私たちはこの状態の眠りのときに夢を見る。ネコが眠りに落ちると、最初は浅いノンレム睡眠の状態になり、このときはちょっとしたことで簡単に目を覚ます（たとえば、音を耳にしたとき）。[*17]その後10分から30分経つとレム睡眠の状態になり、約10分間その状態が続く。そしてまたノンレム睡眠の状態に戻る。こうして、目を覚ますまでレム睡眠とノンレム睡眠の状態を繰り返す。

生後6週くらいまでの子ネコは、大人のネコよりも長い睡眠時間が必要だ。生後10日の時点では、子ネコの眠りは常にレム睡眠だが、28日目になると、レム睡眠の時間が眠っている時間の半分程度まで減少する。子ネコの行動が活発になってくるにつれ、眠っている時間に占めるノンレム睡眠の割合が長くなる。

ネコの睡眠については、わかっていることが意外と多い。眠りの研究の初期の頃に、実際にネコを使って実験が行われていたからだ。フランスのリヨン大学の生理学者だった、故ミッシェル・ジュベ教授は、レム睡眠（教授は「逆説睡眠」と呼んだ）の間、我々の筋肉は弛緩していることを発見した。*18

教授は代表的な研究の1つでネコを使用し、脳の「橋《きょう》」と呼ばれる部位に損傷を与え、ネコが寝ているときに何が起きるかを観察した。するとネコは、レム睡眠の間、眠っているにもかかわらず、獲物を探し回り、忍び寄っているかのように動き回り、毛づくろいをしたのだ。これによって、ネコがそういう夢を見ているが、通常の状態では筋肉が弛緩しているために実際の行動となって現れないことが示された（のちに、人間でも同じことが起きることがわかった）。

夢はレム睡眠の間だけ見るものだと考えられていたが、今では、ノンレム睡眠の間も夢を見ることがあるとわかっている。マサチューセッツ工科大学のマシュー・ウィルソン教授は同僚とともに、夢の中で何が起きているのかをあきらかにする研究を行った。ラットに迷路の中を走らせ、迷路の中にいるときと、そのあとにレム睡眠の状態になったときのラットの脳内のニューロンの活動を観察したのだ。*19

すると驚いたことに、眠っている状態のときにも、迷路の中にいたときと似たパターンのニューロンの活動が見られた。これは、眠っているときに脳内で、迷路の中にいたときと同じようなことを繰り返していたことを示している。このように、睡眠中にニューロンが再び活性化することは、記憶の定着に役立っていると考えられている。人間の場合、記憶を定着させるのに睡眠が重要だということはわかっているが、ネコも同じらしい。

では、ネコは人間の睡眠にどのような影響を及ぼすのだろうか。女性たちを対象に、一緒に睡眠をとるパートナーと睡眠の質について質問した調査では、一緒に寝るのに最適なのはイヌだという結果が出た。先ほど書いたように、メリーナはベッドに上がって来たり去ったりを繰り返して、私の眠りを妨げている。ニューヨークのカニシャス大学のクリスティ・ホフマン博士の研究によると、これは珍しいことではないようだ。[*20]

ネコの名誉のために言っておくと、ネコと人間のパートナーは同程度に睡眠を阻害するらしい。ネコと触れ合っているほうがよく眠れると答えたネコの飼い主は21％にすぎない。それ以外は、気にならない、または触れ合っていないほうがよく眠れると答えた（38％）。ネコがよく寝る時間は、正午から午後6時までであることがわかっており、ほとんどの飼い主は、愛猫が夜間の半分もベッドにはいないと思うと述べている（ただし10％はわからないと答えている）。

ネコはストレスを感じるとタヌキ寝入りをすることがあるということも知っておくといい。寝たフリをすることが多いのはシェルターのネコだが、特にネコを連れて帰ってから最初の数日は、そのことを心に留めておくといいかもしれない。

人間と住んでいるネコは、生活パターンを人間に合わせることができることもわかっている。10匹のネコに行動の監視装置を装着したところ、夜の間ずっと家の外に出されているネコが、夜間はもっとも活発であることがわかった。[*21] それとは対照的に、夜間は家の中で眠っているネコが、昼間はもっとも活発だった。特に飼い主が家にいてネコと交流している場合はそれが顕著だった。私たちの生活様式に合わせることを学ぶ能力は、ネコの学習能力のほんの一例にすぎない。ネコの学習能力については次の章で述べる。

［まとめ］
ネコを幸せにするための心得

・屋外にネコを出すかどうかは、愛猫にとって何が一番いいのかということと、住まいの周辺環境を考えて決める。外出させる場合でも、夜間は家の中に入れておくのが望ましい（日が暮れる前に呼び戻す）。
・室内飼いのネコに屋外を楽しんでもらうには、庭やベランダの全体もしくは一部に囲いを作る、キャティオを設置する、リードを付けて散歩できるようにトレーニングする、などの方法がある。
・普段よりも人間の在宅時間が長くなるような場合、ネコが日中も好きなときに静かに寝られる場所を確保する。

5章　トレーニングで生まれる最良の信頼関係

HOW TO TRAIN A CAT

「おすわり」から「ちょうだい」へ 手の合図から言葉の声かけへ

メリーナとはいろいろな楽しい時間を共有してきたが、その1つが「ちょうだい」という芸を教えることだった。お尻を床に付けて前脚を浮かせ、立ち上がらせる。始めた頃はおやつで誘導して立ち上がらせていたのだが、おやつを取ろうとしたメリーナが私の手まで咬んでしまうことがあり、ちょっと危なかった。メリーナはイヌと違い、人間の手から食べ物をもらうことに慣れていなかったのだ。だが私だけでなくメリーナもこのトレーニングが気に入っていた。練習は1日数回しかしていなかったが、それとわかるとメリーナはすっ飛んできた。上手にできたら半分にしたおやつをあげる。ちょっと多すぎるのだが、おやつを4分の1にするのはけっこう難しいので仕方がない。そのおやつはメリーナの大好物だ。

手で合図をしたら「おすわり」をすることはすでに教えていた。そこで、おすわりの状態から、おやつを使って上に気を引いていき、お尻を付いたまま立ち上がるように誘導した。メリーナがコツをつかんだら、次はおやつを持たずに同じことをする。立ち上がったらすぐにごほうびのおやつをあげるので、メリーナをだましているわけではない。うまくできたら、そのままの位置でおやつをあげたいのだが、指を咬まれるといけないのでその方法はあきらめ、おやつをメリーナのそばの床の上に置いてあげる方針に変えた。

そしてそのやり方で「ちょうだい」に挑戦すると、メリーナは思ったよりも早くこのポーズを覚えた。いよいよ最後は、手で合図を送る前に「ちょうだい」と声かけをし、言葉を覚えさせる。これには少し時間がかかったが、私が発する言葉にメリーナはちゃんと耳を澄ませていた。しばらく練習しない期間を挟んでも、メリーナは「ちょうだい」ができるようになったが、手で合図をするほうが反応はいい。言葉よりも手による合図のほうをよく練習したので、当然かもしれない。

ハーリーとメリーナには、キャリーに自分から入ることを、以前飼っていたネコたちよりもずっと体系的な方法で教えた。このトレーニングには2つの目的がある。1つはキャリーに慣れてもらい、くつろげる場所にすること。もう1つは「バスケット」と私が声をかけたら、キャリーの中に入るようにすることだ。これを覚えてもらえば、動物病院に連れて行くのがずっと楽になるので、すべてのネコに必要なトレーニングだと思っている。本章の後半ではネコのトレーニングの利点を科学的根拠に基づいて説明するが、まずはネコが学ぶ仕組みを理解することが大切だ。

トレーニングは短時間でペースもゆっくり ごほうびのおやつは少量に

世の中にはあまりネコのトレーニングという発想はなく、実際、ネコは訓練をしても覚えないと考えている人も多い。だが、まったくそんなことはない。人間が望むと望まざるとにかかわらず、ネコは人間との関わりの中で常に何かを学び続けているのだ。

たとえば、ネコは人間の膝に乗るとなでられるということを覚え、なでられるのが好きか嫌いかによって、膝の上に乗る頻度が変わる。人間がおやつの袋を振ったら、おやつがもらえるということも学ぶ。そして、キャリーに入ると動物病院という嫌な所に連れて行かれるということは、あっという間に覚える。

芸を教えるのは楽しく、飼い主とネコとの絆を深めるのに役立つが、もっとも大切なのは、生きていく上で大事なスキルを身につけさせること。つまり、キャリーへの入り方、動物病院での診察の受け方、ブラッシングや歯磨き、名前を呼んだら来るといったことだ。

『ネコはトレーニングできる』(原題/*The Trainable Cat*)の共著者で、「インターナショナル・キャット・ケア」の保護活動の責任者を務めるサラ・エリス博士にトレーニングについて尋ねたところ、こう話してくれた。「我々とともに社会で生きていく上で必要なスキルを教えています。そのスキルが身についていないとネコ自身が苦労することが多いからです。ご存知のとおり、ネコはそういったスキルを習得できる能力を十分備えています。ネコの本質を損なうようなことを無理強いしているわけではありません」

ネコのトレーニングをするためには、何かネコの好きなものを用意しなくてはならない。「いい子ね！」とホメられただけでネコが従ってくれるなら、そんなに楽なことはないのだが、そうはいかない（トレーニングに慣れているイヌでさえ、それだけではうまくいかないのだから当然だ）。ブラッシングが好きで、それをごほうびに言うことをきくネコもいる。ハーリーはそのタイプで、私が「ブラッシングよ！」と言うだけで駆け寄ってくる。だが、たいていは食べ物が一番効果的なごほうびだ。エリス博士も、「ネコは別に飼い主を喜ばせたいとは思っていません。ほとんどのネコは、人間がかまってくれることをごほうびとは見なさないので、ほかのごほうびを考える必要があります。トレーニングを受けるのが初めてのネコの場合、一番効果的なごほうびは食べ物です」と話す。

もちろん、太りすぎは多くのネコに共通の問題でもあるので（10章）、ごほうびの量はほんの少しにして、食事を与えるときにその分のカロリーを差し引くことも大事だ。ごほうびの食べ物として適しているのは、マグロか小エビの小片、ドライタイプのネコ用おやつ、少量のウェットタイプのおやつ（チューブ入りもある）などだ。ごほうびの大きさについて、エリス博士は次のようにアドバイスしている。

「おやつの大きさについて悩んだあげく、大きすぎるものをあげる飼い主が多いです。イヌや人間に置きかえて考えてしまいがちですし、市販のネコ用おやつが、トレーニングの1回分のごほうびとしては大きすぎるのです。ですから私は、市販のおやつを使う場合は、小さくちぎれる、フリーズドライかセミドライのタイプを勧めています。エビを用いる場合は、大きいエビではなく小エビにして、少なくとも4つか5つに分けて使います」

メリーナもそうだが、多くのネコは手からごほうびをもらうことに慣れていないため、飼い主の指を咬もうとしたり、たまたま咬んでしまったりすることがある。指を守るため、おやつはスプーンか小さな木のスティック（アイスキャンディーの棒など）に乗せるか、ウェットタイプのおやつを皿かチューブからあげるといい。

ネコが退屈したり飽きたりしないように、1回のトレーニング時間は短くし、難易度は、できなくてイライラしない程度を維持しよう。特に最初のうちは、遅いと感じるくらいのペースで進め、5分程度で切り上げる。トレーニングの合間に、休憩を挟みたいネコもいるかもしれない。ゴロゴロノドを鳴らしたり、頭をすり付けてきたりしたら、トレーニングを楽しんでいる証拠だ。逆に、プイッと去って行くこともあるかもしれないが、好きにさせてあげよう。折を見て再挑戦するといい。そんなときは、ごほうびをランクアップしたほうがいいかもしれない。

ネコの学習の仕方には何通りかあるが、私たちが主にトレーニングに使うのは、連合学習といって、ある事柄を結果や出来事と結び付けることによって学ぶ方法だ。[*1]

「報酬」による学習には「正」と「負」が快を得る場合、不快がなくなる場合

ネコは、自分の行動に対して報酬や罰が与えられると、その結果によって学習する。これを「オペラント条件付け」と呼ぶ。報酬が与えられれば、その行動を継続させたり頻度を増やしたりし、罰を与えられれば、その行動の頻度を減らす。報酬と罰には、それぞれ2通りのタイプがある。何かを加えられる場合＝「正」と、取り除かれる場合＝「負」だ。

正の報酬は一番よく知られている方法だ。ある行動をすることで素敵なごほうびをもらったネコは、また同じ行動をするようになる。トレーニングに最適なごほうびは食べ物だ。

負の報酬というのは、ある行動をしたときに不快な何かを取り除くことにより、またその行動をさせるという方法だ。動物の福祉を損なうおそれがあるため、この方法は動物のトレーニングには推奨されない。幸い、ネコではめったに行われていない。だがイヌのトレーニングでは、そういったやり方を見聞きしたという人もいるかもしれない。たとえば、イヌのお尻を下に押し下げて、座った体勢になったときに手を離すことで「おすわり」を教えるケースだ。人

間の希望どおりの行動をすると、お尻を押されるという不快な感覚から解放されるため、イヌはその行動をする頻度が増す。だが、イヌやネコに人間が望む行動をさせるには、正の報酬がとても効果的なため、負の報酬という手段を用いる必要はない。

ある行動の頻度を減らすために、ネコが好きな何かを与えるのをやめるのが負の罰だ。たとえばネコをなでているときにネコが興奮して咬みついたとしよう。そこで咬み癖を減らすために、ネコが咬むのをやめるまで、なでないようにするのがこれにあたる。該当するのは、あくまでもネコが興奮して（つまりもっとなでてほしくて）咬みついた場合だ。ネコはもうなでられたくないときに咬みつくこともあり（むしろそのほうが多い）、それだと話が違ってくる。その場合は、なでている人間に対してネコが正の罰を与えていることになる。つまり、嫌な行為（長々となでられている）を減らすために、不快な事柄（咬みつき）を与えているのだ。

ネコに正の罰を与えている例としては、キッチンの調理台に乗ろうとしたネコに霧吹きで水をかけるケースが挙げられるが、この方法はおすすめできない。調理台の近くにキャットタワーなどネコ用の高い台を置き、調理台ではなくその台に乗ったらネコにごほうびをあげるほうがずっといい。調理台の上にネコが上がって取りたくなるような食べ物やおもちゃを置いておかないことも大事だ。たとえば調理台に魚を置きっぱなしにして、ネコがそれを食べてしまったら、ネコはすっかり味をしめてまた何度も調理台に乗るだろう。

行動によって生じるはずの結果が生じなくなると、その行動をしなくなることを心理学で「消去」という。消去が起きると困る例を挙げると、呼んだら来るようにごほうびのおやつを使ってトレーニングしたのに、ごほうびをやめた場合だ。たとえば、おやつを買い忘れて切らしたり、何もあげなくてもネコは来ると思い込んでごほうびをやめたりするケースが考えられる。行動に対する報酬がなくなったので、呼んでもネコは来なくなる。この過程で「消去バースト」と呼ばれる現象が起きるかもしれない。ネコがあきらめる前にもう一度その結果を得ようと、何度もその行動を繰り返すのだ。ネコがやたらとフードを欲しがってニャーニャー鳴き、飼い主はそれをやめさせようと無視し続ける状態を想像してみてほしい。消去バーストは時として非常に厄介なのだ。

正の報酬と負の罰はネコにとって嬉しい事柄を利用する方法であり、正の罰と負の報酬は嫌な事柄を利用する方法だ。いくつかの研究で、飼い主が罰を与えているネコは、問題行動が多い傾向にあるという結果が出ている。ある研究では、飼い主が正の罰を用いている場合、家の中の不適切な場所で排せつをする傾向が12倍も増すことが示された。[*2] シェルターから引き取られた子ネコの研究では、飼い主が正の罰を与えると、初めての人や物に出会ったり、初めての状況に直面したりしたときの攻撃性や、家にいるほかの動物に対しての攻撃性が著しく高まった。[*3]

イヌのトレーニングについてはネコのトレーニング方法よりもはるかに多くの研究がされているが、イヌの研究によると、嫌な事柄を利用するトレーニング方法は動物の福祉を損なうおそれがあるという。恐怖やストレスを与え、攻撃性を高め、飼い主との関係の悪化を招く可能性があるのだ。その上、正の報酬を与えるほうが、嫌な事柄を利用したトレーニングよりも効果が高いという証拠もある。

イヌに関するこの研究結果は、ネコにも当てはまるだろう。たとえば、霧吹きで水をかけるとネコを驚かせ、恐怖やストレスを与える可能性がある。ネコが飼い主と霧吹きを結びつけてしまうと、ネコとの関係にヒビが入ることにもなりかねない。罰を与えても、ネコはどう行動を改めればいいのかを理解するわけではない。そしてネコにとっては、ネコが本来する行動（爪とぎなど）をしているにすぎない場合もある。飼い主はまず、ネコが本来の行動をするための適切な手段を与えてあげるべきだ（福祉上のニーズについては1章）。

罰についても、サラ・エリス博士に話を聞いた。

「人々を味方につけるには、（なぜ罰がダメなのかを）まずわかってもらうことが必要ですね。本来、罰というのは行動に対して下されるものであり、行動をやめさせるためのものです。しかしその罰が飼い主から下されると、ネコが飼い主は罰を与える存在だと認識し、肯定的な目では見てくれなくなります。ネコとの関係が大きく損なわれてしまうでしょう。罰は本当に嫌だと思わせなければ効力がありませんからね。罰が嫌だという気持ちが、行動したいという気持ちを上回らなければ行動をやめません。そしてそんなに嫌な罰を受けたら、それを行っている飼い主も大嫌いになり、飼い主とネコとの関係はすっかり悪くなってしまいます。また、飼い主はネコの暮らしの中にいつもいて、食事を与え、一緒に楽しいこともします。すると飼い主は、『あるときはやさしく、あるときはやさしくない』という、極めて曖昧なシグナルをネコに送ってしまうことになります。ネコは不安にかられ、極端な場合には飼い主を恐れるようになるでしょう。そうなれば、たとえやめてほしい行動をやめさせることができたとしても、飼い主をひどく避けたり、恐れたりするようになってしまうかもしれません」

もちろんトレーニングを行うときには、段階を細かく分ける必要があるケースが多い。飼い主が覚えさせたい行動を、ネコにしてもらう方法は数通りある。

その1つ「キャプチャリング」では、ネコがその行動（座るなど）を自発的にするのを待ち、それに対して合図（「おすわり」などの声かけ）を発し、その行動に対する報酬としてごほうびをあげる。飼い主がもっと見たいかわいいしぐさなどを芸として覚えてもらうのにはとても有効な方法だ。

「ルアリング」といって、ネコがその行動をするようごほうびで誘導する方法もある。たとえば、ネコに「おすわり」をさせたいときに、おやつをネコの鼻の前に持っていき、それを上に動かしてから後方にずらしていく。ネコがおやつを追って頭を動かすと、お尻が床に付き、おすわりの姿勢になる（おやつを鼻の近くから離さないようにする必要がある。離れすぎてしまうと、それを取ろうとしたネコは後ろ脚だけで立ち上がってしまう）。

「シェイピング」という方法もある。少しずつ段階を踏んで、しだいに目標とする行動に近づけていく方法だ。通常、飼い主が求める行動が認められた瞬間にクリッカーというトレーニングツールの音を鳴らし（ボールペンのクリック音や飼い主が決めた言葉でもいい）、おやつをあげてその行動をホメる。

連合学習にはもう1つ、出来事との関連付けによる学習がある。たとえば飼いネコが、キャリーに入ると不快な自動車に乗せられる上、さらに嫌な獣医師の所に連れて行かれると考え、人間の手が届かないベッドの下に逃げ込むというのは、関連付けによって学習しているからだ。これを「古典的条件付け」または「レスポンデント（応答的）条件付け」と呼ぶ。

もっとも有名なのは、生理学者のイワン・パブロフの実験による例だ。パブロフは、ベルを鳴らしてすぐにイヌに食べ物を与えた。イヌは食べ物に反応してヨダレを出していたが、やがてベルが鳴っただけでそれに反応してヨダレを出すようになった。

パブロフがイヌを用いて行った消化の研究は胸が痛くなるようなものだが、ここでは古典的条件付けの仕組みのみに焦点を当てていく。このトレーニング方法の説明には専門用語が多く登場するので、古典的条件付けを用いてネコにキャリーが怖くないということを教える「拮抗条件付け」について、ネコに関わる具体例に置き替えて説明しよう。

まず、マグロなどネコの大好物を用意する。この場合のマグロは、専門用語で言う「無条件刺激」にあたる。マグロを食べて幸せを感じるのは「無条件反射」だ。ネコはすでにマグロが好きなのだから、何もしなくてもその状態になるため「無条件」と言う。好きになるようにトレーニングしたい対象であるキャリーは「条件刺激」にあたり、それを好きになることを「条件反射」と呼ぶ。キャリーを取り出したときにいつもマグロを与えると、ネコはキャリーが出てくると何かおいしいものをもらえると学習する。そして、良いことを予告するものであるキャリーを見るのが好きになる。

ネコに拮抗条件付けを行うときに、いくつか忘れてはならないことがある。怖いもの（キャリー）は、おやつが出てくることを予告するものでなくてはならず、その逆の順であってはいけないということ。もう1つは、キャリーが常におやつを予告する存在であるという、1対1の関係であることだ。つまり、キャリーを取り出してからマグロを与えないと、それまでのトレーニングが水の泡になってしまう。そしてもう1つ大事なことは、ごほうびはとても素敵なものを用意しないとうまくいかない。

ネコのトレーニングをしてみたい飼い主のために、本書の終わりに、キャリーに入るのと、「ちょうだい」を教えるためのトレーニングプランを添付している。ところで、ネコが学習する方法は連合学習以外にもある。

ほかのネコや人について生涯学び続けるポジティブな経験が友好的なネコを育てる

ある種のお酒を飲みすぎて二日酔いになったことがあり、その飲み物を二度と飲みたくないと思っている人は、すでに身をもって「シングルイベント・ラーニング」（単一事象学習）を体験している。その名のとおり、一度だけの出来事によって学ぶことだ。進化という観点で言うなら、ネコなどの動物は、このタイプの学習のおかげで毒物を避けるようになってきたのかもしれない。キャリーに入れられて初めて動物病院に連れて行かれたときの経験が恐ろしいものだったら、シングルイベント・ラーニングが成り立ってしまう可能性がある。

馴化《じゅんか》というのは、ネコが何回も起こる出来事に慣れ、それを意に介さなくなることを言う。たとえば、食器洗い機の音に最初は驚いていたがそれに慣れ、食器洗い機が動き始めてもびっくりしなくなった場合、ネコは馴化によって学習したことになる。言い換えれば、音に驚くという「学習によらない行動反応」を失うのだ。ネコは、食器洗い機や洗濯機の騒音といった無害なものに関して馴化するが、子ネコの時点でそうなっていることが望ましい。馴化の反対は鋭敏化《えいびんか》といい、食器洗い機の音に驚くといった「学習によらない行動反応」がどんどん悪化することを指す。

もし食器洗い機がネコにとって危険なものなら、避けることを学ぶのは賢明な反応といえる。しかし実際には危険な物ではない食器洗い機を怖いと思うなら、食器洗い機が不要なストレスの源になってしまうだけだ。ほかの例としては、幼い子どもがいる家庭で臆病なネコを飼うケースが挙げられる。ネコは子どもが出す音に馴化することができ、多くの親はそれを望んでいるに違いない。だが逆に鋭敏化し、子どもの立てる音にますます驚くようになっていく可能性もあるのだ。

ネコは生涯を通じて、ほかのネコや人について学び続けるが、子ネコにとっては社会化の感受期以降が、この世界について学ぶとりわけ重要な時期だ。このときにさまざまなポジティブな経験をすれば、自信に満ちた友好的なネコに育つ。

学習の種類には、ここまで述べた以外に、飼い主が注意を払っているものに対してネコも注意を払う＝「社会的促進」、飼い主が操っているかほかのネコが使っているおもちゃなどに注意を払う＝「刺激促進」、といったものもある。子ネコは、大人のネコが先に手本を見せた事柄は、すみやかに学習することができ、その大人のネコが母ネコである場合には、それがいっそう顕著だという研究結果がある。[*4]

ほかの動物と同じようにネコにも、すべての個体が行う「学習によって得たものではない行動」がいくつか見られる。これを「固定的動作パターン」と呼ぶ。1つ例を挙げると、獲物を狩るときの「身をかがめ～忍び寄り～飛びかかる」動作がこれに該当する。だがこの行動は学習によって変化しうる。母ネコが子ネコに狩りを教えるとき、最初は自分が殺した獲物を見せ、あとになってから生きている獲物を見せて子ネコに狩りの練習をさせる。ある文献に、「私と同じようにしなさい」という命令に従って、人間の真似をすることをネコが覚えた例が載っているが、この方法の有効性をきちんと検証するにはさらなる研究が必要だ。[*5]

ネコの飼い主がもっとネコのトレーニングを行うようになれば、この世界はすべてのネコにとって、もっと暮らしやすい場所になるでしょう。ネコは一匹一匹全然違いますが、どのネコもしつけることができ、それによって人間中心の世の中でもっと楽に生きていくスキルが身につくということを、飼い主にもっと知ってもらいたいのです。

愛猫の好きなごほうびはなんでしょうか。トレーニングには、おやつとおもちゃのどちらが必要でしょうか。

社会としては、改善する余地があるのは次の点だと私は思っています。

1. コミュニティまたはシェルターの中でのネコの扱い方を考え直す必要があります。ネコの面倒をみる責任を負っている人々が、ネコはイヌより劣る生き物で、小さなケージに入れておいても大丈夫だというメッセージを発信し続けていたら、ネコに対する世間の見方は変わらないでしょう。

2. 現在の法制度の中で、人間以外の生き物、特にネコをどう扱うのかを考え直す必要があります。人間がどう分類するか（ペットか野生動物か、それとも野良か）によって、人間がしてあげられることが大きく変わってくるからです。

——ミランダ・K・ワークマン博士
「エリー郡動物虐待防止協会」の行動学と研究部門の責任者

トレーニングによって強い絆を育む学習は愛猫の福祉向上にも役立つ

前項までで述べたとおり、ネコは学習することができ、ネコのトレーニングを行うことには大きなメリットがある。「ネコのトレーニングをすること、クリッカーを使ったトレーニングを実践することはとても大事です」と話すのは、獣医行動学専門医のワイラニ・サング博士だ。「ネコに『お手』や『自分のマットに行く』といったことを教えるのは、とても有意義です。トレーニングを始めれば、飼い主は愛猫と本当に強い絆を育むことができます」

トレーニングの成果がもっとも役に立つのは、ネコを動物病院に連れて行くときだ。多くのネコはキャリーに入れられると動物病院に行くということを覚えており、キャリーに入るまいと、咬みついたり引っかいたりして抵抗する。だが科学者たちは、ネコがキャリーに自分から進んで入るようにトレーニングすることができ、そうしたトレーニングをしたネコは動物病院での診察もスムーズに受けられることを示した。

学術誌『アプライド・アニマル・ビヘイビア・サイエンス』に掲載された研究では、オーストリアのウィーン獣医学大学の科学者たちが、研究室で飼育している22匹のネコを使った実験を行った。[*6] まずネコを無作為に、キャリーを使うトレーニングをするグループと、トレーニングをしない対照群に分けた。初めにキャリーの中に入ることを教え、その後、キャリーに入ったままごく短時間（50〜90秒）車に乗る段階に進んだ。各ネコに、1回につき8分間のトレーニングを28回行った。ごほうびには、好みに応じてマグロ、ミートスティック、いろいろな味のネコ用ビスケットを用意し、ネコたちは1分間に4個程度のごほうびをもらった。

ネコがその段階の目標を達成するか、その段階のトレーニングを6回終えると、次の段階に進むことができる。トレーニングに参加した11匹のネコの中で、すべてのトレーニングを終えることができたのはわずか3匹だった。6匹は最終段階まで進んだが、最後まで行うことができず、2匹は最終段階の1つ手前で終了した。

トレーニングの前後に、トレーニングをしたネコと対照群のネコたちを模擬診察に連れて行った。科学者の1人が飼い主役、別の1人が獣医師役だ。科学者たちは、キャリーに入れられているとき、車に乗せられているとき、そして診察を受けているときのネコの行動を観察し、ネコのストレスを測る尺度＝「キャット・ストレス・スコア」に基づいて点数を付けた。「キャット・ストレス・スコア」と行動の観察結果によると、キャリーを使うトレーニングをしたグループのネコは、全体的にストレスが少なかったことがわかった。車に乗っている間に息が荒くなる、身を潜めようとするなどの様子があまり見られず、移動中におやつを食べるネコまでいたのだ。トレーニングに参加したネコはそうでないネコに比べ、はるかにスムーズに診察を受けることができた。あまり逃げたり隠れたりせず、診察を最後まで終えることができたのだ（ときどき、ネコが直腸温の測定を嫌がって最後まで診察できないことがある）。また、科学者たちは上部が外れるキャリーを使い、ネコはそこに入ったままのほうが落ち着いて診察を受けられることを発見した。キャリーの中がネコたちにとって安全地帯になっていたのだ。

これを読んで、愛猫がキャリーに慣れるようトレーニングをしたいと思った方のために、巻末にトレーニングプランを掲載している（P345〜）。トレーニングをひと通り終えたら、ときどき〝おさらい〟をすると、キャリーに対していい印象を持ち続けられるだろう。キャリーをリビングルームなどに出しっぱなしにしておくのもおすすめだ。ネコ用家具の1つとしていつも置いてあれば、動物病院へ行くことを示唆するものではなく、くつろぐための場所と認識してもらえるかもしれない（そうなればキャリーを好きでいてもらえる）。ちなみにネコは、トレーニングによって、動物病院での採血も上手に受けられるようになるということも科学者によって示されている。[*7]

ネコをトレーニングするメリットについては、ほかにもシェルターにいるネコたちのトレーニングの効果に着目した研究がある。学術誌『アニマルズ』に掲載された研究では、シェルターのネコたちに、おすわり、スピン、ハイタッチ、鼻タッチなどの芸を教える（鼻タッチはネコの怯え具合に応じてトレーナーの指か箸で）ことができるかを観察した。[*8]

2週間にわたり、ネコたちはそれぞれ、5分間のクリッカートレーニングに15回参加した。終了時には79％が目標に鼻タッチ、60％がスピン、31％がハイタッチ、27％がおすわり、をできるようになった。非常に臆病なネコでさえ、ケージの奥に隠れずにトレーニングに参加し、芸をいくつか覚えた。つまり、芸の練習はどのネコでもできるのだ。そして臆病なネコも、トレーニングを行うことによって、人間とのポジティブな関係を築くきっかけが得られたようだ。

学術誌『プリベンティブ・ベテリナリー・メディスン』に掲載された別の研究では、シェルターの環境下で欲求不満になっているネコにトレーニングを行い、その効果を観察した。[*9] シェルターに連れて来られたネコは、同じ所を行ったり来たりする、ケージの柵を噛む、柵の間から足を出す、皿をひっくり返してフードや水をこぼすといった行動をする場合がある。行儀が悪く、散らかしているだけのように思われがちだが、これは自分が入れられているケージや部屋が気にいらず、いらだっていることを示す行動なのだ。

欲求不満はネコたちにとってあきらかな福祉上の問題であるため、ブリティッシュコロンビア動物虐待防止協会の研究者たちは、トレーニングプログラムを行うことで状況が改善しないか調べた。幸い、欲求不満のネコはそう多くはなく、この研究のために評価した250匹のうちの15匹にとどまった。欲求不満のネコたちは無作為に、トレーニングをするグループ（7匹）と、対照群（残りの8匹）に分け、前者は1日に4回ケージから出し、ほかの部屋で1回につき10分のトレーニングを行った。食べ物のごほうびとクリッカーを用い、「ハイタッチして」という合図を聞いたらハイタッチをするように訓練したのだ。便のサンプルを毎日採取して、興奮の度合いの指標であるコルチゾールの値を分析した。また、ケージに設置したビデオカメラで、ネコたちの行動も観察し、研究者たちはネコたちがどのくらい友好的かの度合いも評価した。

その結果、不満を感じているネコにトレーニングが良い効果をもたらしていることがわかった。満足しているサインが以前より増えたのだ。正常な毛づくろい、くつろいでいる姿勢で横になる、ケージの中のものに自分の頭や体をこすり付けるといった行動が多くなり、ケージの前のほうに座っている時間が長くなった。

逆に、対照群のネコたちは当初脱出を試みていたが、6日ほど経過すると無気力になった。食欲が落ち、適切な毛づくろいもしなくなり、ほとんど寝てばかりいるようになったのだ。

そして、トレーニングを受けたネコは、便サンプルから、免疫グロブリンAの値が高いことがわかった。これは上気道の感染症にかかりにくいということを意味する。この研究の間、対照群のネコたちは上気道の感染症にかかる率が格段に高かったので、結果には整合性がある。トレーニングを受けたネコは、トレーニング中はケージの外に出て人間と過ごしていた。そういったトレーニングそのもの以外の理由によって、あるいは両方の相乗効果によって良い結果を生んだ可能性もあるので、トレーニング自体の効果については、さらなる研究が必要だ。

愛猫のトレーニングをしてみようと思うなら、愛猫の福祉の向上に役立つもの（キャリーに入る、歯磨き、薬を飲む、爪切りなど）か、精神面での豊かさを与えるような事柄を選ぶのがおすすめだ。子ネコのうちからトレーニングを始めておけば、大人のネコの多くにありがちな、人間とのネガティブな関係に陥る事態を避けられるだろう。

1回当たりの時間は短くし、楽しくトレーニングをしてほしい。トレーニングに参加するかどうかはネコに判断を委ねよう。もし立ち去ってしまったら、ネコの気持ちを尊重する。そしてやる気を維持できるよう、ごほうびは大好物を用意しよう。たとえその内容がどうしても覚えてほしい事柄であっても、トレーニングがネコにとっても飼い主にとっても楽しい活動であることが理想だ。順調にいけば、動物病院に行くときや手入れをするときの状況を大きく改善できる。獣医師と手入れについては、次の章で述べる。

［まとめ］ネコを幸せにするための心得

・呼んだら来る、キャリーに入る、手入れをしてもらう、歯磨きをしてもらうなど、愛猫に教えたら役立つ行動を考える。芸よりもまず、生きていく上で大切なスキルを身につけさせる。教えるときは、計画を立て段階的に行う。
・愛猫にとって一番のごほうびが何かを突き止め、それを使う。〝タダ働き〟はしてくれない。
・芸を教えることで、飼い主もネコも楽しみながら、精神面（教える部分）と食生活（ごほうびの部分）を豊かにできる可能性がある。
・トレーニングでネコを罰してはいけない。ネコにストレスを与え、罰と飼い主を結びつけて考えるようになり、絆が損なわれる可能性がある。そもそも罰を与えたところで、飼い主が何をしてほしいのかを教えることはできない。
・ネコをしつけると同時に、ネコのニーズを満たしてあげることを忘れないこと。たとえば、爪をとぐことはネコにとって普通の行動なので、爪をとがないようにトレーニングすることはできない。ネコ本来の行動をする機会を与えることは、ネコの福祉上重要な部分でもある。爪とぎをやめさせるのではなく、ネコが気に入りそうな場所に良い爪とぎポールを設置し、それで爪とぎをしたらごほうびをあげる。

6章　動物病院と健康を保つ手入れ

THE VET AND GROOMING

ブラッシングが至福の時間
ネコがほかのネコを舐めるように

ハーリーとメリーナは二匹とも短毛種なので、さほど手入れはいらない。それでも、ハーリーの抜け毛が多いことから、ときどき二匹のブラッシングをすることにした。始めてみると、ハーリーはブラッシングをしてもらうのが大好きだということがわかり、もっと早くから始めていれば良かったと後悔したほどだ。今ではブラッシングが日課になっている。

ハーリーは優れた時間感覚の持ち主で、毎日きっかり同じ時間にブラッシングをしてもらいたがる。ブラッシングの時間に私が数分でも遅れると、自分から私を探しに来て大声でわめく。それから私と連れ立って廊下を走っていくので、ハーリーにつまずきそうになる。ブラッシングは数分で終わるが、その数分がハーリーにとっては至福の時間なのだ。

ブラッシングをしてもらっているとき、ハーリーは頭をベッドサイドテーブルか私の手にこすり付ける。縞模様に沿って背中をブラッシングしてもらうのが一番のお気に入りだ。後ろ脚の周辺もやらせてくれるが、あまり長々やっていると、座ってしまう。立ち上がっている間に、おなか周りをとかす。横になっているときに同じことをすると抵抗されて危ないが、立っているときは、まんざらでもないようだ。

ブラシは、ネコがほかのネコを舐めるときのように小刻みに動かす。その間、ハーリーはずっとゴロゴロと盛大にノドを鳴らしている。ブラッシングをやめるのが早すぎると、私の所に来て手に頭をすり付けるか、大きい声でもっとやってと訴える。

メリーナはそれほどブラッシングが好きではない。短時間ならやらせてくれるが、嫌になるとすぐに立ち去るので、無理強いはしない。ちょっと長くなると、間違いなく去っていく。メリーナのブラッシングは週に1、2回にとどめ、機嫌を損ねないうちにやめるようにしている。2、3回ブラシを動かしただけでやめることもある。どのネコも、手入れや獣医師の所への通院など、生きていく上である程度はやらなければならないことがある。だが困ったことにネコはたいていそれが苦手だ。

もっと動物病院に行きましょう ストレスを感じさせないための対策

どのネコも動物病院に行く必要がある。病気の予防（ワクチン接種や寄生虫の予防・駆除など）や、具合が悪くなったときの治療のためだ。だが米国獣医学会が発行する学術誌『米国獣医学会ジャーナル』に掲載された調査によると、過去12カ月で獣医師にかかったことのあるネコは60％にとどまった（イヌは85％）。[*1] 最後に獣医師にかかったのが過去1～2年の間だったと飼い主が答えたネコは21％、3～4年前は6％、5年以上前は8％、一度も行ったことがない、もしくはわからないネコは7％だった。かかりつけの獣医師がいると答えた飼い主は83％にとどまった。

動物病院に連れて行かない主な理由は、ネコがキャリーに入るのを嫌がって抵抗する、費用が高そう、ペットの予防医療の大切さの認識不足、の3つだ。

イヌとネコの飼い主の42％が、室内飼いのペットは健康診断の必要がないと思うと答え、32％が定期的な健康診断は不要だと答えている。そして、ネコの飼い主の半数以上（58％）が自分のネコは動物病院に行くのが大嫌いだと答え、38％の飼い主が動物病院に連れて行くことを考えただけでストレスを感じると答えていた。

この結果から、動物病院に行くことの大切さを飼い主に教える必要があることがわかる。定期的に獣医師に診てもらうことで、疾患の進行や悪化を予防でき、ペットの寿命を延ばしてあげられる可能性があるということを知ってもらいたい。

実際、ネコの飼い主の56％は、病気を予防でき、のちに高い治療費を払わずに済むと知っていれば、もっと頻繁に動物病院に連れて行っていたと答えている。裏を返せば、それがわかった上で動物病院に連れて行かない人も、なぜかけっこう多いということだ。

また、ネコの飼い主の43％が、獣医師に診てもらったらネコがもっと長生きできると納得すれば、もっと頻繁に動物病院に行くと答えている。『米国獣医学会ジャーナル』に発表された追跡調査の結果によると、獣医師のほとんど（97％）が、高齢でない大人のペットに関しては、年1回健康診断を受けるべきだと考えている。[*2] 高齢のペットになると半数以上の獣医師が年2回、残りの獣医師は年1回の健康診断を推奨している。

前章で述べたように、ネコがキャリーに入るトレーニングをしておくと、動物病院での診察が格段にスムーズになる。上が開くタイプのキャリーを使い、キャリーに入ったまま診察してもらえれば、さらにネコのストレスを軽減できる。そしてもちろん、子ネコのうちから、楽しくポジティブな通院を経験していれば、大人になってからも明るい気持ちで通院できるようになるので、それがベストだ。

学術誌『ベテリナリー・サイエンス』に掲載された論文によると、研究者が獣医師と飼い主の双方への聞き取り調査を行ったところ、予防を目的とした年1回の通院において、ペットの飼い主が期待していることと、獣医師が考えている目的が一致していないケースが多いということがわかった。[*3] 予防のための医療相談の目的は、ワクチンの接種だけでなく、全身の健康状態のチェックと寄生虫の駆除という共通認識を、獣医師と飼い主が持つことが大事だ。

多くのペットの飼い主は、ワクチン接種を受けさせると同時に、健康チェックをしてもらい、安心感を得たいと考えていた。ただ、ペットを飼った経験が豊富な飼い主の場合、獣医師に診てもらったところで、自分がわかっている以上のことはわからないと考えているケースもあった。この研究に協力してくれたのはほとんどがイヌの飼い主だったため、ネコの飼い主に特有の期待や関心事があるかを見つけるためにはさらなる研究が必要だ。
獣医師は、高齢のペットに関しては疾患の発見を目的に挙げていた。ネコの場合のもっとも多い健康問題は、体重の減少、歯の疾患、異常なノドの渇き（糖尿病と関連がある場合が多い）だった。この論文の著者たちは、予防のための通院の目的について、ワクチンと寄生虫駆除にとどまらず、肥満の予防、歯の問題、問題行動への対処などが含まれるとしている。
ほとんどのネコは動物病院に行くとストレスを感じている。主な理由は、慣れてない場所である、消毒薬のにおいがする、不本意な扱いを受ける、隠れる場所がない、などだ。従来の診察では、ネコは横にされて首と足を固定され、完全に保定された状態だった。科学者たちがシェルターのネコを使い、完全に保定する場合と、少し動ける余地を残してやさしく軽めに押さえる場合を比較したところ、完全に保定されたネコのほうが格段に多くのストレスのサインを示していることがわかった。[*4]
ストレスのサインは、唇をぺろぺろ舐める、呼吸が早くなる、瞳孔が広がる、両耳を後ろに倒すか横に向ける、などだ。完全に保定されたネコは、軽く押さえられただけのネコに比べて、暴れる確率が8・2倍高く、手を離されたときに診察台から降りる早さが6・2倍だった。また、ネコは首の後ろをつかまれたときもストレスのサインを示すことがわかっている。[*5] そのため科学者たちは、ネコを首の後ろでつかんで持ち上げるのを避けるべきだとしている。完全な保定を行う診療所はまだ多いが、米国よりもカナダのほうが少なく、全米猫獣医師協会によって認定されている診療所では少ない。[*6]

学術誌『ジャーナル・オブ・アプライド・アニマル・ウェルフェア・サイエンス』に掲載されたイタリアの調査によると、24%のネコが獣医師の所で飼い主を咬んだり引っかいたりしたことがあり、ほとんどのネコが獣医師に対して攻撃的になった経験があるという。[*7] 獣医師に体のどこかを触らせるネコはわずか3分の1であり、そして多くのネコが、おなか、尻尾、性器周辺は触らせないという。検温を嫌がるネコは3分の1、ワクチン接種を嫌がるネコも3分の1、そして4分の1ほどが採血を拒否した。

多くの獣医師は、少しでもネコの機嫌を取ろうとおやつを使う。獣医師におやつを与えられたことのあるネコは78%に上った。ネコの半分（49%）はおやつを拒否し、29%は怪訝《けげん》そうにしたという。この結果から、動物病院でのネコのストレスを減らすのにおやつは有効であるものの、食べてもらうためにはネコにある程度リラックスしてもらうことが大切だということがわかる。

この研究の共著者で獣医行動学専門医のキアラ・マリティ博士は話す。

「子ネコのうちから、やさしく、ゆっくりと段階を踏んで触診に慣れさせておくことを推奨します。人間の手で触れられるということが、常に楽しく心地よいことだと教えるのです。また、キャリーをはじめ、移動の際に使うものに好印象を持ってもらうことも大事です。適宜、フェロモンを利用することも効果的でしょう。キャリーに入ったら動物病院に行くのだと連想させないようにすることは極めて大事です。タオルを使ってやさしくネコをくるむよう提案する獣医師もいます。診察の間、ネコを落ち着かせることができ、強く保定する必要がなくなるからです。

そして飼い主は、待合室で長く待つことにならないよう、予約をしてから動物病院に行くべきです（普通は待合室よりは車の中で待つほうがいい）。クリニックに到着したら、ほかの動物との接触を避け、もしそれが無理なら、ネコが少しでも安心できるようにキャリーをできるだけ高い位置に置くようにしましょう（棚や椅子の上など）。子ネコのうちから診察室や獣医師に慣れさせるために、ときどき動物病院を訪れるのもおすすめです」

愛猫が子ネコのときにポジティブな通院体験をしていなかったとしても、あるいはしていたのに、あとになってキャリーや獣医師が嫌いになってしまったとしても、トレーニングによって状況を改善することができる。この種のトレーニングをするときは、ごくゆっくり進めることが大事だ。ネコのペースに合わせて進めていくしかないので、飼い主が考えているよりも時間がかかるだろう。急いては事を仕損じる。ただし、まだキャリーを好きになったり、触られることに慣れたりしないうちに、通院せざるを得ない場合もある。もしそれがネコにとって過度のストレスならば、通院前に向精神薬の使用を勧める獣医師もいる。

獣医行動学専門医のカレン・バン・ハーフテン博士は、ネコが恐怖のあまり身動きが取れなくなってしまう場合があり、それも福祉上の懸念事項にあたるという。「獣医師による診察の際に危険な行為に及ばないネコもたくさんいます」と博士は話す。「硬直して動かないので、獣医師は診察しやすく、すべての処置を終わらせることができます。こういった場合については、誰もが問題行動だとすら思いません。しかしネコの側からすると、極度のストレスで、何もできず自分を見失っている状態なのです。そこで私は、それが必ずしも問題行動にはあたらないとしても、そういうタイプのペットには、診察前に抗不安薬を与えることを勧め、ストレスに対処できるようにしています」

ネコはイヌと比べて手のかからないペットだと思われがちですが、それは違います。しかし残念ながら、その誤解のためにネコはほったらかしにされ、十分な世話をされていない場合があります。ネコにはもっと運動をさせ、引き締まった体を保つのが理想です。太ると、糖尿病や肝リピドーシス、関節炎のリスクが高まります。とりわけ完全室内飼いのネコの場合は、退屈しのぎに食べてばかりいる傾向がみられるので、ごはん皿を出しっぱなしにせず、フードトイを使いましょう。

また、尿路疾患はネコに非常に多く見られます。ウェットフードやウォーターファウンテン（循環式給水器）を使用する、水飲み皿の数を増やすなど、水を飲む量を増やす工夫をするといいでしょう。歯の疾患も非常に多く、痛みを伴います。歯磨きをすること、若いうちから予防的な歯のケアを始める準備をすることを勧めています。口腔内の健康を維持し、痛みを取り除くために、全身麻酔による歯石の除去や虫歯の治療が必要になる場合も多いです。

ネコは病気の症状を隠すことに長けていて、飼い主がその兆候を見落としてしまうことも少なくありません。体重の減少、人間と関わる時間や通常行っている活動（遊び、ジャンプ、毛づくろいなど）の減少、食欲や水を飲む量の変化（増えても減っても）、排せつの変化（頻度、場所、大きさや固さ）はすべて、なるべく早く獣医師に診てもらったほうがいいサインです。わずかな変化が、とても重大な病気の兆候かもしれません。定期的な健康診断や血液検査によって、ネコが人間に気づかれないように隠している病変を見抜く手がかりが得られる可能性があります。

——レイチェル・スメル博士

米国カリフォルニア州サウス・レイク・タホの小動物獣医師

ストレスや不安から解放してあげる獣医師側の工夫あれこれ

待合室や診察室に工夫を凝らし、やさしく慎重にネコに触り、一匹一匹の性格を考慮して診察を行うといった獣医師側の工夫によって、診察の際のネコのストレスを軽減できる。[*8] そこで飼い主が、ネコのストレスを極力減らすよう訓練された獣医師を見つける際の拠り所になるプログラムがいくつかある。その1つは、世界各地の飼い主がネコにやさしい診療所を選べるよう、全米猫獣医師協会と国際猫医学会が考案した、「キャット・フレンドリー・プラクティス・プログラム」だ。[*9] このプログラムに参加している獣医師は、動物病院を訪れる前にストレスを軽減する方法を飼い主にアドバイスし、ネコが安心できる待合室を用意し、ネコ専用の診察室を設けており、ネコの痛みや病気のサインに精通している。

動物のストレスを軽減するためのプログラムとしてはほかに、「フィア・フリー」（Fear Free＝怖さからの解放）がある。マーティー・ベッカー博士が始めたこの取り組みは当初、個々の獣医師や動物看護師を認定するものだったが、のちには診療所も認定の対象になった。ベッカー博士は次の話を聞かせてくれた。

「私が獣医師学校を卒業した当時は、動物は痛みを感じないと教えられていました。卒業した

1980年、つまり40年前には、ペットは痛みを感じないと神経学や臨床医学の教授に本当に教わっていたのです。痛みを感じているとしても、痛くて動けなければ、手術の縫い目が開くことも、治療したての脚で歩いてしまうこともないので、むしろ好都合だと考えられていました。今となっては、どうしてそんなふうに信じることができたのかわかりません。角《つの》を抜き、焼き印を入れたときに、ウシがあんなに大声で鳴き叫んでいたのは、痛かったからに違いないのに。イヌの足を踏んだら、大きな鳴き声をあげていたのに。なんて愚かだったのだろうと思います。ペットに幅広い感情があるのは紛れもない事実で、私たちはそれを理解してあげる必要があります」

「フィア・フリー」の取り組みを始めたのは、獣医師による診察の際にストレスや不安を与えるのは、ペットにとって良くないと気づいたからだ。「フィア・フリー」の認定獣医師と認定看護師は、恐れと不安を感じているペットの扱い方、ペットの心の健康の守り方について講習を受けており、更新の際には追加の受講が義務付けられている。

獣医師などの専門家の認定制度としては、ほかに「ロー・ストレス・ハンドリング」がある。故ソフィア・イェン博士が編み出した方式で、診察で触れる際のイヌやネコのストレスを軽減する。たとえばタオルでネコをくるみ、保定を最小限にすることで、ネコがストレスによって自分自身や獣医師を傷付けないようにする何通りかのテクニックがある。

多くの飼い主にとって、動物病院の費用も気になるところだ。ブリティッシュコロンビア州メープルリッジにある「デュドニー・アニマル・ホスピタル」のエイドリアン・ウォルトン博士は、技術や技能の進歩によって、獣医療は格段に向上したと話し、例としてネコが手術を受ける場合についての手順を説明してくれた。

「まず麻酔前投薬を行い、心停止を予防する薬、鎮痛剤を投与します。鎮静剤の投与、挿管《そうかん》、生体情報の監視を受け持つのは、訓練を受けた看護師です。手術室と機器は滅菌され、きちんと手術用ガウンを着た獣医師が執刀します。静脈カテーテル、心電図モニター、保温マットなどが使われ、基本的に人間の手術と同じレベルの医療が提供されます」

しかし今でも、1988年に博士が動物の診療所で働き始めた当時のやり方で手術をしている獣医師もいるという。特にネコの場合、一匹一匹に合わせたケアやモニターでの監視がされていないこともあると話す。「獣医師による費用の差に疑問を感じるなら、質問をして何が違うのかをはっきりさせてください。獣医師には説明する責任があります」。要は、費用は提供される医療レベルによって変わってくる可能性があるということだ。

獣医師を選ぶ際のそれ以外の決め手としては、診療の受付時間（夜間や週末に開院しているか）、急患に対応しているかといったことが挙げられる。一度かかったら、次も同じ獣医師にかかるか、別の獣医師にするかも要検討事項だ。もし、獣医師に満足していないなら、ほかの獣医師に変えよう。また、住んでいる地域の救急動物病院の場所を調べ、いざというときのために電話番号を控えておこう。

ワクチンについての基本知識
手伝いとしてのブラッシングと爪切り

初めて子ネコを動物病院に連れて行く目的は、ワクチン接種と寄生虫駆除の場合が多いだろう。ワクチン接種は飼いネコを病気から守るための大切な手段だ。子ネコは初乳《しょにゅう》を飲むことで母ネコから抗体をもらうため、ある程度は自然の免疫を持っている。初乳というのは誕生後すぐに母ネコの乳腺から分泌される乳状の液体だ。それに含まれる抗体は最初の数週間は子ネコを守るが、しだいに免疫は失われる。生まれて間もない子ネコでは、母ネコからの抗体がワクチンの適切な効果を妨げる可能性があるため、初期の適切な接種時期を見極める必要がある。

ほかの動物の赤ちゃんもそうだが、ワクチンを接種する前の子ネコは、病気にかかりやすい。米国動物病院協会（ＡＡＨＡ）と全米猫獣医師協会のガイドラインでは、生後４週で最初のワクチンを接種し、確実に免疫をつけるため2～4週間の間隔を置いて16～18週まで追加接種を行うよう推奨している。[*10] そして子ネコをしっかりと守るためには、生後6カ月の時点でのＦＨＶ－１（猫ウイルス性鼻気管炎）、ＦＣＶ（猫カリシウイルス感染症）、ＦＰＶ（猫汎白血球減少症）の最終の追加接種と、１歳でのＦｅＬＶ（猫白血病ウイルス感染症）と狂犬病の最終接種を推奨している（以前はすべて1歳での最終接種が推奨されていた）。

米国動物病院協会と全米猫獣医師協会のガイドラインでは、ネコのワクチン接種をコアワクチン（すべてのネコに推奨）、ノンコアワクチン（一部のネコに推奨）、有効性が証明されていないため推奨されないワクチン（猫伝染性腹膜炎のワクチンが該当）に分けている。

コアワクチンは、猫ウイルス性鼻気管炎、猫カリシウイルス感染症（通称、猫風邪）、猫汎白血球減少症、狂犬病、猫白血病ウイルス感染症（1歳未満のネコが対象）。飼育環境や地域によって、獣医師に勧められる可能性のあるノンコアワクチンは、1歳以上のネコへの猫白血病ウイルス感染症、猫クラミジア感染症、気管支敗血症菌による感染症だ。

「獣医師の立場から言うと、室内飼いのネコと屋外に出すネコでは対応が異なります」とナイマ・カスベウイ博士は話す。博士は、屋外に出るネコには、完全室内飼いのネコに比べてさまざまな予防を勧める。「たとえば、寄生虫駆除、ノミの駆除、そして環境に合わせてワクチン接種もしっかりと行っていきます。室内飼いのネコの場合は、人間の靴の裏について持ち込まれる可能性を考え、猫汎白血球減少症と猫風邪が必要だと私たちは習いました。でもネコを外に出すなら、猫白血病ウイルス感染症の予防も必要でしょう」。自分のネコにどのワクチンが必要かは、かかりつけの獣医師に相談して判断しよう。

一般的にワクチンの接種はすべてのネコに推奨され、室内飼いのネコも例外ではない。室内で飼われていても、病気になるリスクはあるからだ。屋外に出たとき（キャティオやテラスに出る、リードを付け散歩する、逃げ出した場合、など）や、家の中のほかの動物からうつることもあるし、家族の服や持ち物に付着して細菌、ウイルス、真菌が家の中に持ち込まれることもある。地域によっては、狂犬病のワクチンの接種が法律で義務付けられている。

ワクチン接種による副反応のリスクは低い。ただまれに、接種部位に腫瘍ができる注射部位肉腫が生じることがある。飼い主が接種に立ち会っていなかった場合に、獣医師が接種位置を知らせるのはそのためだ。

寄生虫防除（寄生虫の駆除とノミの駆除と予防）は「必要な処置がネコによって異なる」とウォルトン博士は言う。「屋外を歩き回り、盛んに狩りをしているなら、月に1回の寄生虫駆除が推奨されます。おとなしく家の中にいて、たまにハエを捕まえる程度なら、それほど頻繁にする必要はないでしょう。また、飼い主の健康状態などによっても違ってきます。飼い主が免疫不全状態ではないか。ガンや後天性免疫不全症候群の患者ではないか。小さな子どもはいないか。そういったケースでは普通より頻繁に行います」

ネコを飼う場合、手入れも大切だ。ペルシャなどの長毛種は、自分で十分に毛づくろいができないので、毎日ブラッシングをしてあげる必要がある。日々のブラッシングを続けられないなら、長毛種を選んではいけない。毛玉だらけになって痛みを生じるようになるからだ。

短毛種のネコは自分で十分に毛づくろいができる場合が多いが、ときどきはブラッシングをしてあげてもいいかもしれない。ネコは毛づくろいをするときに古くなった抜け毛を飲み込むが、ほとんどは問題なく消化器官を通過する。だがその毛が塊になり、吐き出すことがある。ときどき毛玉を吐くのは普通だが、頻度が多い場合は病気やストレスが原因のこともあるため、獣医師に相談するべきだ。また、被毛に禿げている部分がある場合にも、獣医師に相談しよう。

短毛種も含めどんなネコでも年を取るにつれて、毛づくろいを手伝わざるを得なくなってしまう可能性がある。特に後ろ脚周辺やおなかは手伝いが必要なのだが、そこはブラッシングされるのを嫌がる場所でもある。あまり嫌がらない子ネコのうちに慣れさせておくのが一番いいが、大人になってからでもゆっくりと慣れさせていけば、ブラッシングを好きになってもらうことはできる。

人がする手入れの行為が、ネコにとってポジティブな経験になるよう努めることが大事だ。ネコが楽しめるようにおやつをあげたり、頭をなでてあげたりしながら実行しよう。ブラシは小刻みに動かし、胸や肩周りなど、ネコが気持ち良さそうにする部分から始めるといい。

ネコの機嫌がいいうちにブラッシングを終わらせるのも大事だ。もう少しだけ、あとここだけ終わらせようなどと考えてはいけない。いったんうんざりさせてしまうと、次にまたブラッシングをしようとしたときに気が進まなくなることもあり得るからだ。毛玉ができたらこまめに、毛を少しずつ指でつまんでほぐしてあげよう。間違えてネコの皮膚を切ってしまうリスクを避けられるので、切り取るよりもそちらをおすすめしたい。

毛玉がとても大きくなってしまったり、ブラッシングを嫌がったりする場合は、かかりつけの獣医師や、近くのペットサロンのトリマーに頼むこともできる。場合によっては、鎮静剤の使用が必要になる。獣医師がリスクと利点を説明してくれるはずだ。

ネコの種類によっては（特にペルシャやエキゾチックショートヘアのような平らな顔の種類）、定期的に目と顔を洗ってあげる必要がある。どうしても必要な場合（下痢をして汚れた場合など）を除いて、ネコを入浴させてはいけない。被毛の油分を奪ってしまうからだ。

またネコのヒゲは切ってはいけない。根元に神経終末が集中していて、空間の把握や感情の表現だけでなく、（狩りをする場合は）獲物を捕るのにも役立っている。

屋外で過ごすことのあるネコの爪は、いつもちょうどいい状態になっているかもしれないが、完全室内飼いの場合や、高齢のネコの場合には、ときどき爪切りをしてあげる必要があるだろう。これもまた、子ネコのときに慣れさせておくのが理想的だが、段階的なトレーニングを行うことで、大人になってからでも爪を切らせてもらえるようになる。

たいていのネコは自分で毛づくろいができるが、高齢の場合など、人間の手助けが必要なネコもいる。©写真／ジーン・バラード

先が丸く、刃がカーブしているネコ用の爪切りが使いづらければ、爪用のやすりを試してみよう。爪の根元に近いクイックと呼ばれる部分には、血管や神経

などの組織が通っているため、切らないように気をつけよう。痛いし、出血してしまう。自分でできそうになければ、かかりつけの獣医師かトリマーに頼むといい。また、ネコが爪を最適な状態に保てるよう、いつでも爪とぎポールを使えるようにしておくのも大事だ（11章）。とにかく、爪をとぐのはネコにとって当たり前の行動だということを忘れてはならない。

歯の手入れを軽く考えないで歯磨きはゆっくり慣れてもらう

ネコの歯の手入れは、痛みや炎症を予防するためにとても大切だ。歯の健康は、全身の健康状態にも影響する。[*11] 人間の場合、歯の疾患は全身、特に血管系の疾患と関連がある。炎症や細菌が全身に広がる可能性があるからだ。ネコにも同じことが言えるかどうかはまだわかっていないが、歯に疾患があれば、痛みや炎症が起きることは確かだ。歯の疾患があると、口臭、口の中の炎症、歯茎が赤いもしくは出血している、ヨダレを垂らす、食べづらくなることによる食欲不振などといった症状が現れる。

ベルギーの獣医師診療所で行われた無料健康診断では、歯の疾患は太りすぎや肥満に続いて多い健康上の問題で、21％のネコに見られた。[*12] 一方、学術誌『獣医学ジャーナル』に発表された研究によると、英国で獣医師にかかった中から無作為に選ばれたネコのうち13・9％に歯周病が見られた。[*13] 学術誌『ジャーナル・オブ・ベテリナリー・インターナル・メディスン』に発表された研究によると、中程度もしくは重度の歯科疾患があると、のちに慢性腎臓病（CKD）を発症するリスクが高まることがわかった。高齢のネコによく見られる病気だ。[*14]

ただし、歯科疾患のあとに慢性腎臓病を発症した記録があったとしても、ほかのリスク要因も関係している可能性があるため、歯の疾患が慢性腎臓病の原因だと断定することはできない。米国動物病院協会が発行する学術誌に発表されたイヌの研究では、歯のクリーニングをすると、死亡のリスクを20％減らせるということが示された。[*15] このことからも、ワクチンの接種時期に限らず、獣医師に診てもらうことが大事だ。

歯の健康を維持するために、ネコをだんだんと歯磨きに慣れさせるといい。米国カリフォルニア州サウス・レイク・タホのレイチェル・スメル博士は、イヌとネコの歯磨きの講座のテキストを執筆した小動物獣医師だ。ネコの歯磨きがどうしてそんなに大事なのかを聞いてみたところ、「手短に言うと、かわいがっているとき口臭がしたら嫌だからですね」と前置きをして、答えてくれた。

「きちんと説明すると、全身の健康と福祉のためですね。歯肉炎と歯周病は慢性的な炎症と感染を引き起こし、全身の不調の原因となります。私たちとしては、高齢ネコの腎臓病に深い関連があるのではないかと考えているのです。高齢のネコを飼っている人なら、腎臓病のことはよく知っていると思いますが。口の中の組織を健康に保つことが、全身の健康状態の維持につながります。ネコ自身も体調がいいと感じるでしょう。はるかに快適に過ごせるはずです」

スメル博士は、ネコの歯を毎日磨いてあげるべきだと言う。「ネコのペースに合わせて進めましょう。ゆっくりですよ」と説明を始める。

「ネコの意欲を高めるごほうびを見つけてください。歯磨きが好きだからやらせてくれるなどと期待するのは間違いです。サーディンペーストやベビーフードなどなんでもいいので、においが強く、ネコの〝やる気スイッチ〟が入るものを用意しましょう。それから、ごくゆっくりと始めます。最初は歯を1本だけ磨くとか、あるいは顔に触れ、唇を持ち上げるだけから始めて、それができるようになったら歯ブラシを使い始めるといった感じです。あくまでも、ネコをびっくりさせないようにしてください」

適切な大きさの歯ブラシ（ネコ用がある）とネコ用の歯磨きペーストを使用しよう。複数のネコを飼っている場合には、それぞれに別の歯ブラシを使用する。指を使って磨くことも可能だが、咬まれないよう気をつけたほうがいい。

獣医師は予防のための診察の一環として、ネコの歯をチェックする。そのときに歯石の除去を勧められる場合があるが、これは麻酔を使用して行うもので、免許を持つ獣医師にしかできない。イヌのトリマーが行う麻酔を使わないクリーニングでは、歯石の除去は行わない。それだけではペットの歯の健康状態を改善することはできないため、出血、痛み、感染などを引き起こす可能性があると、米国動物病院協会のデンタルケアに関するガイドラインに記されている。

正しく行えば、ネコの歯磨きをするトレーニングも楽しいアクティビティにできる。ネコにとって、トレーニングは楽しい経験であることが大切だ。次の章では、ネコの暮らしを豊かにするいろいろな「エンリッチメント」——動物の福祉向上のために飼育環境を改善させるための工夫——を紹介していく。

［まとめ］

ネコを幸せにするための心得

・通院を楽にし、スムーズに受診できるようにするため、ネコがキャリーを好きになるようにトレーニングをする。

・ネコのストレスを軽減してくれる獣医師を選ぶ。「キャット・フレンドリー・プラクティス・プログラム」の認定診療所、「フィア・フリー」認定の獣医師もしくは診療所、「ロー・ストレス・ハンドリング」の認定獣医師などを探すといい。自分のネコのことをよくわかってくれる、かかりつけ医を決めることも大事。

・獣医師の勧めに従ってワクチン接種を受けさせる。大人のネコも少なくとも年に1回は動物病院に連れて行く（子ネコや高齢ネコの場合はもっと頻繁に）。

・できれば子ネコのうちから、ブラッシングや手入れに慣れさせ、歯磨きを始める。大人になってから始める場合は、段階を追って計画的に手入れに慣れてもらう。ゆっくりと進め、ネコ用のツナ缶や液状のネコおやつのようなごほうびを用意し、毎回、ネコが嫌にならない程度の難易度と時間にとどめる。

7章　さらなる幸せのために「エンリッチメント」

ENRICHMENT FOR CATS

やっぱりネコは箱が好き そして扉を開けることも好き!?

私はリビングテーブルの下の箱の中にネコのおもちゃをしまっている。ときどき床に落ちているおもちゃを拾って箱の中に入れ、違うおもちゃをいくつか取り出して部屋のあちこちに配置する。おもちゃを常に取り替えて、ネコたちが飽きないようにしているのだ。メリーナは、箱そのものが楽しいらしい。おもちゃがしまってあることを知っていて、必死になってフタを開けようとする。しばらく格闘し、フタを持ち上げて横に押しのけると、箱の中を覗き込む。クンクンとひと通りにおいをかいでから、おもちゃを1つくわえて取り出し、じゃれながら部屋の中を駆け回る。メリーナは自分でおもちゃを選びたいのだ。

よく、イヌには何か1つ仕事を与えるといい、あるいはイヌは自分で仕事を見つけるという話を聞くが、ネコにもそういう一面がある。メリーナは扉を開けることを自分の仕事だと思っている気がする。家の真ん中を貫く廊下を端から端まで歩きながら、次々と扉を開けていくのだ。まずはランドリーシューター（上階から下階に洗濯物を落とす設備）の扉だ。扉の下の隙間に前脚を差し込んで引っ張って開ける。それから、タオルや寝具類をしまっている戸棚の扉。最後はコート用の戸棚の扉だ。

一方、ハーリーが扉を開けるのは、どこかに行くか何かを取るときだけだ。一番興味津々なのは愛犬ボジャーのドッグフードをしまっていた棚の扉だ。それから、キッチンにあるもう1つの戸棚も調べる。あるとき、棚の扉が半開きになっていたので、中にネコがいるといけないと思って覗いた。するとハーリーが丸くなってフライパンの中にすっぽりと収まり、ぐっすり眠っていたのだ。写真を撮りたかったが、邪魔されたとばかりにムッとしながら起きて出てきてしまった。

エンリッチメントの必要性
ネコ本来の行動をする機会を与える

どのネコにも当てはまることではあるが、とりわけ屋外で学んだり遊んだりする機会のない室内飼いのネコにとっては、福祉の向上のために「エンリッチメント」(飼育環境を豊かにする工夫)が役に立つ。学術誌『ジャーナル・オブ・フィーライン・メディスン・アンド・サージェリ』に掲載されたサラ・エリス博士の論文によると、「環境エンリッチメントは、動物が暮らしている環境に、物理的、精神的な福祉の向上に役立つ要素を何か1つ以上加えること」だという。[*1]

ワイラニ・サング博士も環境エンリッチメントの必要性を語る。

「人間がネコたちに何かやることを与える必要があります。ネコたちは著しく、環境エンリッチメントを欠いているのです。それを知ると、『よし、キャットニップ（P76）のにおいのするおもちゃを買ってあげよう』と言う飼い主はいますが、せいぜいそのくらいです。私が勧めているのは、小さな楽しみを1日に何回も与えることです。なぜかと言うと、本来ネコは、1日の45～60％を狩りに費やし、狩りと休憩と毛づくろいというサイクルを繰り返しながら、縄張りを歩き回ったり、マーキングをしたりしています。上げ膳据え膳で暮らしているネコは、『あ、ごはんだ、さあ食べるか』となり、ほかに何もすることがありません。ほとんどないでしょう？『5日間も同じおもちゃで遊んでいるよ。もう飽きちゃった』と思っているはずなので、飼い主はネコのおもちゃをときどき取り替えてあげなければなりません。私が提案するのはフードパズルを使う方法です。缶詰のキャットフードを使ってネコを楽しませている飼い主もいます。小さなココット皿を3つか4つ用意し、ネコ缶を少しずつ分けてよそい、家じゅうのいろいろな場所に置くのです。ネコは狩り感覚で食べ物を探すことを覚えます。『ふむ、昨日はここだったけど、今日はどこかな？　あ、前回の所から60センチか1メートルずらしてある！』という感じです」

エンリッチメントは大きく2種類に分けられる。生き物と生きていない物だ。生き物によるエンリッチメントは、ネコが一緒に過ごしたい人間やほかの動物との社会的な関係の構築だ。ネコと人間の関わりについては8章、ネコとほかの動物の関係については9章で述べる。

そこで本章では無生物、つまり物によるエンリッチメントに焦点を当て、エンリッチメントを取り入れる際の基本や、役立っているかどうかの見極め方について触れていく。愛猫が興味を持ってくれなかったり、最悪なことに怖がらせていたりしたら、結局、そのエンリッチメントは用をなさない。

エンリッチメントを取り入れる目的の1つは、獲物を追いかけ、忍び寄り、飛びかかるといったネコ本来の行動をする機会を与えることだ。エンリッチメントによって、ネコに頭を使わせること（認知的エンリッチメント）や、異なる感覚を使わせること（感覚的エンリッチメント）が可能になる。ネコにエンリッチメントを与える場合、それを受け入れるかどうかの選択権をネコに与えよう。たとえば何かにおいの付いた新しいおもちゃなどを用いる場合、それを下に置き、ネコがいつでも気が向いたときに近づけるようにしておくのがいい。何かを押しつけられるのは、ネコにとって不快な経験でしかない。

おもちゃと遊びはエンリッチメント 捕食者らしい行動をさせよう

飼い主が根っからのネコ好きなら、家には数え切れないほど、愛猫のおもちゃがあるだろう。

ペットショップで新しいおもちゃを選ぶのは楽しい。ただネコは、くしゃくしゃに丸めた紙やたまたま床に落ちてそのまま放置されていた枝豆、トイレットペーパーの芯などで遊ぶのも大好きときていて、そういうところもまたかわいい。

紐にヘアゴムをつけただけの手作りおもちゃも、素晴らしい「インタラクティブ・トイ」(ネコの心身に良い刺激を与えるおもちゃ)になる。ネコはおもちゃに飽きる(慣れてしまう)ので、定期的に入れ替え、ときどき新しいおもちゃを買うといい。遊びや捕食者らしい行動の機会を与えることは、3章で説明したネコのための健全な環境の5つの柱の1つだ。それはネコにとってエンリッチメントでもあることを覚えておいてほしい。

複数のネコを飼っている場合は、遊びたいという一匹一匹の欲求を確実に満たしてあげなければならず、ほかのネコのいない所で、それぞれのネコと遊ぶ時間を設けることが必要になるかもしれない。

ネコの飼い主が皆、インタラクティブ・トイ(たとえばキャットダンサーというネコじゃらし)で毎日遊んであげたら、この世界はもっとネコにとって良い場所になるでしょう。私の所に問題行動の相談に来る人々の多くは、愛猫が遊ばない、もしくはおもちゃに見向きもしないと話します。しかしネコは真正の捕食者で、どのネコも(高齢ネコや障がいを負ったネコでさえ！）狩りを模した刺激的な遊びを楽しむことができるのです。

どうしたら愛猫がインタラクティブ・トイに忍び寄り、飛びかかるようになるか、あるいは少しでもその気になってくれるかを相談者に伝えることに、私はやりがいを感じています。

多くの飼い主はネコと遊ぶときに目的意識を欠いていて、適当に羽根を振っているように思います。それなのにネコが熱心な反応を示さないといらだつのです。もし、飼い主がおもちゃをネコの獲物のように動かし、ネコのあらゆる感覚に働きかけ、ネコが「忍び寄って飛びかかる」タイプのハンターだということを心に刻んだら、きっと素晴らしい成功（映画の登場人物「ボラット」の名言の引用）を手に入れるでしょう。

刺激の足りない日々を過ごしている飼いネコが多すぎます。愛を与えていても、それだけでは足りません。ネコたちには運動が必要なのです（引き締まった体の維持とストレスの軽減のため）。そしてネコじゃらしで1日に数分間一緒に遊べば、互いの絆を深めながら、飼い主もネコも楽しむことができるのです。

――マイケル・デルガード博士

「フィーラインマインド」認定応用動物行動学者、認定動物行動コンサルタント、「グッド・ドッグ」のスタッフサイエンティスト

視覚的なエンリッチメント
窓際、キャティオ、トンネル、テント

夏になると庭にハチドリがやってくる。その季節の到来を最初に私に告げるのは、ハチドリではなく、寝室の窓際にへばりついているハーリーだ。毎年、寝室の窓の外にハチドリの餌台を設置している。ハーリーと一緒に窓の外を覗くと、「私たちのごはんはどこなの？」とでも言いたげに、ハチドリが集《つど》っている。餌台を外に出す季節になったのだ。冬でも時折、気丈なアンナハチドリがやってくることがあるが、たくさん集まってくるのは夏だけだ。

興味深い光景が見られる窓は、ネコにとって貴重な「視覚的エンリッチメント」になる。何が面白いと思うかは、もちろんネコによって違う。窓際で長い時間を過ごすネコもいれば、そうでもないネコもいる。そして、窓の外のものに手が届かなかったり、直接関わったりできないことで、いらだってしまうこともある。

学術誌『ジャーナル・オブ・アプライド・アニマル・ウェルフェア・サイエンス』に発表された577匹のネコの調査によれば、ほとんどの飼い主（84％）は、飼っているネコが1日に窓のそばで過ごす時間は5時間以下だと答えており、中央値は2時間だった。[*2] ネコが窓からもっともよく見ているものは、鳥、野生の小動物、木の葉だ。それよりは少ないが、ほかのネコ、人間、車、虫などという回答も比較的多かった。

この調査結果から、ネコは鳥や野生動物が集まってくる、緑豊かな景色が好きだということがわかる。完全室内飼いの場合、鳥や虫などが集まってくるよう、庭やテラスに草木を植え、ネコが窓の外の光景を楽しめるようにしてあげたい。たとえば、もし冬場に野鳥に餌をあげるのであれば、餌台や水浴び場をネコが眺められる位置に設置するといい。ハチドリの餌台はネコから見える窓のそばに置く。

窓の外を眺めるのは楽しい。
©写真／フィオナ・ケンスホール

夏は日よけのよろい戸を日中閉めているなら、夕暮れに明かりをつけたときにカーテンを半分開けておこう。明かりに蛾《が》などの虫が集まってくる。うちのネコたちはそれを見るのが気に入っていて、ハーリーは私が明かりをつけ忘れていると、催促しに来るほどだ。窓枠に飛びのったハーリーは、窓の向こうにいる虫を捕まえようと窓に向かってぴょんと立ち上がる。

ハーリーにとっては、運動にもなるお気に入りの遊びなのだ。

ネコが複数の窓から好きな所を選べるようにすること、高い位置にある窓台を使わせてあげることも大事だ。ネコは高い所が好きなのだ。そしてもし安全が確保できるなら、窓を開けておくのもいい。ネコは、そよ風にのって漂ってくるにおいも楽しむはずだから。

キャティオを設けるのも、ネコに外の景色を楽しませてあげる良い方法だ。キャティオはネットや金網で囲ってあることが多いので、窓際以上ににおいも漂ってくる。家の造りしだいだが、テラスやベランダを安全に囲ってキャティオに改装できるかもしれない。あるいは庭にキャティオを作れるなら、ネコ用扉で家の中から出入りできるようにするといい。ネコを狙う野生動物から確実に守れるよう、しっかりした造りにすることが大事だ。

暑い夏には日陰で涼めるように、冬には暖を取れるように工夫することを忘れずに。

キャットウォークや見晴らし台のある立体的な構造にし、隠れ家も設ければ、狭くても素敵なキャティオができること請け合いだ。地元の木工職人に依頼してもいいが、組み立て式のキットを利用する手もある。

3つめの選択肢は、ネコが安全に過ごすことのできる、屋外用のネコ用トンネルやテントの利用だ。これらは普通、キャティオのようなしっかりした造りではないので、ネコが引っかかったり、テントごとひっくり返ったりしないよう、使用中は飼い主が見守ることが望ましい。また、外の景色が見えたり、外との接点を設けたりすることには、マイナス面もあることを覚えておこう。ほかの家の飼いネコや野生動物が庭に入ってきて、愛猫を驚かすかもしれないからだ。

家の中では、テレビやインタラクティブゲーム（双方向型ゲーム。ネコ用がある）によって、視覚的なエンリッチメントを与えることができるかもしれない。

一番楽しそうなのは鳥やネズミが出てくる動画やテレビだ。シェルターのネコたちにテレビの画面で1日に3時間、何種類かの映像を見せたところ、実際にはそれほど長く画面を見ているわけではなく、見たとしてもかなり容易に慣れてしまうようだった。*3 何も映っていない画面（これは当然だが）や人間の映像にはもっとも興味を示さず、生き物であろうと物であろうと、動いているものが映ると少し注意を払った。獲物や、獲物のように動く生き物が映っていると、エンリッチメントとしてもっとも効果的だった。

タブレットやスマホで遊ぶネコ用のゲームアプリもある。画面を魚などの生き物が動いていて、ネコの気を引き、画面を叩かせるのだ。実際には何も捕まえられないので、ネコがいらだっていないか常に気を配りながら遊ばせ、テレビやゲームを楽しんだあとには、実際にじゃれて遊べるおもちゃを与えるか、ごほうびをあげて締めくくろう。

においによるエンリッチメント
植物は効果大でマタタビ以外にも

3章で述べたように、ネコは非常に優れた鼻だけでなく、フェロモンを感知する鋤鼻器という器官を備えている。ということで、においもエンリッチメントとして有効だ。

英国の「キャッツ・プロテクション」[*4]が運営するシェルターで、さまざまなにおいがエンリッチメントとして有効かどうかを検証した。キャットニップ、ラベンダー、ウサギのにおいの付いた布を1回につき1種類、ケージの中に入れた。比較対照として、何のにおいも付いていない布を入れた場合と、何も入れなかった場合も観察した。布はネコのケージに1日3時間、5日間にわたって入れられた。

全体として、ネコは布に著しい興味を示すということはなく、興味を示しても長くは続かなかった。3時間が経過するうちににおいに慣れてしまったのだ。ネコがもっとも強い反応を示したのは、キャットニップのにおい付きの布だった。多くのネコが前足で触ってみたり、抱えて格闘したり、上で転げ回ったりした。キャットニップに対するネコの通常の反応だ。

キャットニップとウサギのにおいを嗅いだあとは、比較的おとなしくなり、寝ている時間が長くなった。この結果から、いくつかのにおいがシェルターのネコにとってエンリッチメントとして有効であることがわかった。においのエンリッチメントはあなたの愛猫にも喜んでもらえるだろう。ただし、用意したにおいと関わりを持つかどうかは、常にネコに決めさせることに留意しよう。

においによるエンリッチメントとしてもっともよく知られているのは、キャットニップのにおいの付いたおもちゃだ。ほとんどのネコは（すべてではない）、キャットニップに反応する。においを嗅ぎ、舐めたり噛んだりし、転げ回り、頭や体をこすり付け、陶酔状態になるのだ。キャットニップに含まれる活性物質はネペタラクトンという化合物で、キャットニップのおもちゃや乾燥キャットニップに含まれる量や鮮度はさまざまだ。もちろん、庭やバルコニーでキャットニップを育てることもできる。小さくてかわいらしいこのハーブを愛猫が出入りできる所に植えておくと、たぶん寄っていき、その上にごろんと転がるだろう。

1960年代にニール・トッド（著者の親戚ではない）が、キャットニップに対する反応は遺伝するということを示した。キャットニップに反応を示さないネコたちは、たんに親からその遺伝子を受け継いでいないのだ。[*5] キャットニップに対する反応は一見、鋤鼻器によるものに思われるが、現在はそうではないことがわかっている。ネコの脳の扁桃体《へんとうたい》、視床下部《ししょうかぶ》、嗅球《きゅうきゅう》という部分がその反応に関連しているのだ。

ネコがキャットニップに対して反応を示すように進化した理由は不明だ。一方、キャットニップは進化の過程で、昆虫を撃退するためにネペタラクトンを含有するようになったようだ（事実、キャットニップは一部の虫よけ商品の成分として使用されている)。[*6]

最近、研究者たちがネペタラクトンによってネコが昆虫を避けることができるかを検証した。[*7]研究室のネコを2匹ずつペアにした6組のネコに麻酔をかけ、各組のうちの1匹だけにネペタラクトンを施し、ネコたちの頭を蚊が入ったケージに入れた。すると、ネペタラクトンを施したネコの頭にはあまり蚊が留まらなかった。

また蚊は、マタタビに頭をこすり付けたネコも避けていることがわかった。だが、そのネコに頭をこすり付けたほかのネコや、対照群のネコは避けていなかった。この結果から、キャットニップやマタタビに体をこすり付けることは、ネコにとって有益な適応行動であることがわかる。しかし、キャットニップやマタタビに対するネコの反応が虫よけのためかどうかまでは、今後まだ研究が必要だ。

あまりよく研究はされていないが、ネコが反応を示すにおいはほかにもある。そこで、科学者たちは100匹のネコを使い、キャットニップ、バレリアン(セイヨウカノコソウ)、タタータリアン・ハニーサックル(シベリアキンギンボク)、マタタビ、の4種類の植物に対する反応を調べた。[*8]

バレリアンは庭で育てることのできるハーブで、ネコのおもちゃにも使用されている。キャットニップと一緒に使われていることも多い。ハニーサックルは植物で、カナダのペットショップでは木片かスティック状のものが販売されているが、ほかではあまり見かけないようだ。もし愛猫がハニーサックルに反応したら、ときどき洗ってヨダレを落とし、反応しなくなったら、強いにおいが復活するように表面を少し削って、新しい面を出してあげるといい。マタタビは日本でよく知られていて、とても人気がある。スティック状のものか粉末のほか、実や虫こぶ（マタタビタマバエの幼虫などが寄生した実）も売られている。虫こぶを粉末状にしたものを最初に試してみるといいだろう。

この研究では、においの元を靴下に入れてネコたちに与えた。比較対照のために何も入れてない靴下も用意し、ネコの行動の記録を取っている研究者たちには、靴下ににおいの元が入っているか否かわからないようになっていた。68％のネコがキャットニップに反応し、80％がマタタビに反応、バレリアンとハニーサックルに反応したのはどちらも約半分だった。いずれの植物にも反応しなかったのは6匹だけだった。マタタビにはネペタラクトンに似た6種類の化学物質が含まれているが、バレリアンとハニーサックルは1種類（アクチニジン）だけだ。

この研究を行った米国テキサス州でネコのための非営利団体「カウボーイ・キャット・ランチ」を運営するセバスティアン・ボル博士は私に話してくれた。

「この研究によって、どのくらいの米国のネコが、キャットニップやそれと似た効果をもたらす植物に夢中になるのかを知ることができました。キャットニップを好きなネコはたくさんいましたが、日本で特に人気のあるマタタビや、においの強いバレリアンの根っこやタタ－リアン・ハニーサックルも同じでした。残念ながらネコの3匹に1匹はキャットニップに反応を示しませんでした。好みの問題ではなく、遺伝的に決まっているのです。幸いこの研究で、それらのネコの多くが、ほかの安全な植物のうちどれか1つ、または複数を好きだということがわかりました」
つまり、これらのにおいを愛猫が気に入るか試してみる価値はありそうだ。ネコがマタタビと同じ属のサルナシに反応するという報告もある。

一般的に言って、安全で楽しく、意欲をかき立てるような環境が整っていれば、ネコは本当に幸せでしょう。キャティオ、キャットタワー、壁に設置されたキャットウォークや見晴らし台、隠れ家、フードパズルのような環境エンリッチメントがあれば、ネコの幸福度は非常に上がります。ただ、ご質問は、ネコにとってこの世界をもっと暮らしやすくするものを1つだけ挙げるということでしたよね。それなら、ちょっと拍子抜けするかもしれませんが、植物です。ネコは植物が大好きなのです（ただし、ネコにとって安全な植物に限ります）。

オート麦、ライ麦、小麦、大麦の種から発芽する草を食べるのも、草の上や中に横になるのも大好きなのです。自分で草の種を蒔くのは簡単ですし、すでに育った草を店で買うよりも格段に良い草が育ちます。

ほかに、ネコを飼っている家にあるといい植物としては、キャットニップやマタタビ、タターリアン・ハニーサックルなどがあります。具体的に言うと、マタタビの場合は小枝や、実の粉末。タターリアン・ハニーサックルの場合は木片です。キャットニップに似ていますが、少し違います。

これらの植物にはキャットニップにはない成分が含まれていて、キャットニップに興味を示さないネコでも喜びます。キャットニップが好きなネコも、マタタビやタターリアン・ハニーサックルは大好きでしょう。ハニーサックルの大きな木片（幹や枝）は見た目も美しく、一生ものです。だから、今日にでも奮発してタターリアン・ハニーサックルの大きな木片を購入し、カーペットにはマタタビの粉をまき、鮮度抜群のネコの草を育てて、ネコの暮らしを改善しましょう！　あなたのことをもっと好きになるはずです！

――セバスティアン・ボル博士

「カウボーイ・キャット・ラーンチ」の設立者で研究者

完全室内飼いのネコは、屋外の物のにおいを嗅ぐ機会がない。安全に窓を半開きか網戸にしておくことができれば、ネコはそよ風に乗って漂ってくるにおいを楽しめる。また、ネコにとって安全な自然のアイテムを箱に集めて家に持ち込み、外の世界に触れさせてあげることもできる。葉、枝、石、松ぼっくり、少量のミントやパセリといった植物（ネコに有害でないものに限る）

がいいだろう。サラ・エリス博士は、これを「感覚ボックス」と呼ぶ。

博士によれば、ネコは普通、何か変化があったかを確かめようと屋外をパトロールする。一方、室内の環境に関して言えば、「常に自分のにおいを付けて慣れた環境を維持する」ことをネコが好むとはいえ、単調なことこの上ない。「室内の環境は、あまりにも変化がなさすぎるのです」と博士は言う。「ネコの感覚に訴えるような変化が一切ありません。ですから外の世界の一部を家の中に持ち込むことで、刺激を与えてあげるのです」

においによるエンリッチメントを与えるもう1つの方法は、家のあちこちに小分けにしたフードやおやつを置いて、ネコに探させるという簡単なものだ。最初はいつもの場所でごはんがもらえないことに腹を立てたり混乱したりするかもしれない。そのため、本章（P168）で前述したサング博士の説明どおり、はじめは少しずつ位置をずらしていくといい。ネコがこの方法に慣れたら、家じゅうのいろいろな場所に配置して、ネコに見つけさせよう。

このエンリッチメントをゲーム形式にして、イヌの

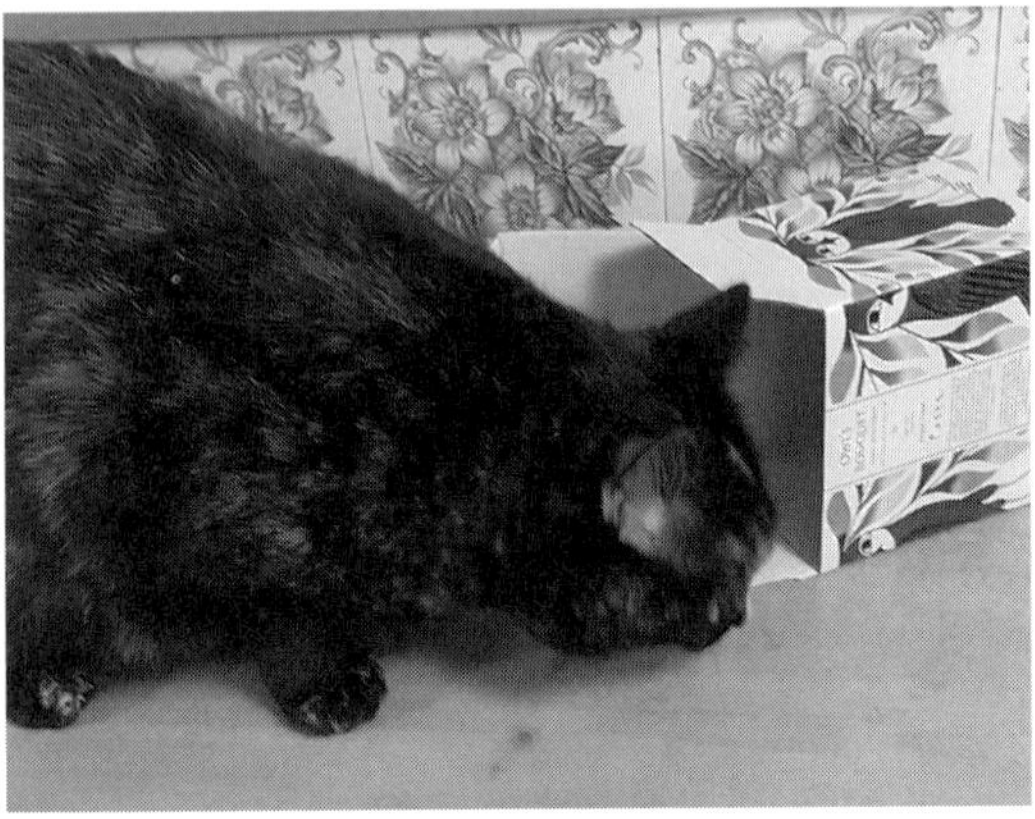

箱に隠したおやつを見つけたメリーナ。©写真／ザジー・トッド

飼い主がよく愛犬にやらせているような、ビギナー向けのノーズワーク（鼻を使ったゲーム）にすることもできる。まず、いくつかの段ボール箱を用意する。ネコを部屋から出し（もしくはほかの部屋に入れる）、段ボール箱を3個から5個、バラバラに置き、その1つにマグロ、エビ、チキンなどの小片を入れておく。用意ができたら、ネコを部屋に入れる。ネコは箱が好きなので、自分から進んで箱を調べ始める可能性が高いが、もしそうならなかったら、箱を覗いてみるように軽く促そう。

箱の中に飛びこんでは出るのを繰り返すうちに、やがておやつを見つける。そうしたらすぐに、ごほうびのおやつを別途、1つ2つ与える。そのあともう一度同じことを行う。ネコは最初、何が起きているのか確信が持てないだろうが、数回やればコツをつかむことだろう。

メリーナとハーリーにノーズワークを試したところ、2回目でもうメリーナは部屋の中に駆け込み、箱の中を覗いた。ハーリーは混乱して少し時間がかかった。「どうしてここに箱があるのかな？」と考えている様子だった。そのうちハーリーもコツをつかみ、二匹が先を争って部屋に入るようになった。

愛猫にある程度のエンリッチメントを与えるには、1日に2回から3回で十分。ほどほどで終えたら、また日を改めて試してみよう。

音によるエンリッチメント
ネコのために作られた音楽もある

ネコは聴覚が優れていて、10・3オクターブを超える範囲の純音を聞き取ることができる。[*9] 低周波の音も高周波の音も幅広く聞き取ることができ、特に高周波の音を聞き取る能力は人間をはるかに上回る。ハツカネズミの発する超音波のような音も聞こえるため、狩りに有利だと考えられている。安全を確保した上で窓を開けておけば、鳥のさえずりが聞こえ、音によるエンリッチメントを手軽に与えることができる。

飼い主がよく音楽を聴いたり、楽器の演奏をしたりするなら、愛猫が音楽好きかどうか、もし好きならどんな音楽が好きか、わかっているだろう。ネコの暮らしを豊かにし、ストレスを減らす目的で、ネコ用に作られた音楽もある。たとえば、「ミュージック・フォー・キャッツ」や「スルー・ア・キャッツ・イア」といったものだ。

バッハやフォーレにあまり関心を示さなかったネコたちが、「ミュージック・フォー・キャッツ」を流すと、スピーカーに近づき、頭をこすり付けて好意を示したということが、学術誌『アプライド・アニマル・ビヘイビア・サイエンス』に掲載された研究で示された。[*10] ネコ用の音楽は、ネコがゴロゴロとノドを鳴らすときや乳を飲むときに近いテンポを基調にしていて、音を途切れさせずにつなぐ技法を多用してネコの鳴き声を真似ている。

『ジャーナル・オブ・フィーライン・メディスン・アンド・サージェリ』に掲載された別の研究では、獣医師による診察を受ける前と受けている最中のネコに、音楽を聴かせない場合と、静かなクラシック音楽かネコ用の音楽を聴かせた場合の反応を比較した。[*11] ネコ用の音楽を聴いたネコは、クラシック音楽を聴いたネコや音楽を聴かなかったネコに比べて、「キャット・ストレス・スコア」が低かったが、生理学的な尺度ではストレスの程度に差はなかった。もしネコに音楽を聴かせるなら、会話と同じ程度の音量を保ち、大きくしすぎたり、突然大きな音になったりしないように注意しよう。ネコが楽しんでいるか、逆にストレスを感じていないかにも気を配る必要がある。[*12]

環境との関わりは、動物の福祉ための5つの領域の1つ「正常な行動を可能にする周囲との関わり」の一部だ。だが、1章で述べたように、同種の生き物(ほかのネコたち)や人間との関わりも、この領域の重要な部分をなしている。続く2つの章ではこれらについて述べていくことにする。

［まとめ］

ネコを幸せにするための心得

・ネコのさまざまな感覚に働きかける、いろいろなエンリッチメントを考え、ネコ本来の行動ができるように工夫する。

・飼い主が用意したエンリッチメントを受け入れるかどうかは、ネコに決めてもらう。それが本当にネコの暮らしを豊かにするものなら、ネコも受け入れてくれるはず。

・用意したエンリッチメントにネコが興味を示さなかったら、その理由を考える。たとえば、おもちゃであれば、難易度が高すぎる、飼い主が獲物のように動かせていない、少し怖がっている、などが考えられる。そして問題解決のためにできることを検討する。

・ネコは物事に慣れてしまうため、おもちゃをときどき入れ替え、ネコの生涯を通じて新鮮なエンリッチメントを与え続ける。

8章　飼い主への愛情とお互いの絆

CATS AND THEIR PEOPLE

おなかを見せる、視線を送ってくる……私に愛情を感じているのだろうか？

私が帰宅すると、メリーナはいつも高い声で鳴きながら廊下を歩いてきて出迎えてくれる。ぴんと立てた尻尾は先が若干カギ状になっていて、歩くたびにクエスチョンマークがゆらゆらしているみたいだ。ノドをゴロゴロ鳴らしながら私の脚に体をこすり付けたあと、すぐそこにゴロンとひっくり返っておなかを見せる。おなかを触ってほしいわけじゃないことくらい、私はわきまえている。やさしく声をかけ、軽く頭をなでる程度がいい。こういうときは、それ以上の愛撫は求めていないのだ。

一方、トラネコのハーリーは、私が帰ってきても自分がいた場所から動こうとしない。冬場は暖房の吹き出し口、それ以外の季節ならキャットタワーの最上段にいる。ほんの少し頭を持ち上げて視線を送ってくるだけで、私のほうから近づいていき、ただいまと言ってなでるのを待っている。思惑どおりになでてもらうと、ようやくゴロゴロとノドを鳴らし始める。

これが私たちの日常になっている。こんなふうにあいさつをしてくれるネコたちだが、はたして私に愛情を感じているのだろうか。

愛というのは主観的な感情であり、あまり科学的な言葉ではないが、子ネコ時代に適切に社会化されたネコたちは（2章）、人間と一緒に楽しい時間を過ごし、強い絆を結ぶことができる。つまり、一般的なイメージとは逆で、多くのネコは飼い主のことが大好きなのだ。愛猫家からしたら、何をいまさらと思うことかもしれないが、科学者たちが何通りかの方法で、飼い主に対するネコの愛情を調査しているので紹介していきたい。

飼い主に愛着を感じているかの実験で人間の親子関係と同じという結果が

子ども心理学における愛着理論は、幼児と主な養育者との間に形成される絆について説明する。その絆をテストする場合、「ストレンジ・シチュエーション法」という、幼児を所定の時間、特定の状況に置く方法が用いられる。

まず、幼児が養育者（この研究では基本的に母親）と一緒に部屋の中で所定の短い時間を過ごし、そこに見知らぬ人が加わる。養育者は、幼児と見知らぬ人を残して部屋を去る。そして戻ってきて安心させる。さらに、幼児を短い時間一人きりにして、最初に養育者が、次に見知らぬ人が戻ってくる。こうして普段と違う状況で、幼児が養育者と見知らぬ人に対して、（そして短時間一人になったときに）どう反応するかを見るのだ。

この結果から、幼児が養育者に対して抱いている愛着の種類がわかる。同じテストをネコで行って、人間の幼児と似たような反応を示したら、ネコも飼育者に対して愛着を形成しているということになる。さらに、幼児の場合と同じように愛着のタイプも分類できる。

人間の心理学の研究では、「ストレンジ・シチュエーション法」が多用されてきた。そして、大半の幼児（約60〜65％）が、安定した愛着を持っていることが示されている。養育者が去ったときに動揺しても、戻ってくれれば容易に慰められて機嫌を直すのだ。

子どもにとって養育者は、支えてくれる拠り所だ。専門的な表現を用いると、養育者は探検の拠点になる「安全基地」であり、ストレスを感じることがあったときの「安全な避難所」なのだ。だが、すべての幼児が安定した愛着を持っているわけではない。アンビバレント（養育者にべったりで不安になりやすい）な場合もあれば、不安定な愛着を持つ幼児、親にかなり無関心な幼児もいる。

愛猫が飼い主を安心の源だと思っているしるしを、あなたも目にしているのではないだろうか。飼い主が留守のときに、ネコがその服の上で寝るのが好きなのは、おそらく飼い主のにおいで安心できるからだ。家に誰かよその人が来ているときも、飼い主が愛猫にとって安全の源であることを実感できるはずだ。飼い主が一緒にいれば、ネコは堂々と部屋の中にいて、来客を楽しんでいるかもしれない。飼い主の存在が、ネコに安心感を与えているのだ。

そして、もし何かストレスを感じるようなことが起これば、ネコは飼い主の近くに駆け戻るだろう。また、飼い主がほかの部屋にいる場合は、ネコがお客さんと関わろうとしない可能性が高い（客がよく知っている人の場合は別だ）。部屋を出て、飼い主を探しに行くかもしれない。飼い主が一緒にいないと安心できないからだ。

米国メイン州の大学、ユニティ・カレッジで動物健康行動学の助教授を務めるクリスティン・バイターリ博士は、ネコと飼い主の関係について調査をした。多くのイヌが人間の子どもと同じように飼い主に対して安定的な愛着を持っているということは、すでに複数の研究によって示されている。バイターリ博士は、学術誌『カレント・バイオロジー』に掲載された研究で、「ストレンジ・シチュエーション法」の短縮版を用いて、79匹の子ネコ（誕生から3〜8カ月）とその飼い主を対象としたテストを行った。[*1]

博士は実験の手順についてこう説明している。

「私たちの実験では、子ネコを研究室、つまり、知らない部屋に連れて行き、飼い主とネコだけで2分間過ごしてもらいます。それから飼い主が去り、2分間、ネコだけにします。これは軽度のストレス要因です。それから飼い主に戻ってきてもらいます。私たちが観察したのは、戻ってきた飼い主に対するネコの反応です。基本的に飼い主に安定した愛着を持っているネコは、飼い主を探検の拠点になる安全の源と見なすのです。そして、65％という多くの飼いネコが飼い主に対して安定した愛着を持っているということがわかりました。つまりネコたちにとって飼い主は、人間の子どもにとっての親や、イヌにとっての飼い主と同じような存在ということです」

残る35％の子ネコたちは、飼い主に対する愛着が不安定で、中でもアンビバレント（飼い主にべったり）に分類されたネコが多かった。

訓練によってネコの愛着の型を変えられないかと考えたバイターリ博士は、その35％の子ネコたちの半数を6週間のトレーニングと社会化のクラスに参加させ、残りの半分は参加させずに結果を調べた。しかし、訓練は愛着の型に変化をもたらさないということがわかった。一方、バイターリ博士は38匹の大人のネコ（1歳かそれ以上）にもテストを行い、その多くが飼い主に安定した愛着を持っていることがわかった。

バイターリ博士は言う。

「とても興味深いのはそれら（ネコについての発見）が、人間やイヌにおける愛着のありかたとそっくりだということです。主な愛着の型——安定型、べったりのアンビバレント、回避型——が同じだというだけでなく、それぞれの型に該当する割合も非常に似通っています。人間の場合、人口の65％が安定型ですが、その割合は大人のネコや子ネコの場合でもまったく同じでした。これは、子が親に愛着があると、親は子を守り面倒をみるという、生き物に共通した行動なのかもしれません。ペットの場合、じつは人間の家で飼い主に依存して暮らすうちに、飼い主との関係が親子の絆と同じようなものに変化している可能性があります」

この実験よりも前に、英国のリンカン大学の研究チームが行った研究では、違う結果が出ていた。20匹の大人のネコに「ストレンジ・シチュエーション法」を用いたテスト行った結果、知らない人が去ったときに比べて飼い主が去ったときのほうが鳴く回数が多いネコたちがいた以外、愛着を示すサインは見られなかったのだ。[*2] 研究室に連れて行かれるのはネコにとってストレスだ。今後の研究では、ネコたちが飼われている家でテストを行うのがいいだろう。ところで、愛着の形成以外にも、飼い主がネコにとって特別な存在であるということを示すサインはある。

人間との意思疎通は驚きの実験結果 言葉を聞き分け、しぐさを理解し、助けを求める

いざネコに名前を付けるとなると、けっこう悩むものだ。ただ、ハーリーの場合はすぐに決まった。すでに付いていた名前をそのまま使うことにしたのだ。だがサビネコのほうは、連れて帰ってきてから数日間は名ナシのままで、その間、いろいろな名前を呟いては考えあぐねた。ぴったりの愛らしい名前を付けたいと思い、「蜜のように甘美な」という意味の「メリフルアス」という言葉にちなんで、メリーナに決めたのだ。メリーナは自分の新しい名前をすぐに覚えた。

学術誌『サイエンティフィック・リポート』に発表された研究によれば、ネコは自分の名前を認識できる。[*3]飼いネコを使った実験で、飼い主に4つの言葉を言ったあとに名前を呼んでもらった。すると、4つの言葉を発している間はどんどんネコの注意が散漫になっていったが、自分の名前を聞くと耳をそばだて、顔と耳を声がした方角に向けた。ほかのネコと一緒に暮らしている飼いネコは、仲間のネコと自分の名前を聞き分けることができた。ただし、ネコカフェのネコを対象とした調査では、ネコたちは自分の名前にもほかのネコの名前にも反応するようだった。

また、ネコが飼い主の声と知らない人の声を聞き分けられるということもわかっている。[*4]そこで研究者たちは、ネコが知らない人に呼ばれた場合でも、自分の名前を認識できるかをテストしたところ、できるということが判明した。飼い主がネコの名前を呼んでからかわいがったり、おやつをあげたりしていると、ネコは自分の名前を呼ばれたら、何かいいことが起きるんだ、と覚えるかもしれない。逆に、動物病院に行くようなときに名前を呼ぶと、自分の名前とストレス要因を結びつける可能性もあるということだ。

学術誌『ビヘイビオラル・プロセシズ』に発表された論文によると、飼いネコと女性の飼い主が家にいる間における、6000回のやり取りを研究したところ、ある興味深い発見があったという。[*5]なんと、飼い主の側からの働きかけが成功してネコとの交流にこぎつけたときほど、交流の時間が短かったのだ。一方、ネコの側から交流のきっかけを作った場合ほど、交流の時間が長かった。

この結果から、交流が始まる際の主導権はネコに与えるのがベストだということがわかる。それ以前の研究では、ボランティアの参加者を研究室のネコに会わせ、まず5分間ネコを無視して雑誌を読んでもらい、そのあとに5分間ネコと交流するようにしてもらったところ、ネコは人間が自分に注意を向けていることに気づくことが示された。[*6] 人間がネコと交流を持とうとすると鳴く回数が減り（注意を払おうとしている証拠）、遊んだり頭をこすり付けたりすることが増えたのだ。

やはり『ビヘイビオラル・プロセシズ』に掲載された別の研究では、飼いネコもシェルターのネコも、どちらも見知らぬ人であれば、ネコに注意を払わない人よりも、注意を払う人と過ごすことを選択するとわかった。[*7]「ネコに注意を払う人」の役割を演じた人物は、ネコに声をかけ、ネコが手の届く所にとどまっている間、ずっとなで続けた。一方、「注意を払わない人」は、ネコに視線を向けたり話しかけたりすることなく、2回だけなでた。するとネコはすぐに、熱心にかわいがってくれた人と一緒に過ごすことを選択したのだ。

このことからネコは、人間が自分を気にかけているとそれを認識し、反応を示すということがわかる。ただし、人間が注意を向けているか（あるいは向けていないか）は、ネコが鳴く回数とは関係がなかった。飼いネコに比べてシェルターのネコは、ネコに注意を払わない見知らぬ人と過ごす時間が長かった。おそらく、シェルターのネコたちは人間と接触する機会が少ないからだろう。

飼いネコだけに行われた追跡調査では、見知らぬ人よりも飼い主と長い時間を過ごすということはなく、飼い主がいるからといって鳴く回数が変わるということもなかった。飼い主がネコにとって特別な存在ではないということではなく、十分に社会化されたネコは見知らぬ人にも友好的ということだろう。

人間との社会的な交流はネコにとって重要だ（十分に社会化されているということが前提）。『ビヘイビオラル・プロセシズ』に掲載された研究によると、研究者たちがネコに異なる4種類の刺激を選ばせたところ、ネコの半分（50％）が人間との社会的な交流を選んだという。[*8] そして、37％のネコは食べ物を、11％はおもちゃを選び、2％だけが何かのにおいを付けた物を選んだ。

ネコは飼い主と4時間離れていたときは、30分だけ離れていたときよりも、再会したときにノドを盛んにゴロゴロ鳴らし、伸びをする（ちなみに人間も、長く離れていたときのほうがネコに長く話しかける）。[*9] また、ネコが人間の気分や感情に敏感であり、怒っている人よりも楽しそうにしている人を好むことも研究でわかっている。[*10] 学術誌『アニマル・コグニション』に発表された研究によると、ネコは、飼い主が怒っていて不機嫌な顔をしているときに比べて、ポジティブな感情を顔や態度に表しているときのほうが、長く飼い主の近くで過ごし、ゴロゴロとノドを鳴らしたり、体をすりつけたりといったポジティブな行動をすることが多いとわかった。[*11] だがちょっと意外なことに、見知らぬ人に関しては、その人の機嫌が良かろうが悪かろうが、ネコが近くで過ごす時間に違いがないことがわかった。また、ネコは飼い主の楽しそうな声と怒っている声も聞き分けるが、飼い主の態度はもっとはっきりと見分けることができるようだ。これらの結果は、ネコが飼い主の感情を学習によって読み取れるようになるということを示している。たぶん、飼い主の機嫌がネコへの態度にも影響するからだろう。

1998年、アダム・ミクロシー（ハンガリーのエトベシュ・ロラーンド大学の研究グループ「ファミリー・ドッグ・プロジェクト」のリーダー）とブライアン・ヘア（現在は米国ノースカロライナ州デューク大学教授）は、それぞれ論文を発表した。その内容は、イヌは人間が指をさすジェスチャーを理解できるというもので、科学界の反響を呼んだ。イヌに対する科学的関心を高めることになった発見として、広く認められることとなる。

そして2005年、ミクロシーは同僚とともに米国心理学会が発行する『ジャーナル・オブ・コンパラティブ・サイコロジー』に論文を発表、実験者が2つのボウルのうちのおやつが入っているほうを指さすと、70%のネコがそれを理解し、そのボウルの所に行っておやつを手に入れることができることを示した。[*12] ボウルの近くで指さしたときほど成功率は高く、遠くから指さすとそれほどうまくいかなかったものの、大半のネコが指さしを理解することができたという。

また、さらなる実験で、食べ物に近づくことができないようにしてあると、42%のネコが、人間に助けを求めるような視線を向けることがわかった。半数に満たないとはいえ、私たちとは違う種の生き物であるネコの中に、こういったコミュニケーション能力を持つ個体がこんなにもいることにかなり驚いている。

さらなる研究によって、ネコは人間の視線を読み取って、どちらのボウルにフードが入っているかを当てることができるということが示された。自分の家で愛猫に試してみることもできる。2つのボウルを用意し、片方におやつを入れてそれを指さし、そしてネコがそちらのボウルのほうに行くかを試す。次に遠くから指さしてみて、それでも正しいボウルを選ぶことができるかどうか確かめる。その後（または日を改めて）、飼い主の視線をたどっておやつの入っているボウルを選ぶことができるかどうかを試すのだ。愛猫の認知能力をテストする楽しいゲームになるだろう。ただし、ミクロシーが行った、おやつに近づけなくする実験は、ネコは喜ばないだろう。愛猫が指さしを理解できなくても、気に病むことはない。そういうネコは、ミクロシーの研究対象の中にも一定数いた。

これらの一連の研究結果を総括すると、ネコが私たちに注意を払い、ジェスチャーを理解し、私たちの言葉に耳を傾けていることがわかる。どれもネコたちに人間に対する社交性があることの証だ。加えて、ネコは自分の名前を認識し、飼い主の声を聞き分けることもできる。そして、私たちとのコミュニケーションの取り方にも興味深い点があることがわかった。

郵便はがき

料金受取人払郵便

葛西局承認

3015

差出有効期間
令和7年3月31日
まで（切手不要）

1 3 4 8 7 3 2

（受取人）
日本郵便　葛西郵便局私書箱第30号
日経ナショナル ジオグラフィック
読者サービスセンター 行

お名前　フリガナ	年齢

ご住所　フリガナ
□□□-□□□□
電話番号　(　　　)
メールアドレス　　@

●ご記入いただいた住所やE-Mailアドレスなどに、DMやアンケートの送付、事務連絡を行う場合があります。このほか、「個人情報取得に関するご説明」(https://natgeo.nikkeibp.co.jp/nng/p8/)をお読みいただき、ご同意のうえ、ご返送ください。

アンケート（裏面）へのご協力、誠にありがとうございます。

お客様ご意見カード

このたびは、ご購入ありがとうございます。皆さまのご意見・ご感想を今後の商品企画の参考にさせていただきますので、お手数ですが、以下のアンケートにご回答くださいますようお願い申し上げます。(□は該当欄に✓を記入してください)

ご購入商品名　お手数ですが、お買い求めいただいた商品タイトルをご記入ください

■ **本商品を何で知りましたか**(複数選択可)

□ 店頭で(書店名:　)
□ ネット書店(該当に○:amazon・楽天・その他:　)
□ 雑誌「ナショナル ジオグラフィック日本版」の広告、チラシ
□ ナショナル ジオグラフィック日本版のwebサイト
□ SNS(該当に○:Facebook・Twitter・Instagram・その他:　)
□ プレゼントされた　□ その他(　)

■ **ご購入の動機は何ですか**(複数選択可)

□ テーマ　□ タイトル　□ 著者・監修者　□ 表紙　□ 内容
□ 新聞等の書評　□ ネットでの評判　□ ナショジオ商品だから
□ 人に勧められた(どなたに勧められましたか?:　)
□ その他(　)

■ **内容はいかがでしたか**(いずれか一つ)

□ たいへん満足　□ 満足　□ ふつう　□ 不満　□ たいへん不満

■ **本商品のご感想やご意見、今後発行してほしいテーマなどをご記入ください**

■ **雑誌「ナショナル ジオグラフィック日本版」をご存じですか**(いずれか一つ)

□ 定期購読中　□ 読んだことがある　□ 知っているが読んだことはない　□ 知らない

■ **ご感想を商品の広告等、PRに使わせていただいてもよろしいですか?**
(いずれか一つに✓を記入してください。お名前などの個人情報が特定されない形で掲載します。)

□ 可　□ 不可

鳴き声の違いを飼い主なら判別できる!?
ゴロゴロ音にも目的で差があった

私とメリーナは、かなり長い会話ができる。「ニャー」と言うので、「ニャー」と返す。また「ニャー」と言うので、私に相槌を打っているのだと思い、「ニャー」と確かめる。するとメリーナはまたニャーと鳴く。短くニャーと言うときもあるが、ときどき「ニャーオ」のように音を長く引っ張るので、私も同じように返すと、私が言ったことに合点がいっているような顔をする。サビネコはおしゃべりだと言われており、メリーナもそうだが、彼女の場合は鳴くこと自体がコミュニケーションの一環だと思っているようだ。

ハーリーはそれほどおしゃべりではなく、鳴くときにはさまざまな目的がある。ごはんが欲しい、ブラッシングをしてほしい、またごはんが欲しいと私に求めているのだ。

いずれにせよ、飼いネコの鳴き声には、人間に何かを伝えるという特別な目的がある。人間にあいさつをするときに用いる「ニャッ」という高い声は、母ネコが子ネコを呼ぶときの鳴き方で、子ネコは母ネコと離されると「ニャー」と鳴く。大人のネコ同士で互いに「ニャー」と鳴き合うことはめったにない。「ニャー」というのは、個々のネコがその飼い主との間だけで使う特別な鳴き方のようだ。

学術誌『アンスロズーズ』に発表された研究によると、人間は、知らないネコの鳴き声の意味を理解することが著しく苦手だという。[*13] 科学者たちは4つの異なる状況下で記録されたネコの鳴き声を使ってテストを行った。飼い主がフードを用意してくれているとき、フードを与えずに待たされているとき、ネコが注目してもらいたいとき、そして飼い主と自分を隔てている障壁を超えようとしているときだ。

見知らぬネコの場合、人間はネコの鳴き声がどの状況下で発せられたものかを言い当てることはできなかった。だが、自分が飼っているネコの場合、ある程度の確率で当てることができ、自分のネコの鳴き声の意味を理解していることが示された。このことから、ネコにはさまざまな状況下における共通の鳴き方というのは存在しないことがわかる。むしろ、それぞれのネコに独自の鳴き方があって、飼い主がその意味を理解していることが多いのだ。

ネコのコミュニケーション手段の中でも、もっとも魅力的なのはノドをゴロゴロ鳴らすことだ。ネコのゴロゴロ音は本当に美しい。子ネコは乳をもらっているときにノドをゴロゴロ鳴らし、母ネコも乳を与えているときに鳴らす。ゴロゴロ音は平均27ヘルツと非常に低音だ。子ネコは、生まれたときは耳が聞こえず目も見えないので、ノドが鳴る振動を頼りに母ネコを見つけ、母ネコにゴロゴロ音を返すことで、満足を伝えていると考えられている。

ネコは人間との交流でもノドを鳴らす。膝に乗ってかわいがられているときなどに、満ち足りた気持ちを表しているのだ。ほかのネコと交流するときにもノドを鳴らす。仲間のネコとくつろいだり、体をすり合わせたりするときだ。そして、どこか痛いときにもノドをゴロゴロ鳴らすことがあるので知っておいてほしい。

学術誌『カレント・バイオロジー』に発表された研究で、ネコは何か頼みごとがあるときにもゴロゴロ音を出すことがあるということが示された。ごはんの時間になったのでフードを出してほしいというときなどに使うゴロゴロ音だ。[*14] このゴロゴロ音は音質が違っていて、人間の赤ちゃんが泣いているときに似た周波数（300〜600ヘルツ）が含まれているという。そのため、人間の耳には通常のゴロゴロ音に比べてやや耳障りで、緊急性があるように感じる。同じネコの2種類のゴロゴロ音を人々に聞いてもらったところ、ほとんどの人は通常のゴロゴロ音と頼みごとがあるときのゴロゴロ音を聞き分けることができた。

また科学者たちが、高周波の部分を除去する技術的な処理によってゴロゴロ音に変更を加えたところ、人々はその音から緊急性を感じなくなった（ただし、快い音になったとは感じなかった）。

つまり、ネコは飼い主に向けて音を発しており、音によって飼い主に特定のニーズを伝えようとしている。飼い主と愛猫の間には特別な関係が築かれており、それぞれのネコに飼い主にしか理解できない独自の鳴き方があるというのもその一部だ。そしてゴロゴロ音は、人間がネコをなで、双方とも幸せな気持ちに包まれているときに奏でられることが多い。

ネコが喜ぶかわいがり方 なでられたいのは顔の周り

ネコを飼っていて一番幸せな気持ちになれるのは、なでているときだ。やわらかい毛皮の感触、大きなゴロゴロ音が、満ち足りた気持ちにさせてくれる。ただし飼い主は、ネコがかわいがってほしいタイミングや、なでてほしい場所を心得ておく必要がある。間違えておなかをなでてしまうと痛い目にあう。伸びをしておなかを見せるポーズが、おなかをなでてほしいという意味ではないということを、身をもって知るはずだ。ネコは一匹一匹好みが違うが、ほとんどのネコに共通する、触ってほしい場所とそうでない場所がある。それも科学的に説明できることがわかっている。

学術誌『アプライド・アニマル・ビヘイビア・サイエンス』に掲載された2つの別の実験では、ネコがどこをどんな順序でなでられるのが好きかを調べている。[*15] その結果から、ネコにははっきりした好みがあることがわかった。動物は、同じ種の仲間同士で愛情を示すときと似たようなやり方で、人間にかわいがられるのを好むと考えられている。

そして、ネコが仲間同士の友好関係を示すときには、臭腺《しゅうせん》がたくさんある部分を使うことがわかっている。臭腺があるのは、唇の周辺、アゴ、頬（口周囲腺）、目と耳の間（側頭腺）、尻尾の付け根付近（尾腺）だ。ネコ同士が体のこの部分をすり合わせているときは、においを移して仲間の集団のにおいを作り上げている（9章）。

つまり、もうお察しだろうが、人間にもこういった部分をなでてもらいたいはずだ。また、順序にも意味がある。ネコが互いに体をこすり合わせるときには、一定の方向性があるのだ。最初にこすり合わせるのは頭で、ときどき、尻尾まで絡み合わせることがある。

研究者たちは、34匹のネコをそれぞれの飼われている家でテストした。しばらく実験者とビデオカメラにネコを慣らしてから、2日間にわたってテストを行った。1日は飼い主が、もう1日は実験者がネコをなでる。なでる部位は、3カ所の臭腺エリアに加えて、5カ所のほかの部分（頭頂部、首の後ろ、背中の上のほう、背中の真ん中、胸とノドの周辺）だ。

実験のやり方は、なでる場所の順番は任意、2本の指で各エリアを15秒なでるという方法に統一した。ただし、ネコはいつでも立ち去ることができるようにした。なにしろネコなので、実験の最中で多くのネコが立ち去り、飼い主と実験者の両方に8カ所すべてをなでさせたネコは16匹にとどまった。

研究者たちはビデオを分析し、友好的な行動の回数を調べた。ゆっくりとしたまばたき、なでている人を舐める、なでている人に頭をすり付ける、毛づくろい、ふみふみ、尻尾をまっすぐ立てるか先端をやや丸めて立てるといった行為がこれに該当する。また、ネガティブな行動の回数も調べた。尻尾をぶんぶん振ったり床にパシッと打ちつけたりする、顔を背ける、唇を舐める、咬みつく、ネコパンチ（前脚での平手打ち）をするなどが該当する。

飼い主と実験者のどちらがなでても友好的な行動の頻度は違いが見られなかったが、実験者が尻尾の近くをなでるとネガティブな行動が増える傾向があった。つまり、尻尾付近をなでられるのはそんなに好きではないということだ。

また、ネコは飼い主よりも実験者になでられたがっているようだった。その理由としては、新参者の実験者にネコが興味津々だったから、あるいは飼い主がいつもと違うやり方でなでることに違和感を覚えたからといったことが考えられる（前述したとおり、実験のやり方を統一するために、飼い主も2本の指でネコをなでなければならなかった）。

別の20匹のネコを使った次の実験では、飼い主が決められた順番で愛猫をなでた。頭のてっぺんから背中へ、そして尻尾のほうに移っていくのと、その逆の順番の2通りだ。このときは、手のひら全体でなでるか、1本か2本の指でなでるかを指定せず、いつもの方法でなでてもらった。立ち去ったネコは3匹にとどまった。こちらのビデオでも、ネコは順番に関係なく、尻尾の近くをなでられるのは嫌いだということが見て取れた。

一方、なでられる順番については特に気にしていないようだった。順番へのこだわりがないということは、なでられることが、「アロラビング」（ほかのネコに体をすり付ける行為）よりは、「アログルーミング」（ほかのネコの毛づくろいをする行為）に近いものだということを示唆している。ただし、さらなる研究が必要だ。

この実験結果から、人間とネコの関係についてどのようなことが言えるだろうか。科学者たちは、飼い主は尻尾の近くをなでることは避けるべきだという。なでるべき場所は顔、特に臭腺のある部位が望ましい。ネコは自分の気の向くままに飼い主と関わり、自分が交流の主導権を握るのを好むようだ。なでるかどうかはネコの気持ちを尊重して決め、愛猫の好みを知ることが大事だ（尻尾の近くやおなかをなでられるのが好きなネコもいるかもしれない）。また、ネコを叱ったりすると、飼い主にネガティブなイメージを抱いてしまうこともある。ネコをトレーニングするときに罰を与えることを避け、食べ物やブラッシングといったごほうびを用いるべきなのは、そのためだ（5章）。

自分のネコをなでたいときも、ネコに選択肢を与え、なでてほしいかどうかを確認したほうがいい。まず、手やこぶし、指を差し出してネコが近づいてくるか様子を見る。特に臆病なネコの場合は、ネコと目線の高さが同じになるよう、姿勢を低くするのもいいかもしれない。近づいてきてにおいを嗅ぐだけで立ち去ってしまったときは、なでてほしくないのだ。

だが、近づいてきてにおいを嗅ぎ、体を寄せてきたり頭をこすり付けてきたりすることも多い。これは、なでてもいいというサインだ。一般的に臭腺のある頭や顔をなでてもらうことが好きだということをお忘れなく。アゴの下をなでられるのが好きなネコもいて、好みのポイントをなでてもらえるよう頭を動かして誘導してくる。メリーナはそのタイプだ。

ネコがなでられて喜んでいるサインは、ゴロゴロとノドを鳴らす、目を半分閉じる（または完全に閉じる）、寄りかかってくるなどだ。確信が持てなければ、ネコの気持ちを確認する方法がある。なでるのを中断して様子を見るのだ。立ち去ったら、かわいがる時間はおしまいだ。もしもっとなでてほしければ、頭をこすり付けてくるか、前脚でちょんちょんとつついて催促する。ネコのしぐさには常に気を配ったほうがいい。ほとんどのネコはなでられる時間を短めに切り上げるほうが好きなので、ネコが怒ったり、うんざりしたりする前にやめる必要がある。

私の場合は、尻尾を観察するようにしている。尻尾を小刻みに動かしているときは、もう十分だというサインを送っているのかもしれない。尻尾を大きく振っているときは、間違いなく飽きている。ほかに、瞳孔が大きくなる、皮膚をぴくぴくさせる、なでている手を前脚で払う、爪を出す、引っかこうとする、なでている手を凝視し続けるといったときも、嫌になっている。長くなですぎると、ネコが自分の気持ちを伝えようと、咬みついたり引っかいたりするおそれもある。抱きしめる、キスをするといった濃密すぎる交流は、ほとんどのネコが勘弁してほしいと思うはずだ。

子どもがいる場合、子どもとペットの双方が楽しく過ごすためには、上手な関わり方ができるよう親が手を貸す必要がある。力の加減がまだわからない幼い子どもは、突発的に乱暴なことをしてしまうかもしれないので、上手にかわいがれるよう、大人が手を添えて誘導してあげたほうがいい。子どもはハグやキスをしがちだが、述べたとおり、ネコにとっては強烈すぎる。ネコに選択権と立ち去る機会を与えなければならないことを、子どもに教えよう。

そしてネコのために、子どもの手が届かない空間を確保してあげることも大事だ。比較的若いネコ（6歳まで）は子どもにやさしくできる傾向が強く、高齢なネコはそうでもない。また、ネコが人間の大人に友好的だからといって、子どもにも友好的とは限らない。[*16] ネコが子どもにやさしくできるか否かには、家族全員（人間以外も）との関係が絡んでくる。ネコが複数いる場合のほうが、ネコたちが子どもとうまくやっていけることが多いようだ。さらに加えておくと、攻撃的なネコは少ないものの、新聞広告を通じて手に入れたネコよりも、ブリーダーやシェルターから来るネコのほうが子どもとうまくやっていけるケースが多いようだ。

残念ながらネコの社会的な行動、特に人間との関わりについては大いなる誤解があります。ネコは普通、こまめに適度な交流を持つのが好きですが、多くの人間は思い立ったときだけ長々と交流しようとするのです。この食い違いゆえに、ネコは時折身を守ろうと攻撃的になり、気難しいとか意地が悪いといったレッテルを貼られてしまうことがあります。ネコは頻繁で短い交流が好きだという現実を受け入れれば、不必要なストレスや恐怖、不安を感じさせることなく、ネコと飼い主の絆を深めることができるでしょう。

――サム・ゲインズ博士
英国王立動物虐待防止協会・コンパニオン・アニマル科学政策責任者

飼い主とのコミュニケーション
相互のゆっくりとしたまばたきが効果的

進化という観点で言えば、ネコが人間に飼われるようになってからの歴史はまだ浅い。そう考えると、ネコたちがどうやって人間に対してこれほど社交的に振る舞うことを覚えたのか興味が湧いてくる。動物行動学会の学会誌『ジャーナル・オブ・ベテリナリー・ビヘイビア』の文献レビューの中で、生物学者ジョン・ブラッドショー教授は、ネコが飼い主とコミュニケーションを取るようになった過程は、3つのカテゴリーに分けられると示唆している。[*17]

1つめは、ネコという種が元々行っていた事柄が、プラスの結果に結びついたもの。飼い主の膝に飛び乗るといった行動がこれにあたる。

2つめは、子ネコが母ネコとコミュニケーションを取るときに使うシグナルが、人間との間で用いられるようになったもの。飼い主の膝に座って、ゴロゴロとノドを鳴らしながら前脚でふみふみする行為がこれにあたる。これは子ネコが母ネコのお乳を飲むときにふみふみする行動に似ているのだ。ニャーと鳴く行為も、大人のネコ同士の間ではあまり見られないことを考えると、このカテゴリーに入るだろう。

3つめは、元々ネコ同士のコミュニケーションで使われているシグナルが、人間との関係に転用されたものだ。頭を人間の手や脚にすり付けてくる行為がこれに該当し、仲のいいネコ同士が頭をこすり合わせる行動に似ている。

世の中には、ネコはよそよそしいという固定観念があるが、じつは飼い主に対していろいろな方法で愛情を示していることがわかっている。クリスティン・バイターリ博士に、愛猫が自分のことが好きかどうかを知るにはどうしたらいいか尋ねてみた。

「研究していていつも気づくのは、ネコには非常にさまざまなタイプがいるということです。ですから、ネコが飼い主に愛情を示す方法も、それぞれに違います。非常に社交的で肝が据わっているネコなら、毎日飼い主の上で寝たり、一緒に過ごしたりするでしょう。一方、飼い主のことは好きだけれども、どちらかというと一人でいるのが好きというネコは、飼い主の向かい側や離れた所に座りますが、飼い主に対してゴロゴロとノドを鳴らしたり、ニャーと鳴いたりするでしょう」

飼い主はよく、愛猫がゆっくりとまばたきをしてくれる愛らしいしぐさを目にしているだろう。何回かゆっくりと半分目を閉じてから、ほぼ、もしくは完全にそっと目を閉じる。これはネコがリラックスしているしるしで、ネコにゆっくりとまばたきを返す飼い主も多い。

ネコが飼われている家で実験を行った科学者たちによると、まばたきを返すのはいい考えだという。[*18] 科学者はまず、飼い主にゆっくりとしたまばたきの仕方を教えた。ゆっくりと目をつぶるが、眉をひそめたり、しかめ面をしたりはせず、頬を引き上げるように気をつけてもらう。ネコの動きを真似る感じだ。それから、飼い主がネコにゆっくりとまばたきをしたときに何が起きるかを観察した。するとネコは、飼い主が近くにいるだけで何も交流を持たない場合と比べ、かなりの頻度で人間のゆっくりとしたまばたきに反応して目を細めたのだ。ちなみに、人間が普通のまばたきをしたときには、そのような反応は見られなかった。

2つめの研究では、ネコは何もしていない実験者よりも、ネコに対してゆっくりとまばたきをした実験者に近づく傾向があることがわかった。知らない人からのゆっくりとしたまばたきにもネコたちが反応してくれるというのは、とても素敵なことだ。

私はすでに、ネコに会うとゆっくりとしたまばたきをする癖がついている。たぶんネコに関わる仕事やボランティアをしている多くの人々も同じだろう。だから、ネコはそれが好きなのだという研究結果を知って喜んでいる。今度愛猫を見るときに、ゆっくりとまばたきをして、反応を確かめてみてほしい。

ネコの人間に対する愛着と社交性に関する研究は、ネコの飼い主である私たちにいくつか大切なことを教えてくれる。まず、飼い主はネコにとって何かストレスを感じる出来事があったときの「安全な避難所」だということだ。飼い主の存在（および、いたわる行為）は、ネコがストレスに対処する際の支えになれるかもしれない。

だが同時に、飼い主はその役割を担い続けられるように努めなければならないということでもある。ネコを叱る、水をかけるといった罰を用いるようなことをすれば、その関係にヒビが入るだろう。ネコは飼い主から喜んで愛情を受け入れるので、飼い主は、愛猫がどのような愛情表現を好むのかに気を配り、こまめに短めの交流をするよう心がけるべきだ。

ネコの社会的関係に関しては、人間以外の生き物——特に同じ家に住むイヌやネコ——との関係も考えなくてはならない。この話題については次の章で取り上げる。

［まとめ］

ネコを幸せにするための心得

・もし愛猫が自分の名前を覚えていないようなら、名前を呼び、そのあとでごほうびをあげたりかわいがったりして教える。

・ネコの好みに合わせ、毎日こまめに短時間の交流を持つ。そのうちの何回かを習慣化できるとなお良い（たとえば、帰宅したらネコが近寄ってくるのを必ず待ってからなでる、毎朝ネコがベッドの上に飛び乗り、飼い主は起き上がる前になでる、など）。

・ネコのしぐさに注意を払い、愛猫の好みのなで方を習得する。ネコは一匹一匹みんな違い、愛猫の好みを理解できるかどうかは飼い主の努力しだいだ。ただし、ほとんどのネコは頭やその周辺をなでられるのを好み、おなかと尻尾をなでられるのは苦手だということは心に留めておく。

・なでるか否かは、ネコの気持ちを尊重して決める。来客に対しては、必要に応じてそのことを説明する。

・交流の主導権はネコに与える。

・膝に乗るのが好き、ソファで飼い主の隣に座るのが好き、飼い主と同じ部屋にいるくらいがちょうどいいなど、いろいろなタイプのネコがいる。愛猫がどのタイプでも問題はない。ネコが膝に乗ってくれるようにトレーニングをしてみたいなら、近づいてきたり、膝に乗ったりしたときに、なでたり、おやつをあげたりといったごほうびを与える。ただしけっして、膝にとどまるよう無理強いしてはならない。結局は、ありのままの自分のネコの良さを認めてあげることが大事。

9章　ネコの社会性

THE SOCIAL CAT

メリーナのほうが私たちを選んでくれた
ほかのネコとうまくやれるかの判断は……

ハーリーとメリーナは一緒にうちにやって来たわけではない。先に来たハーリーが、シェルターの共用の部屋でほかのネコと仲良く過ごしているのを見ていたので、一緒に過ごすネコの友だちがいたらいいだろうという確信はあった。ただ、友だちは慎重に選ばなければならない。ネコ同士は仲良くできるとは限らず、一匹飼いのほうが幸せなネコもいるからだ。

シェルターには、リサ＝マリーという名のサビネコがいて、別の部屋でネコを見ていた私たちのほうに向かって、ケージの柵の隙間から両方の前脚を突き出していた。譲り受けるネコを選ぶにあたってすべてのネコに会ってみたかった私たちは、彼女の部屋にも入った。すると駆け寄ってきて私たちの脚に体をこすり付け、ゴロゴロと大きくノドを鳴らしたのだ。

ほんの少し一緒にいただけで、私たちはすっかり心を奪われた。それから廊下に出て、どのネコにするか検討することにした。すると、別の2人連れが立ち止まって身をかがめ、ガラス窓ごしにリサ＝マリーの気を引こうとしたが、彼女は完全に無視していたのだ。ところが私たちがもう一度見ようとガラスに近づくと、こちらにやって来て前脚で窓をタッチした。私たちはすっかりメロメロだった。

スタッフに聞くと、リサ＝マリーはほかのネコともうまくやっていけそうだと思うと言うので、私たちは彼女に決めたが、内心、彼女のほうが私たちを選んだのだと感じていた。

リサ＝マリーはそれまで何カ月もシェルターにいた。野良として保護されたときはおなかに赤ちゃんがいて、「フォスターホーム」（一時預かりのボランティアの家）で子ネコを生み、その後の避妊手術で合併症を起こした。さらにそのあと、上気道感染症も患っている。これだけのことがあったからには、このサビネコ——メリーナと改名——は、我が家に慣れるまでに少し時間がかかるだろうと覚悟した。

二匹を引き合わせるときは、少しずつ段階的に慣らすように注意を払った。まず互いのにおいに慣れさせてから、姿を見せるようにしたのだ。家の構造上、ハーリーとメリーナを長いこと別々にしておくことは容易ではなかったため、慣れさせるスピードをだんだん加速していった。幸いなことに双方ともお互いのにおいを快く受け入れ、互いを引き合わせたときも問題なさそうだった。もちろん、二匹が必需品を取り合う必要がないように、あらかじめ家の中の準備を整えておいたことも功を奏した。

ほどなくして、私が部屋に入っていくと、それまで長いこと互いに舐めあっていたハーリーとメリーナが、フレンチキスをしているところを見られたティーンエイジャーみたいに、ぱっと離れるのを見かけるまでになった。長い年月の間には、一時的に二匹の関係が緊張することも幾度かあった。特に、メリーナが痛みを抱えていて獣医師の所に通っていたときはそうだった。メリーナは怒りっぽくなり、体には動物病院のにおいも付いていたから仕方がない。

そんなときもあったものの、同じ家に住み、別々に過ごすという選択肢のない完全室内飼いの二匹が、基本的に仲良くできていることに胸をなで下ろしている。

1章で述べたように、ネコの5分の1は、仲がいいとは言えないほかのネコと一緒に暮らしている。二匹のネコが仲良くなれるかを事前に言い当てるのは簡単ではない。ネコは一匹一匹違うので、確かなことはわからないのだ。

ネコ同士が仲良く暮らすための知識「コロニー」をベースとした仲間意識

ネコ社会の構造は興味深いが、まだよくわからないことが多い。

ネコは自分の獲物を自分で狩る。ネコの典型的な獲物であるハツカネズミは、仲間と分け合うほどの大きさはない。ネコは単独で十分幸せに生きることができ、多くのネコがそんな生き方を好む。だがネコは、社会的な集団を形成して生きることもできるのだ。特にメスのネコは集団を作ることがある。社会的な関係におけるこの多様性からも、ネコが非常に柔軟な生き物であることがわかる。

学術誌『ジャーナル・オブ・フィーライン・メディスン・アンド・サージェリ』に掲載されたレビュー論文によれば、食べ物が豊富で多くのネコが生きていける環境の場合、ネコは「コロニー」と呼ばれる大きな集団を形成する。[*1]

食べ物がそこまで十分でない場合には、集団は小さくなる。そして食べ物がいろいろな所に少しずつ分散している場合には、単独行動でしか生きていけなくなる。ネコのコロニーは母系制で、仲のいいメスネコ同士で集団が形成されている。コロニーのメンバーは、仲間のネコとそうでないネコを見分けることができ、よそ者は追い払う。新たなメンバーを受け入れることもあるが、長い時間をかけて交流を重ねるなど、段階的なプロセスを踏む。

コロニーの内部でも、ネコ同士の関係は一様ではない。どのネコと一緒に過ごしたいかそれぞれに好みがあり、互いに1メートル以内にいることが多いのは仲良しのネコたちだ。仲良しのネコは、鼻同士を付けてあいさつし、アログルーミング(互いの体の毛づくろい)やアロラビング(互いに体をすり合わせること)をし、尻尾を絡み合わせる。歩み寄るときには、尻尾を立てて友好的な態度を見せる。また、アログルーミングとアロラビングを行うことで、互いににおいを移している。こうすることで「コロニー特有のにおい」を保ち、誰が仲間で誰がそうでないかの目印にしていると考えられている(ただし、確かではない)。

メスは、血縁関係がなくても互いに協力して子育てをすることが多い。「クイーン」と呼ばれる、避妊していないメスネコたちもほかのネコの出産を手伝い、生まれた子ネコを舐めてきれいにしたり、胎盤を食べたりする。クイーンたちはまた、ほかのネコが子ネコの世話をするのを手伝い、授乳したり（アロナーシング）、獲物を与えたりするだけでなく、子ネコに授乳をしている母ネコに食事を運んだりするのだ。

こうして共同で子育てをすることには利点がある。子ネコを急に移動しなければならなくなったときも、周りのネコが手伝うことができるからだ。そしてこうして共同で面倒をみてもらった子ネコは、母ネコが単独で育てた子ネコよりも10日早く巣立ちをする。

「トム」と呼ばれる去勢されていないオスネコ同士もつるむことがあり、たとえ交尾の相手になりうる発情期のメスが近くにいても、喧嘩をするとは限らない。

尻尾を立てるのもアログルーミングも、集団内の社会的なつながりを維持する大切な行動なので、愛猫たちの間でこういった行為が見られたら、それは良い兆しだ。こういった行動は、もとはと言えば母ネコと子ネコの間で行われていたものが発展し、食べ物が十分にある環境下では仲間との結びつきを示す手段になったと思われる。[*2]

こうした野良ネコの社会の暮らしぶりは、飼いネコの生態についても多くのことを教えてくれる。飼いネコは血のつながりがなくても社会集団を形成することができるが、ネコに必要な物資が十分にあることが前提だ。とりわけ食事に関しては競合関係があってはならない（3章）。

また、先住ネコに新しいネコを紹介するときは、短い交流を何度も行わせる必要がある（のちほど述べる）。そしてネコは、社会集団の仲間ではないネコとは接触したがらない。

同じ社会集団に属するネコは食べ物を分かち合う。この写真では、ルパートがグレースにネズミをプレゼントしている(ネズミは救出された)。©写真／フィオナ・ケンスホール

同じ社会集団に属するネコは近くで過ごすことを好み、寄り添うこともある。©写真／ジーン・バラード

ネコ同士が仲良くできるかどうかを事前に知ることはできないが、いくつかの手がかりからある程度は予想できる。大人の保護ネコを選ぼうと思っている場合には、そのネコのそれまでの境遇を聞いてみよう。そして子ネコのときから飼っている大人のネコがすでに家にいて、一緒に暮らす子ネコを求めている場合には、先住ネコがどういう経験をしてきたか、よく思い出してみよう。

幼少時の経験は非常に重要なので、子ネコのときにほかの子ネコとポジティブな経験をし、友好的で社交的な母ネコの姿を見ていたとすれば、見通しは明るい(2章)。

一方、子ネコのときから1匹だけで飼われるようになったネコは、子ネコ時代の後期や少年期に、ほかのネコとの社会的な交流について学ぶ機会がなかった可能性がある。それゆえ社会的な交流が苦手で、大人になってからほかのネコとあまり仲

良くできない傾向がある。

そして特に避妊したメスネコは、ほかのネコに対して攻撃的な傾向がある。[*3] 複数のネコを飼うつもりの場合には、一度に2匹または3匹の血縁関係のある子ネコまたは成猫のグループを迎えるのが理にかなっている。もう1つ考慮すべきは、先住ネコと新しく飼おうとしているネコの性格だ。たとえば片方が大胆で片方が臆病な場合、臆病なネコを大胆なネコがいじめたりするとうまくいかない。

「すでに大人のネコが1、2匹いる家で新たに大人のネコを飼う場合、一朝一夕で円満に暮らせるようになるわけではないと覚悟してください」とベス・ストリクラー博士は忠告する。「手順を踏む必要があるのです。気が合うルームメイトや相性のいい伴侶を見つけるようなものだと、みなさんを励ましています。必ずしもうまくいくとは限らないということです」。博士は、できれば「フォスター」（一時預かり）または「トライアル」（お試し期間）として新しいネコを受け入れることを勧めている。そうすれば、折り合いの悪いネコがいる（またはすべてのネコと折り合いが悪い）とわかった場合に、ネコを戻すことができるからだ。博士は、「新しいネコを引き取って、翌日には先住ネコと仲良しになっているということはほぼない」と腹をくくる必要があると言う。

学術誌『アプライド・アニマル・ビヘイビア・サイエンス』に発表されたレビュー論文によると、すべてのネコに豊かな暮らしを保証できるならば、一匹飼いよりも多頭飼いのほうがネコの福祉は向上するという。[*4] 大きい家具など（たとえば、複数のネコが昼寝できる人間用の広いベッドや大きなキャットタワー）はネコたちが一緒に使うこともできるが、小さなネコ用品はそれぞれのネコが独占するかもしれない。また、それぞれのネコに決まったお気に入りのエリアがある。ネコは1つの場所をタイムシェアして交代で使うこともできるが、すべてのネコがいつでもお気に入りの場所でくつろげるに越したことはない。

レビューの中で言及しているある研究によると、ネコは広い空間が利用できるほど、よく遊ぶことがわかったという。もちろん、そのために広いマンションや家に引っ越すことを勧めているわけではない。各部屋に通じるドアをいつも開けっ放しにし、出入り禁止の部屋を設けないだけでも、スペースを広くしてあげることができる。

新たにネコ同士を引き合わせる場合、実際に会う前から互いを知っていたような親しみを感じさせる必要がある。そのためには、あらかじめ五感のうちの1つだけに訴えるような、ちょっとした接触を持たせておくといい。最初はたとえば、新参ネコのにおいの付いた寝具を先住ネコに見せる（そしてその逆も行う）。このとき良い印象が残るよう、同時にごほうびを与える。ネコが新しいにおいを気に入ったら、ようやく次の段階に進む。

おもちゃに気を取られているようなときに、遠く離れた所からほんのちょっとだけ姿を見せるとか、鳴き声を聞かせるのもいいだろう。この過程はゆっくりと段階を踏んで進め、両方のネコが楽しんでいることが確認できなければ、次の段階には進まない。先住ネコのにおいのするものを新参ネコにこすり付けるようなやり方は（またはその逆も）、ネコの関心は惹きつけるかもしれないが、選択権を与えてはいない。ネコに選択権を与えること、無理強いしないこと、最初の交流は短時間で切り上げることが重要だ。

愛猫が1匹でいることが好きなら、一匹飼いが一番いい。また、同じ家に住んでいるネコたちは、一見して飼い主にはわからなくても、多くの緊張を強いられているかもしれない。仲のいいネコは近くで過ごすことが多く、寄り添って寝たり、互いに毛づくろいをしたりする。こういった仲良しのネコたちは、必要な物を共有することが多い。

だが、同じ家で暮らすネコでも、離れていたい場合も多い。ベッドやソファで一緒に寝ていたとしても、仲がいいわけではなく、ほかにくつろぐ場所がないから仕方がなく一緒にいるだけのときもある。ローレン・フィンカ博士は言う。

「多くの人々は、物理的なサインにだけ注目し、ネコが実際に喧嘩をしているかどうかをとても気にします。互いにシャーッと言い合っているか、追いかけ合っているかといったことです。たしかにそれは極めて重要なサインですが、ネコというのはとても繊細な生き物で、離れた場所にいても相手をいじめていることがあるのです。具体的に言うと、あえて接触しないよう互いを避けている、1匹が部屋の反対側からもう1匹をじっと見ている、ほかのネコと必需品の間に居座って使用を妨げているといったことです。気をつけて見ていれば、あきらかに仲が悪いとわかるのですが、物理的な喧嘩や敵対行為だけに気を取られていると、こういった非常に重要なサインをすべて見逃してしまうかもしれません」

実際にこういった微妙なサインが見られても、打つ手がないわけではない。まず、環境を注意深く観察し、ストレスを軽減する方法がないか考える。必要な物品を巡ってネコたちがけっして競合しないようにし、ネコトイレの排せつ物を頻繁に取り除き、それぞれのネコが別々の静かな場所で食事ができるようにする。

「フェリウェイ・マルティキャット」(フェリウェイ・フレンズとも)という、コンセントに差すタイプの対策グッズも販売されている。ネコの気持ちを穏やかにする合成フェロモンを用いて、ネコが仲良くなりやすいようにするディフューザーだ。

学術誌『ジャーナル・オブ・フィーライン・メディスン・アンド・サージェリ』に発表された研究では、このフェロモンを二重盲検法(参加者も研究者もどちらがプラセボ=偽薬か知らない)によるランダム化比較試験(参加者を無作為に治療群と対照群に振り分ける)により調べた。[*5] フェリウェイ・マルティキャットはコンセントに差すタイプのディフューザーのため、プラセボのほうも見た目がまったく同じデザインのプラグイン・ディフューザーにした。参加したのは、2〜5匹のネコを飼っていて、同居ネコが互いに攻撃的だと報告した飼い主たちだ。17人の飼い主がフェリウェイ・マルティキャットを、25人がプラセボを使うグループに割り当てられた。

どちらのグループの飼い主たちも、動物行動学専門医による90分の講座に出席し、ネコの行動に関する知識を学んだ。ネコに敵意があることを見抜く方法、遊びと攻撃の見分け方、拮抗条件付けの知識などだ。また、罰（霧吹きで水をかけるなど）を用いたり、ネコを脅かしたりしてはいけないという指導も受けた。参加者たちは家の間取り図を描き、科学者たちがプラグイン・ディフューザー（フェリウェイ・マルティキャットorプラセボ）を設置するのに最適な場所を決めた。28日間設置し、その間飼い主はネコの行動について、日誌を書くとともに週1度の質問票に答えた。

おそらく講座を受けた効果だが、試験が始まる前からすでに攻撃の報告数が減っていた。そしてプラグイン・ディフューザーを用いた28日間では、どちらのグループでも攻撃回数は減少したが、フェリウェイ・マルティキャットを用いたグループでは、もう一方と比較して減少幅が格段に大きかった。持続的効果を検証するため2週間のフォローアップ研究を行ったところ、フェリウェイ・マルティキャットを用いたグループでは攻撃的な行動は減ったままだったが、プラセボのグループでは増加し始めた。

鼻を突き合わせる、同じ部屋で寝る、同居ネコの頭や首を舐めるといった親和行動については、双方のグループに差は見られなかった。研究の終わりには、フェリウェイ・マルティキャットを用いたグループでは84％の飼い主が前よりもネコたちの仲が良くなったと答えたのに対し、プラセボのグループでそう答えた飼い主は64％にとどまった。この結果はあくまでも飼い主の観察によるものだ。講座に参加したとはいえ、飼い主が行動のサインを見逃した可能性は否定できない。

ネコの行動について学ばずに合成フェロモンを利用した場合、この研究結果と同じ効果が得られるかはわからない。それでも、もしフェリウェイ・マルティキャットを使ってみる場合は、ネコがよくいる場所にディフューザーを設置するといい。設置場所は説明書をよく読んで決め（たとえば棚の下などは不可）、火事のリスクを避けるため、交換頻度を確認することが大事だ。

ネコ社会の遊びや喧嘩 友好のシグナル＝尻尾を立てる、鼻を合わせる

同居しているネコたちが仲良く寄り添う様子は、何よりも微笑ましい。前述したとおり、同じ社会集団に属するネコたちは、近くで過ごすことを好み、頭や体をこすり合わせたり、尻尾を絡み合わせたり、互いに毛づくろいをしたりする。尻尾を立てるのも、ネコの社会では大事な意味を持つシグナルだ。ほかのネコに近づいていくときに、互いに尻尾をぴんと立てるのだ。このとき、先端だけがちょっと曲がっているカギ尻尾のネコも多い。シャーロット・キャメロン＝ボーモント博士は、英国サウサンプトン大学の博士論文で、尻尾を立てるのは家ネコの世界では仲間のしるしだということを示している。[*6]

まず、野良ネコの間で観察された交流のデータベースから、尻尾を立てるサインから始まっ

たすべての交流を分析した。相手のネコが尻尾を立てるしぐさを返したら、ネコは互いに体をこすり合わせる傾向がある。相手のネコが尻尾を立てるしぐさを返さないこともあり、その場合には体をこすり合わせる傾向は見られなかった。

それから、キャメロン＝ボーモント博士は、飼いネコを用いた実験を行った。そのネコたちが飼われている家の壁に、尻尾を立てたネコと尻尾がニュートラルな状態のネコのシルエットを取り付け、ネコたちの反応を見たのだ。2種類のシルエットのテストは別々の日に行ったが、当然1回ずつしかできない。ネコたちは、それが本物のネコではないとすぐに気づいてしまうからだ。だが、ネコが初めてシルエットを見た瞬間を観察すると、尻尾がニュートラルな状態のものよりも、尻尾を立てているシルエットを見たときのほうが、近づいていくスピードが速いことがわかった。また、尻尾を立てているシルエットの場合、ニュートラルなほうに比べて、ネコが初めて目にして近づいていくときに自分の尻尾をぴんと立てる傾向が強く、尻尾を左右に振っていることは少ないとわかった。

この研究結果は、尻尾を立てるのが友好的なシグナルだということを示している。

学術誌『ビヘイビオラル・プロセシズ』に掲載された、ローマにいる野良ネコのコロニーにおける、ネコ同士の交流の観察結果もこれを裏付けている。[*7] この研究では、尻尾を立てたあとに体をすり合わせたり、鼻を突き合わせたりするケースはわずか23％だったものの、尻尾を立てる行為は親和行動だとしている。メスのネコはまず尻尾を立ててから、体をすり合わせる傾向にあり、オスのネコはまず鼻を突き合わせる傾向があった。

ネコの遊びは大筋、狩猟行動が基本になっている。いろいろな物を、ネズミや虫など食べられそうなものに見立てて遊ぶのだ。ネコじゃらしで遊ぶときのように、対象物が人間によって操作されていても気にならないようだ。

そして、学術誌『ジャーナル・オブ・フィーライン・メディスン・アンド・サージェリ』によると、ネコはほかの動物と比べ、おなかが空いているときのほうがよく遊ぶという。[*8] つまり、もし愛猫に遊んでほしければ、ごはんをあげる直前に遊ぶようにすると乗り気になりやすいということだ。また空腹のときは果敢に大きな獲物を狙うのと同じように、おもちゃも通常よりも大きなもので遊ぶという。そして遊ぶときには、まさにおもちゃが本物の獲物であるかのように振る舞う。たとえば、本物のネズミと同じようにおもちゃのネズミに飛びかかり、捕らえたネズミを運び去るのと同じようにおもちゃも運び去るのだ。

ネコ同士の社会的な遊びが一番盛んなのは子ネコ時代だが、大人のネコも仲間と遊び続ける。飼い主に共通の疑問は、ネコたちが遊んでいるのか喧嘩をしているのかわからないということだ。これを見抜くポイントがいくつかある。子ネコには「遊ぶときの顔」があり、口を半開きにする。遊び始めるときにその顔を見せることが多い。

もう1つの遊んでいるサインは、サイドステップだ。背中を弓なりにし、小刻みな横歩きをすると、ほかの子ネコもそれに続いて横歩きをする。遊び始めは飛びかかったり、立ち上がっ

ネコの遊び

遊びのタイプ	内容	年齢
・社会的な遊び	・ほかのネコとの遊び(きょうだいや母ネコ)	・2～3週から開始 ・9～14週にピーク ・獲物への興味が高まってくる12～16週に減少
・物体での遊び	・物(おもちゃなど)での遊び ・飛びかかる、咬みつく、叩くといった狩猟行動的な側面が見られる ・順を追って行う場合が多い。最初に対象物をつついたり、叩いたりすることも多い	・4週から動くものに興味を持ち始める ・18～21週にピーク
・運動遊び	・動きを伴い環境を探検する遊び。例:物に上る	・5週から開始
・捕食者としての遊び	・獲物での遊び ・母ネコの行動を見て習う。母ネコは乳離れが始まるときから獲物を運んできて、扱い方を子ネコの前で実演する。母ネコのもとで育った子ネコは、母ネコから離された子ネコに比べ、素早くネズミに咬みつき運ぶことができ、多くのネズミを殺す。	・6週から増加

出典／デルガード、ヘクト(2019)、ブラッドショー、ケーシー、ブラウン (2012) *9

たり（後ろ脚で立つ）、おなかを上に向けたりすることが多い。

これらのサインは大人のネコにも見られる。通常、遊びは遊びのまま終わるが、激しい動きや取っ組み合いをしているうちに喧嘩に発展してしまうこともある。遊びの間、カギ爪はしまわれている。また、立場が頻繁に逆転する。かわるがわる立ち上がったり、おなかを見せたりするのだ。遊びの最後は、追いかけっこや垂直飛びで締めくくられることが多い。

これらの遊びと違い、本物の喧嘩では金切り声をあげ、シャーッやカーッという音を立てて威嚇し、耳を後ろに寝かし、カギ爪を出している。もっとわかりにくい攻撃もあるので注意が必要だ。睨む、毛を逆立てる（体毛や尻尾の毛を逆立てて膨らませる）、耳を後ろに向けるor平らにするといった行為だ。ほかのネコに飛びかかる、叩く、咬む、上に飛び乗るといった行為をしていれば、もう少しわかりやすい。一方のネコが、対決を避けるためにゆっくりと下がろうとして、スローモーションのような動きになることもある。

2匹のネコが本気で喧嘩をしていて困った場合には、注意を逸らすか、2匹の間に何かを滑り込ませてみる（たとえば段ボールの切れ端）。離れさせようとして2匹の間に人が割って入ると、咬まれてしまうリスクがある。本気の喧嘩の際は本当に危険なのだ。

ネコのほうが喧嘩でケガをしてしまった場合、どんな傷でも獣医師の診察を受け、消毒をしてもらい、必要に応じて感染症の予防のために抗生物質を処方してもらおう。

また、飼い主が咬まれた場合も、感染症にかかるリスクが高いため、医療機関を受診しなければならない。破傷風の追加接種が必要かもしれないし、状況や住んでいる地域によっては、狂犬病のリスクについても医師の判断を仰ぐ必要がある。

ネコが世界をどのように見ているかを私たちがもっとよく理解すれば、この世界はネコにとってもっと暮らしやすい場所になるでしょう。人間と違い、そしてイヌと違い、ネコは本来、群れで暮らす種ではありません。つまり、ほかのネコが好きなネコもいますが、たいていのネコは、たくさんの同種の仲間が欲しいわけではなく、特に好きでもなく、必要としているわけではないのです（例外は常にありますが）。

ですから、ペットとしてネコを飼う場合、1匹だけで飼うことに問題はなく、友だちが欲しいだろうからと、もう1匹飼う必要はまったくありません。またネコは、生まれつき仕切りたがり屋で、ある程度、自分のことは自分で決めたいのです。

とてもありがちなのが、人々が野良ネコは真の野生動物だということを忘れ、よかれと思って手なずけようとすることです。ネコは食べ物・住まい・医療と引き換えに、人間やほかの動物の近くで過ごすか否かの選択権を失うことになります。

おそらくほとんどの野良ネコにとってこれは、まったくもって迷惑な取引です。その点においては、イタチやアナグマなどの野生動物と変わらないのです。ですから、基本的に群れるのを嫌い、単独で行動するというネコの生き方を人々が尊重し、理解すれば、この世界はネコにとってもっと暮らしやすい所になるでしょう。

——ジェニー・スタビスキー

ノッティンガム大学獣医学部助教授・動物保護施設獣医療

ネコとイヌが仲良く暮らすために違う種でも友好のシグナルを理解する

亡くなったイヌのボジャーは、ネコのハーリーとメリーナが好きで、いつも楽しそうに二匹を見ていた。特にメリーナのことは大好きで、姿が見えると尻尾を振って歩み寄り、鼻を付け合ってクンクンしていた。じつは、私のブログ「コンパニオン・アニマル・サイコロジー」のロゴマークは、イラストレーターのリリー・チンに依頼して、この光景を図案化してもらったものだ。もちろん、いつも仲睦まじいというわけにはいかなかった。牧羊犬であるボジャーは、ときどき二匹を追い立て、部屋から出しては別の部屋に移動させていた。見ていると笑ってしまうのだが、ネコたちは時折迷惑していたのではないかと思う。

また、昼寝をしているボジャーにメリーナが忍び寄り、頭のにおいを嗅ぐことがあった。するとボジャーはびっくり仰天して飛び上がるのだ。メリーナがやって来たことに私が気づいたときには、ボジャーに「メリーナが来たわよ」と声をかけるようにしていた。するとボジャーはそれに反応して頭を持ち上げ、メリーナのほうを見る。するとそのうちメリーナがこの行動をやめたので、メリーナはボジャーの大げさなリアクションが面白くて、また同じことをさせようと繰り返していたのではないかという疑念が残った。

だが、寄り添って寝ることはなかったものの、全般的には、1日に何度も楽しそうにあいさつを交わすいい関係だった。私たちはボジャーがネコたちを襲ったりしないと信頼していたが、留守をして目が届かないときには、一緒にしたままにはしなかった。

イヌはネコにとって危険な存在になりうる。獲物を意欲的に狩るイヌは、ネコを食べ物だと思って捕えようとし、逃げれば追いかけて捕まえることもある。これは、アフガンハウンド、グレーハウンド、ボルゾイ、サルーキなど、「視覚ハウンド」と呼ばれる優れた視覚と走力で獲物を追跡捕獲する犬種に多い。そういうイヌは、時としてネコを殺す可能性がある。

そのため、ネコとイヌを一緒に飼いたい場合には、イヌ選びの際に注意し、本当に大丈夫かよく考えたほうがいい。もしそのイヌがネコにとって少しでも危険だと思うなら、一か八かの賭けに出てはいけない。ただ、イヌとネコが仲良くできる場合もあり、この関係に焦点を当てた研究もいくつか行われている。

学術誌『アプライド・アニマル・ビヘイビア・サイエンス』に発表された研究に、一緒に飼われているネコとイヌに関する朗報がある。[*10] 科学者たちは、ネコとイヌを両方飼っている飼い主に質問票を配り、その家に赴いて同じ部屋にいるときのネコとイヌの関わり方を観察した。約66%のケースで、ネコもイヌも相手に対して友好的な態度を示していた。攻撃的だったケースは10%に満たず、残りは無関心だった。イヌは最初にネコが飼われていた場合のほうが友好的な傾向があった。また、ネコが6カ月未満、イヌが1歳未満という若い年齢で一緒に住むようになったほうが友好的な傾向が見られた。

この研究ではとても素敵な発見もあった。ネコとイヌは、違うシグナルを用いるにもかかわらず、互いのコミュニケーションを理解しているようなのだ。たとえば尻尾を振るのはイヌにとっては友情の証だが、ネコにとってはいらだちや攻撃の前触れだ。それなのにネコとイヌは、互いのしぐさの意味を理解しあっているようだった。

イヌはネコ式の友好的なあいさつまで学んでいた。ネコはよく鼻を突き合わせてあいさつをするが、研究対象となったイヌたちは、ネコとこのあいさつを交わしているのが観察されたのだ。鼻をくっ付けるこのあいさつは、若いうちに一緒に暮らし始めたネコとイヌのほうが頻繁に見られた。幼少期に接点を持つことで、異なる種のコミュニケーションのシグナルを覚えることができるということを示唆している。

学術誌『ジャーナル・オブ・ベテリナリー・ビヘイビア』に発表された別の研究では、同じ家で暮らしているネコとイヌは互いに友好的なことが多いが、この関係を成り立たせるカギは、ネコの経験にあるということがわかった。[*11] ネコを幼少期（1歳未満が望ましい）にイヌに会わせることが、良い関係を築くのに大事だという。一方、ネコと最初に会うときのイヌの年齢は重要ではなかった（過去には異なる研究結果もある）。

イヌとネコが仲良くするためには、イヌがいてもネコが快適に過ごせることがもっとも重要な要素だ。もしイヌが自分のベッドを喜んでネコに使わせたら、それもプラス要因になるだろう。ただし、ネコは一般的に自分のベッドを使わせるのは嫌がる（ネコのベッドが小さいせいもあるかもしれない）。ネコは普通、イヌに食べ物を分けてあげたり、おもちゃをイヌの所に持って行って見せたりはしないが、もしそのようなことをしていたら、良い関係が築けている証拠だ。

また、室内飼いのネコのほうがイヌとの関係が良好な場合が多い。一緒にいる時間が長くなり、互いのことをよく知ることができるからだろう。だが、交流を強いるべきではないことを忘れてはならない。一緒に過ごすかどうかは動物たちに決めてもらおう。

一般的に、イヌとネコは仲が良いとはされてこなかった。たとえば、互いに毛づくろいをするのは、ごくまれなことだ。科学者たちが言うには、ネコはイヌに比べると人間と暮らしてきた歴史が浅いので、ほかの動物と一緒にいると落ち着かないのかもしれない。

さらに科学者たちは、イヌはネコにとって本当に危険な存在になりうると指摘する。ネコを食べようとするかもしれないからだ。一方、ネコがイヌに深刻な害を及ぼすとは考えにくい。攻撃的になったという報告は、ネコからイヌに対するものが多かったが、それはネコが怯えていたからだと思われる。

ネコの5分の1（20・5％）、イヌの7・3％が、少なくとも週に1回、一緒にいることを不快に感じていたようだ。3分の2（64％）のネコと大半（85・8％）のイヌは、一緒にいても不快に感じることはまれ、あるいはまったくなかったという。この研究は飼い主によるイヌとネコの行動の報告に基づくものであり、客観的な観察が行われたわけではない。飼い主は必ずしもペットのストレスのサインを見つけることに長けていないので、今後の研究に期待したい。研究の結果から言えることは、同居のネコとイヌの仲が良くない場合、ネコがイヌといても快適に過ごせるよう、いっそうの努力が必要だということだ。

合成フェロモンを使った商品「フェリウェイ・マルティキャット」（P223）と「アダプティル」（イヌ用の製品）の使用によって、ネコとイヌの仲が改善するということが実験によって示されている。実験は、ネコとイヌの仲を改善するのに役立つものを使ってみたいと感じている飼い主を対象に、これらのうちの1つを無作為に割り当てて行われた。[*12]

飼い主からの報告によると、どちらを使ったほうも改善したという。ネコがイヌから逃げ、イヌがそれを追いかける、イヌがネコに吠え、ネコがイヌから隠れるといった問題行動が減少したのだ。アダプティル・プラグインを使用した家では、同じ部屋で一緒に過ごし、友好的にあいさつを交わすことが増加したという。

どちらの商品を使うかは状況によるが、ネコの周りにいるときにイヌを落ち着かせたいなら、アダプティルを選んだほうがいいだろう。プラセボ効果はなかったようだ。アダプティルはイヌをリラックスさせたという報告しかなく、フェリウェイ・マルティキャットはネコにしか効果がなかった。ただ、フェロモンの使用に関してはさらなる研究が必要だ。

ネコとほかのペットを一緒に飼う場合には、安全を考え、ネコが捕食者であるということも忘れないようにしよう。ハムスターやスナネズミなどの小動物や鳥を飼っている場合には、ネコに襲われないように安全を確保する必要がある。また、これらの動物もケージにいるときにネコに見られているとストレスを感じるかもしれない。

魚を獲るネコもいるので、フタがない水槽はリスクが大きく、魚の安全を守るにはしっかり覆われている水槽が必要だ。結局、魚はネコにとって食べ物でしかなく、生きるための糧なのだだ。次の章では、ネコの食べ物について取り上げる。

［まとめ］

ネコを幸せにするための心得

・家の中を歩き回り、すべてのものをネコの視点で確認する。複数のネコがいる場合には、必要なネコ用品を巡る競合が起きないようにし、1匹のネコがほかのネコの必需品の使用を妨げないようにする。

・新たにネコ同士を引き合わせる場合、ごくゆっくりと進め、双方が楽しそうにしている場合だけ次の段階に進む。ネコ同士の交流を無理強いしたり、一方のにおいを他方に押し付けたりしてはならない。常にネコに選択権を与える。

・ネコたちのあいだの社会的な関係に注意を払う。遊びの中のようなわかりやすい事柄だけでなく、進路妨害のような微妙なサインにも必ず気を配る。

・ネコとイヌを両方飼いたい場合、できればネコを先に飼う。ネコの安全を確保し、ネコが安心できるようにすることを最優先する。イヌから逃れることのできる高い場所や隠れ家を必ずたくさん用意する。必要なときにはペットゲートを用いてイヌを隔離する。

10章　ネコの食事

FEEDING YOUR CAT

ハーリーが食べ物に執着していた理由……そして、ドライフードと〝ごちそう〟と

うちに来たばかりの頃のハーリーは、食べ物への執着がとても強く、フードがたっぷり盛られていないと嫌だった。ちょっとでも皿の底が見えているととても心配になるらしく、ニャオーン、ニャオーン、ニャオーンと大きい声で鳴き続ける。食べ物がなくなるという不安を払拭できずにいることはあきらかだった。

そこで私は、ドライフードの粒を平らにならして底が見えないようにし、それでもハーリーが安心できないようであればフードを追加するようにしていた。聞いた話によると、ハーリーは前の飼い主が引っ越しをしたときに置いていかれ、大声で鳴いているのを聞きつけた親切な近所の人が、数日後に動物保護施設に連れて行ったのだ。それでしばらくの間、食べるものがない日々を過ごしていたのかもしれない。あるいは何かほかにも理由があって不安になっていたのだろう。1年ほど経ってようやく、皿の底が少し見えただけで鳴きわめくのをやめた。ついに、私が必ずごはんをくれると信用してもらえたようだ。

最近私は、食事の時間帯によって異なるフードトイを使い分けていて、ハーリーとメリーナもそのパターンを心得ている。二匹が争わずに食べられるよう、フードトイは別々の離れた場

所に置いてあげる。メリーナは食事の時間になるといつもやって来るが、それ以外のときには食べ物を要求しない。ところがハーリーは……もうおわかりだと思うが、食事の時間が近づいてくるとニャーニャー鳴き始める。

当初ハーリーは、普通のキャットフード以外の食べ物が苦手だった。調理したチキンやマグロの小片を与えるとメリーナは飛びついて食べるが、ハーリーはにおいを嗅ぐだけで、「何これ？」といった顔で見る。こういった〝ごほうび〟を持て余しているようだった。

ハーリーがメリーナの食べている様子を見ていると、やがてあれよあれよという間に、メリーナがハーリーの分も横取りしてしまう（メリーナはこういうとき素早い）。そこで私はチキンの小片をさらに極小のサイズに裂いてハーリーに与え、ハーリーが食べようか食べまいか考えているあいだ、メリーナに取られないように見張っていた。

あれから数年経った今、小さくちぎってあげればそういった〝ごほうび〟も食べるようになったが、それでもまだ通常のドライフードやネコ用のチキン味のウェットフードのほうが好きだ。それならそれで、とても助かる。

一方、メリーナはなんでも食べる。それでも先日、強烈なにおいのするカマンベールチーズをあげたら（ほんの少量だ）、鼻であしらわれた。チキンかマグロのにおいを嗅ぎつけると、家の反対の端にいても悲壮な声で鳴きながら駆けつけてくる。

ネコの本来の行動と、ネコにとって何が一番いいかがわかってくるにつれ、正しいとされる食事のあげ方も変わってきた。また、飼いネコの太りすぎや肥満が増加しており、健康に影響を及ぼしている。適切な方法で食事を与えれば、ネコのストレスの軽減にもつながる。

ネコにとってのより良い食事環境を捕食の習性、肉食、回数、フードパズル

ネコに必要な物が複数備えられ、一匹一匹に行きわたっていることが大切だということは3章で述べた。食べ物と水はトイレから離れた所に置く。ネコが安心して飲んだり食べたりできる静かな場所が良い。台所は人間にとっては都合がいいが、ネコの立場からすると最適な場所ではない。特に人間が忙しく動き回っている場合は落ち着かないのだ。

ごはん皿と水入れは清潔に保ち、細菌やぬるぬるした膜（バイオフィルム）が発生しないように毎日洗う（多くの飼い主がやっていない）。ネコは食事にはうるさいのだ。[*1]

複数のネコがいる場合には、別々に食べたいだろう。ネコは孤高のハンターであり、通常は単独で狩りと食事をする。

必要に応じて、特定のネコの食事を、ほかのペットが届かない、あるいは割り込めない所に置くか、そのネコのマイクロチップにだけ反応する自動給餌機を用いる。

水については、溜まり水を飲むのが好きなネコがいる一方で、蛇口から垂れる水やネコ専用の給水機の水のような流水を好むネコもいる。愛猫がどれだけ水を飲み、フードを食べたかに気を配り、変化が見られた場合は必ず獣医師に相談しよう。

全米猫獣医師協会は、ネコが1日に必要な摂取カロリー（体重1キロ当たり約40〜66キロカロリー）を、24時間の中で複数回に分けて少しずつ与えることを推奨している。[*2] また、「インターナショナル・キャット・ケア」は、1日の食事を5回（もしくはそれ以上）に分けて、少しずつ与えるのが良いとしている。

食事を小分けにして与える理由は、それがネコに適しているからだ。自分で狩りをして朝昼晩すべての食事をまかなう野良ネコは、1日に10匹から20匹のハツカネズミを捕まえて食べているようだ。ハツカネズミ1匹だと量が少ないため、結果的に朝、昼、晩を通じて、少量の食事を何度も摂ることになる。1日に10回もの食事を飼い主が与えるのは現実的に難しいが、5回ならまだなんとかなるだろう。

食事の時間に留守をすることもあるだろうから、自動給餌機でタイマーをセットして食事を与えるといい。たいていのネコは高い所が好きなので、ごはん皿やフードトイを高い所に置くのもいい考えだ。ただし、ネコが関節炎や運動障害を患っている場合には、床に近い所に食事を用意するか、ジャンプしなくていいように踏み台を用意してあげる必要がある。

「フードパズル」は、ネコが工夫をしてフードを取り出すおもちゃだ。食べ物を手に入れるのに技術が必要なので、ネコにエンリッチメントを与えることができる。ネコが手を突っ込んで食べ物のピースを取り出す形状とか、鼻か前脚でおもちゃを転がすとフードが穴からこぼれ落ちる仕組みのものなどがあり、1カ所に置いて使うタイプもあれば、ネコが動き回らなければならないタイプもある。

ほとんどがカリカリのような粒状のドライフード向けだが、ウェットフードで使えるものもある。市販のフードパズルもいろいろあるが、自分でも簡単に作ることができる。ウェットフードなら少量をカップケーキの型やボウルに入れ、家のあちらこちらに隠してみよう。ネコは鼻を使い、においでそれを見つけるはずだ。マイケル・デルガード博士とイングリッド・ジョンソンが運営している「フード・パズル・フォー・キャッツ」というサイトでは、さまざまなアイデアやレビューが紹介されている。

フードパズルを初めて使うときには、難易度の低いものを選び、見つけやすい場所に置く。興味を引くためのごほうびも必要だ。パズルが難しすぎるとネコがヘソを曲げてごはんを食べなくなるおそれがあるが、食べないのはネコにとってとても危険なことだ。だから、簡単なタイプから始めよう。簡単に取り出せるよう、フードをフチまでいっぱいに満たし、開口部の大きさが調節できる場合は最大にし、フードが出る穴を多くしておく。

中に入れるフードはネコの食欲をそそる大好物を選ぶ。また、床を転がすタイプのおもちゃの場合には、転がりやすい床がいい。たとえば、カーペットや毛足の長いラグよりはリノリウムやフローリングが好ましい。慣れてきたら、だんだん難しいフードパズルに進むこともできるが、最初はいい印象を持ってもらうことが肝心だ。

多頭飼いの場合は、基本的にフードパズルも複数のネコに共有させるべきではない。ただし、仲のいいネコたちなら、喜んで分かちあうかもしれない。

学術誌『ジャーナル・オブ・アプライド・アニマル・ウェルフェア・サイエンス』に発表された研究によると、フードパズルを与えられているネコはわずか5％だ。それでも近年どんどん認知度が高まってきており、ずいぶん人気が出てきたように思う。[*3] フードパズルを使用することで、ネコが本来行っていた、食べ物を手に入れるための一連の捕食行動の一部を再現させることができる。同誌に掲載された報告によると、フードパズルにはいろいろ利点があり、使用によってネコの活動量が増え、ストレスが軽減され、飼い主にやたらと食べ物をねだることがなくなる。[*4] 論文の執筆者の一人であるマイケル・デルガード博士から、フードパズルについて話を聞いた。

「忙しくなるよう、何かすることを与え、捕食者ならではの行動をさせる、素晴らしい方法です。働いて食べ物を手に入れるのですから！　脳にも体にも良い影響があります。おまけに、ネコがフードパズルで遊ぶ姿は、見ていてとても楽しいです」

フードパズルで食事をあげるようにすることでネコが退屈しなくなり、問題行動が解消されることも多い。まだボジャーが生きていたときのこと、私が家で仕事をしていると、キッチンから変な音が聞こえてきた。見に行くと、キッチンカウンターの上に置いてあったイヌのおやつ（フリーズドライのレバー）の袋を、メリーナが叩き落として爪で穴を開け、おやつがこぼれ出るように振り回していた。要はメリーナが、フードトイを自作していたのだ！（「君が教えたんでしょ」と夫は笑った）。それからはイヌのおやつの袋を食器棚に入れ、扉を閉めておかなければならなくなった。

動物が自ら進んで労力を使って食べ物を得ることを、専門用語で「コントラフリーローディング」と言う。動物園では、檻で飼育されている動物たちにエンリッチメントを与える手段としてよくこの餌のやり方が採用されており、だんだんイヌの飼い主の間にも広まってきた。ネコにもエンリッチメントの1つとして推奨されており、問題行動を解決する一助になるかもしれない。念を押すが、フードパズルを導入するときは、ごく簡単なレベルのものから始め、ネコのモチベーションを上げるためにおいしいごほうびも用意しよう。また、食べ物を自分で獲得させるもう1つの方法としては、フードを小分けにし、高い場所を含め、家のあちらこちらに隠すのもおすすめだ。

ネコは真正肉食動物であり、肉を食べないと生きていけない。食事からアルギニンとタウリン（どちらもネコの健康維持に欠かせないアミノ酸）、ビタミンA、ビタミンD（体内で十分に生成できない）を摂取する必要があるのだ。[*5] ペットにベジタリアンもしくはビーガンであることを求めるなら、ネコを選んではいけない。市販のキャットフードはネコに必要な栄養素を含み、味もさまざまなネコの好みに合わせて作られている。[*6]

子ネコの頃に食べたフードが好きなネコもいるが、ほかのフードの味も覚えることができ、特定のフードの味に飽きることもある。食べ物の味にうるさいネコは、ときどきストレスを感じているはずだ。愛情というごほうびを与えて飼い主を〝しつけ〟、より良い食べ物を出してもらうネコもいる。

肉の含有率が高いフード（穀類、ミートミール、肉骨粉などを含まない）を与えられているネコは狩りをする頻度が低いという研究結果もあるが、フードの特定の成分やほかの要因（鮮度など）が理由で満足度が上がっている可能性も否定できない。[*7]

子ネコは高カロリーの食事が必要なため、子ネコ向けのフードを与える必要がある。米国とカナダでは、米国飼料検査官協会（ＡＡＦＣＯ）のラベルが付いていて、成長期向きか全年齢向きかが記されている。ネコは１歳から大人用のフードを食べることができる。高齢ネコ用のフードも売られているが、ある研究によると、食物繊維が多いくらいで、それ以外の点はほかのタイプのキャットフードとさして違いはなかったという。[*8]

そのため科学者たちは、大人のネコの場合、年齢よりも個々のネコの好みを考慮してフードを選ぶことを推奨している。助言が必要なら、獣医師に相談してみよう。もし愛猫が慢性腎臓病や歯科疾患といった健康上の問題を抱えていたら、獣医師が療法食を処方してくれるだろう。おやつやサプリメントは完全栄養食である必要はないが、特別な食事が必要なネコの場合は、おやつもその食事療法に合ったものであることを確認する必要がある。

　人間の食べ物の中にはネコに有害なものがある。米国動物虐待防止協会（ＡＳＰＣＡ）は、ネコに与えてはならない食品として、チョコレート、カフェインを含むあらゆる食品、アルコール、アボカド、マカデミアナッツ、イースト生地（ペットの胃の中で膨らみ、裂傷の原因になることもある）、生の肉や卵や骨（細菌による食中毒の可能性があるため）、人工甘味料キシリトールを含むあらゆる食品（一部のピーナッツバターに使用されている）、玉ねぎやニンニクやチャイブ（これらネギ属の植物はイヌよりもネコのほうが影響を受けやすい）、大量の塩などを挙げている。[*9]乳製品は下痢を引き起こす可能性があるが、ネコにミルクを与えたいならネコ用に成分を調整した専用のものが市販されている。


　ネコと人との関係における食べ物の役割を飼い主がもっとよく理解すれば、この世界はネコにとってもっと暮らしやすい場所になるでしょう。

　多くの飼い主にとって、食べ物はネコへの愛を表現する手段です。しかし、食べ物を与えすぎたり、ネコ用でない嗜好性の非常に高い食べ物を与えたりすると、ネコの健康を害するおそれがあります。ネコにとって必要なのは、バランスの取れた完全栄養食を適量与えることだと飼い主に理解してもらうことが、ネコの肥満の問題を解決するカギになります。

肥満は現在、米国のネコの60％近くが抱えている問題です。ネコの飼い主がネコとの絆を弱めることなく、食事の与え方を変えられるよう、助言する必要があります。

――サンドラ・マッキューン
リンカン大学客員教授・ヒトと動物の関係学

ネコの太りすぎ〜肥満対策への工夫 回数、カロリー、はかり、給餌機etc

多くのネコは太りすぎ、もしくは肥満だ。学術誌『ジャーナル・オブ・フィーライン・メディスン・アンド・サージェリ』に掲載されたレビュー論文によると、肥満のネコは正常な体重のネコに比べて、糖尿病になる確率が4倍近くに上り、それ以外にも尿路疾患や歩行障害といった健康問題に悩まされる可能性が高い。*10

ドライフードの粒を必要量より1日当たり10粒余分に与えるだけで、体重は1年で12％も増加する。一般的なネコの体重は4・5キロくらいだが、多くの人々は愛猫の太りすぎに気がついていない。このレビュー論文では、問題の深刻さを浮き彫りにするために、人間の場合に換算して比較している。たとえば、6・8キロのネコ――標準体重よりも50%超過――は、身長163センチの女性が98・9キロ、身長175センチの男性が115・2キロあるのに等しい。

定期的にネコの体重を量り、少しの変化にも気を配ろう。一番簡単な体重測定の方法は、飼い主がネコを抱いて体重計に乗り、次にネコを抱かないで体重計に乗って、その差を計算することだ。体重計を用いるのは正確な方法だが、ネコの体型でも判断できる。上から見たときにウエストラインが見え、横から見たときに下腹部の引っ込みが見え、触ると肋骨がわかるのが正常だ。世界小動物獣医師会は、「ボディ・コンディション・スコア」という指標を用いて、ネコの体型を1~9までの段階で評価している。5がもっとも理想的な体型だ。[*11]

ネコが太ってきて肥満に至ると、ウエストは目立たないか、わからなくなる。触っても、肋骨が感じられにくくなり、やがてわからなくなる。太りすぎや肥満のネコの研究結果で共通しているのは、飼い主がネコの太りすぎを過小評価しているということだ。愛猫が太りすぎかどうかわからない飼い主は、獣医師に聞いてみるといい。

子ネコ時代からのネコの一生を研究している、英国ブリストル大学の「ブリストル・キャッツ・スタディ」によると、飼い主への聞き取りで、1歳を少し過ぎたネコの7%がすでに太りすぎか肥満だということがわかった。[*12] 主なリスク要因は2つあった。完全室内飼いのネコと、食事の半分orすべてを粒状のドライフードで与えられているネコは、太りすぎる傾向が強いことがわかったのだ。この年齢ですでに太りすぎているということは、ネコにとって非常に不幸なことだ。太りすぎはやがて肥満につながる可能性が高い。

米国でも、ペットのネコの太りすぎと肥満に着目した研究が行われている。[*13] 米国で獣医師の診察を受けた膨大な数のサンプルを調べたところ、35%が太りすぎもしくは肥満であることがわかったのだ（5段階の肥満度の指標ボディ・コンディション・スコアで3・5〜5）。この数字は5歳から11歳のネコでは40%に上がる。

太りすぎのリスク要因は、去勢されたオスであること、療法食もしくは高級フードを食べていることだ。太りすぎていると、口腔内の疾患と尿路疾患のリスクが高くなる。太りすぎの傾向があったネコには、特定のネコ種に属さない混血ネコ（ドメスティックショートヘア、ドメスティックミディアムヘア、ドメスティックロングヘア）のほか、マンクス、そして品種不明のネコも含まれていた。

肥満のネコは、口腔内の疾患のリスクが増すだけでなく、ガン、糖尿病、皮膚病を患っている割合が高かった。この研究では、高齢のネコは相対的に太りすぎや肥満が少なかったが、それが高齢になるにつれ体重が減少したからか、太りすぎや肥満のネコは高齢になるまで生きないからかはあきらかでない。

パリにおける飼いネコの研究でも、避妊や去勢、療法食が肥満のリスク要因になるという結果が出ている。[*14] その研究の対象になったネコたちは、ときどき肉の小片やミルクを与えられていたが、それがリスク要因となるかどうかは不明だった。療法食や高級フードは、スーパーマーケットで売られているドライフードに比べて高カロリーなことが多い。

太りすぎや肥満のネコには、ダイエットフードを与えることも多い。1カロリー当たりに含まれる栄養分が多く、摂取カロリーを減らしても十分な栄養が摂れるようになっているのだ。ある研究では、25カ国における太りすぎまたは肥満のネコを対象に、3カ月間、体重を減らすための食事制限を行った。[15] ネコが1日に摂るべきカロリーが計算され、ほとんどの国の飼い主がはかりを用いてグラム単位でフードを量った。ただし米国のネコの飼い主には、専用の計量カップが渡された。

飼い主たちには、ネコの食事を少なくとも1日2回に分けるよう伝えた。710人の飼い主がこの実験への参加に同意したが、3カ月間の食事制限を最後までやり通すことができたネコは426匹だけだった。途中でやめた理由は必ずしもあきらかではないが、おそらくこのこと自体、飼い主にとって愛猫のダイエットが容易ではないということを示している。

3カ月の実験の開始時点で、ネコたちのボディ・コンディション・スコアの平均は8（10段階の指標を使用）、体重の中央値は6・7キロだった。幸いなことに、3カ月の終わりまでに、97%のネコが体重を減らし、そのうち5%はなんと目標体重に達していた。飼い主たちによれば、49%のネコが以前よりも活動的になったといい、それも朗報だった。

ネコの生活の質についての飼い主への質問では、49%が変わらない、38%が改善した、12%

が悪化したと答えている。食べ物をねだる行為は、約半数（48％）のネコで減少したが、18％で増加、残りは変わらなかった。

もう1つ注目すべきは、体重の減少幅は開始直後が一番大きく、それからゆるやかになったという点だ。この現実に飼い主はがっかりするかもしれないが、3カ月経過後のネコの体重の変化を考えると、十分続ける価値のあるプログラムだったと言える。

また、少し体重が減るだけでも、健康状態は大きく改善する。この研究では、1つ意外な発見があり、今後もフォローアップが必要だ。ドライフードだけを与えられたネコのほうが、ウェットフードだけを与えられたネコや、ウェットフードとドライフードの両方を与えたネコよりも体重の減少幅が大きかったのだ。これは非常に意外な結果だった。どちらもダイエット用に調整されたフードだったことや、ドライフードは体重増加につながりやすいというこれまでの研究結果もあったからだ。したがって、確固たる結論を出すまでにはもっと研究が必要なようだ。

ネコのダイエットに乗り気になれない飼い主もいる。自分への愛情が薄らぐことを心配しているのだ。この点については、学術誌『ジャーナル・オブ・ベテリナリー・ビヘイビア』に発表された、肥満の飼いネコ58匹に関する研究論文に朗報が載っている。[*16]

この研究では、ネコたちの食事を2週間かけて新しいフードに切り替え、その新しいフードを8週間食べさせながら、大学の動物病院で定期的に体重を量った。試されたのは、異なる3種類のフードだ。コントロール食（体重を維持するように調整されたフード）、食物繊維の多いフード、炭水化物が少なく高たんぱくなフードだ。科学者たちはそれぞれのネコが1日に食べる必要量を計算し、飼い主にはフード用の計量スプーンが渡された。

まず、どのフードの場合も、カロリー制限による8週間のダイエットで、ほぼすべてのネコの体重が減少した。特に食物繊維を多く含むフードを食べたネコは、全体的に一番体重の減少幅が大きかった。また、飼い主によると、カロリー制限によるダイエットをしていたにもかかわらず、ネコが以前よりも愛情を示すようになったという。実際には食べ物をねだることが増えたのだが、飼い主はこの行為を愛情表現だと思ったようだ。

食べ物のおねだりを減らすために科学者たちが提案するのは、給餌機の使用だ。タイマーをセットしておくとネコの食事の時間にフードが出てくるため、ネコが飼い主にねだる機会が減る。興味深いことにこの研究では、それまでは置き餌（一日じゅう、ごはんを出しっぱなしにする）にしていたネコと、決まった時間にごはんをもらっていたネコとの間で、行動の変化に差は見られなかった。

施設で集団生活を送るネコを対象にした研究によると、カロリー制限の食事によってネコたちの摂食行動は変化するという。[*17] それまではいつでも自由にごはんを食べられる置き餌方式だったネコたちのうち、1つのグループだけを制限食に切り替え、残りのネコたちは以前どおり置き餌方式を続けた。9カ月間この方式で食事を与え続けたところ、制限食に切り替えたグループのネコたちは体重が減少していた。

制限食を与えていたネコたちの食事を置き餌方式に戻すと、体重は元に戻った。それだけでなく、食事の摂り方にも変化が見られた。実験のあいだも置き餌方式のままだったネコたちに比べ、一度に食べる量が増え、食べ方が速くなり、食事の回数が減ったのだ。ずっと置き餌方式のネコたちは食べる回数は多いが、1回の量は少なく、ゆっくりだ。また、カロリー制限をしたグループでは、ネコたちの間で緊張関係や攻撃の兆候が見られた。カロリー制限によっていらだっている可能性がある。置き餌方式に戻すと、これは解消された。

この発見から、複数のネコを飼っている家でカロリー制限をする場合、その間はネコたちに別々の場所でごはんをあげること研究者たちは提案している。また、食事に関わる活動を増やし、食べる時間を長くするために、フードパズルを使用することや、1日分の食事を何回かに分け、1日の食事の回数を増やすことを推奨している。

学術誌『ジャーナル・オブ・ニュートリション』に掲載された、ドイツの120人のネコの飼い主の研究によると、太りすぎのネコの飼い主は、愛猫を過度に擬人化する傾向があるようだ。[*18] この研究は、完全室内飼いのネコと、囲いのあるベランダまたは庭にしか出さない（放し飼いにしない）ネコを対象に行われた。正常な体重は、避妊手術を受けていないメスで4キロ、去勢されていないオスで5キロと定義し、それぞれ5キロと6キロ以上を太りすぎとした。太りすぎのネコの飼い主は、ネコとの関係が密接で、ネコが自分を慰め励ましてくれると話す傾向があり、ネコは自分の子どものようなものだと言う傾向も強かった。

どちらのグループの飼い主もネコに話しかけていたが、太りすぎのネコの飼い主のほうがネコに話しかける傾向が強く、その話題が友人や家族、仕事に関係する内容であることが多かった。また、愛猫が食べているところを見ていることが多く、愛猫との関係において食べ物が大きな役割を果たしていることがうかがわれた。それに対し、正常な体重のネコの飼い主は、愛猫とよく遊ぶ傾向が強かった。

多くの人々はだいたいの目安で食べ物の量を量っている。正確な計量カップを使ったほうがいい。あるいは、正確なはかりを使うに越したことはない。科学者たちが、イヌの飼い主に粒状のドライフードの量を量ってもらったところ、２５０㎖の計量カップ、５００㎖の計量カップ、５００㎖の計量スコップ、のいずれを使った場合も、フードの量が大幅に多すぎたり少なすぎたりと、まちまちだったのだ。[*19]

また、参加者の5人に1人が人間の食品用のはかりを持っていたにもかかわらず、それをドッグフードの計量に使用しているのはわずか50人に1人だった。しかし、量り方が間違っていると気づいてからは、ほとんどの飼い主がこれからははかりを使うつもりだと言っていた。ネコの飼い主もフードの計量で同じ過ちをしていると思われる。ネコが食べるフードの量は概してイヌよりも少ないことを考えても、フードははかりで量ったほうがいい。

なんらかのネコのダイエットプログラムを始めるにあたっては、必ず獣医師に相談し、安全で効果的な計画を立てよう。体重を減らすためには、摂取カロリーを体重維持に必要なカロリーの約60〜70％にする必要がある。ネコの体重はごくゆっくりと減らさなければならない。急激なダイエットをさせると、肝臓での脂肪の分解が追いつかず、脂肪肝になる可能性があり、治療が手遅れになれば命にも関わる。やや太りすぎ程度なら、毎日の食事をきちんと計量し、一定量を与えるようにすれば大丈夫だ。[20] かなり太りすぎ、もしくは肥満のネコなら、十分な栄養が摂れるよう、獣医師が特別な減量食を勧めてくれるだろう。

もし愛猫が肥満なら、正常な体重にまでならなくても、一定以上体重を減らすだけで健康上の利点がある。ダイエット計画を継続するために、ネコが食べた物をすべて日誌につけてみよう。歯の健康のための製品にもカロリーがあるので、忘れずに記入する。ネコが喜ぶのでおやつはあげ続けても良いが、おやつのカロリーの分、フードを減らそう。

最初に体重が減少したあとにしばらく停滞期が続くのは普通であり、ダイエットがうまくいってないわけではないということを、くれぐれも覚えておいてほしい。ネコの健康状態を改善しようと手を差し伸べているのだから、小さな成功を祝いながら頑張っていこう。

［まとめ］
ネコを幸せにするための心得

・ネコの体重に気を配り、気がかりなことがあればかかりつけの獣医師に相談する。

・小分けにした食事を1日に何回かに分けて与える。仕事で留守をするなどの理由で難しい場合、タイマーをセットできる自動給餌機を利用することもできる。
・少なくとも一部の食事をフードパズルで与える。最初はごく簡単なものを使用し、ネコの気を引くためにごほうびを用いる。最初は手伝ってあげる必要があるかもしれないが、そのうちコツをつかむ。だんだん難しいおもちゃにレベルアップすることもできる。
・フードは目分量や計量カップではなく、はかりを使って量る。それによって、正確な量のフードをネコに与えることができる。

11章　ネコの問題行動

BEHAVIOR PROBLEMS IN CATS

問題行動につながる原因を探る不適切な環境、必需品、罰などのストレス

間違いなく、あのにおいだった。においをたどって廊下を進み、ダイニングルームに入っていくと、どうやら隅のほうがあやしい。茶色のカーペットなので、見ただけでは判然としないのだ。そこで紙ナプキンをその周辺に当ててみると、茶色に近い濃い黄色の液体が沁み込んできた。私はさっそくおしっこを拭き取ろうと、汚れた所に酵素洗剤をかけた。少し時間を置いてから、雑巾で叩いて汚れを取り除くと、においはしなくなった。

だが問題は、二匹のうちのどちらを獣医師に診せる必要があるのかということだ。その日のうちに、メリーナがまたその場所にやって来て、おしっこをしようとかがんだ。ここで、怒鳴ってはいけない。私は気づかないフリをして、メリーナが立ち去るとすぐに、新たに汚れた場所をきれいにした。そしてこれで、どちらの尿検査が必要かはっきりした。

家の間取りの問題に加えて、当時飼っていたイヌのうちの一匹（ゴースト）をネコと別々にしておく必要があったため、メリーナを単独で一室に入れておくのは簡単ではなかった。そこで私は、メリーナが快適に過ごせそうな一番大きなイヌ用のケージ——とても大きいものだ——にメリーナを入れることにした。

ケージ内のトイレに入れるのは、いつものネコ砂ではなく、獣医師に渡された小さな黒いプラスチックの粒だ。量が少なく、ごく薄く広げても、通常であればネコ砂で覆われているトイレの底があちこち見えていた。吸水性のないネコ砂を使い、尿検査用のおしっこを採るのが目的だった。それからメリーナをケージに入れて、待った。待って、待って、待ち続けた。かわいそうに、メリーナは憮然としていた。夕方遅くになって、メリーナは何回かトイレを見に行っては離れることを繰り返した。そしてついに、おしっこをしたのだ。私はメリーナをケージから出してあげ、検査用のおしっこを容器に集めて冷蔵庫に入れた。

翌朝、動物病院に行って尿検査をしてもらったところ、メリーナは感染症を患っていることがわかった。抗生物質を処方され、さらに、尿が非常に濃くなっていたことから、毎日の食事に水を足すよう獣医師から指示された。

幸い、メリーナは水を足したウェットフードでもおいしそうに食べてくれた。抗生物質が効いて感染症は治り、メリーナは再びトイレで用を足すようになった。もっと水を飲ませようと、私は水飲み皿の数も増やし家のあちらこちらに置いた。そのうちの1つはそのまま継続して設置している。メリーナがときどきそこで水を飲んでいたからだ。

トイレ以外の場所での排せつは、珍しいことではない。残念ながら、多くの飼い主はそれをネコによる嫌がらせだと思い込み、獣医師に診せようという考えには至らない。中には、ネコを手放したり、安楽死をさせたりする飼い主もいる。

トイレ以外での排せつは、ネコの飼い主が悩む最多の問題行動の1つなのだ。『アプライド・アニマル・ビヘイビア・サイエンス』に発表されたオーストラリアの研究によると、シェルターや保護施設から譲り受けたばかりのネコのうち、新しい家に迎えられた直後に報告された問題行動は、不適切な場所での爪とぎ、家具などをかじる、そしてトイレ以外での排せつだった。[*1] 別の研究では、ネコの飼い主が報告した問題行動でもっとも多かったのは怯えや不安で、それに続いて破壊的な行動（たとえば爪とぎ）、トイレ以外の家の中での排せつ、大声で鳴く（夜間を含む）、攻撃的になるなどだった。

爪とぎポールやトイレといったネコの必需品を飼い主が十分に与えていないことが原因で、問題行動につながっている場合もある。[*2] また、原因がストレスの場合もある。その要因としては、不適切な環境のほか、飼い主が罰を与えている、同じ社会集団の仲間ではないネコがいる（あるいは窓からネコが見える）、十分に社会化されていないなどが挙げられる。

痛みなど、健康上の問題が原因となっているケースもある。痛みはさまざまな問題行動を引き起こす可能性があるのだ。たとえば、攻撃的になる、やたらと飼い主の気をひきたがる、異食（異物を食べること）、トイレ以外での排せつなどだ（トイレへの出入り時に痛みを伴う、トイレのために2階や1階に移動するのが億劫といった場合）。[*3] また、痛みのせいで恐怖や不安を強く感じるようになってネコが悲観的になり、なんらかの問題行動に至る場合もある。ネコの行動に関する飼い主の知識（または知識の欠如）いかんで、問題行動が深刻化するか、解決に至るかが変わってくる。

学術誌『アニマルズ』に発表された研究によると、ネコの行動に関する知識が豊富な飼い主は、愛猫の問題行動に悩まされる傾向が低く、問題行動を解消しようと「正の罰」を用いることも少ないという。[*4] 残念ながら、正の罰を用いるとストレスの原因になり、ネコと飼い主の絆に悪影響をもたらす可能性がある（しつけについては5章）。ネコの行動について飼い主のみなさんにもっとよく理解して頂けるよう、主な問題行動を取りあげ、対処方法を考えていきたい。愛猫の行動に変化が見られたときは、必ず獣医師に診てもらい、原因となる疾患や要因がないか確かめることが大切だ。

トイレ以外での排せつは悪意からではない
痛みや疾患、トイレの大きさや場所、ネコ砂etc

トイレ以外での排せつは、飼い主だけでなく、痛みを伴う疾患や深刻なストレスを抱えたネコ自身にとっても、非常につらい問題だ。トイレ以外の場所でネコが排せつをしても、けっして罰してはいけない。ストレスを与えるだけであり、問題をかえって深刻化させたり、人間とネコの絆にヒビが入ったりする可能性もある。

トイレの外で排尿する行為は、「ペリユリア」と呼ばれ、マーキング（スプレーとも言う）の場合と、不適切な排尿行動（ラトリーニング）の場合がある。マーキングとは尿をほかのネコに対する化学的なシグナルとして用いる行動であり、立ち姿勢のまま行うことが多く（必ずではない）、排尿時に尻尾を震わせる。

一方、不適切な排尿行動の場合には通常、おしっこをするときのかがんだ姿勢になる。排せつの問題がある場合には、必ず愛猫を動物病院に連れて行き、疾患がないか診てもらおう。採尿や採便の仕方は、最適な方法を獣医師が指示してくれるはずだ。

「問題行動だと決めつける前に、健康状態に問題がないか確かめる必要があります」と話すのは、獣医行動学専門医のワイラニ・サング博士だ。

「ネコに悪意があるように感じるかもしれませんが、そうではありません。飼い主がそう誤解してしまうのは、ネコがトイレの外で排せつするばかりでなく、飼い主の気分を害するような場所で、だからです。お気に入りのソファや枕、ベッドの上とかね。そして枕やベッドの上でされると、飼い主は自分に対してされた行為だと思い、『なんてひどいことをするんだ』とか『こっちに来ちゃダメだと言ってネコを部屋に閉じ込めたから、大事な毛布や枕の上におしっこをしたな』などと考えてしまいます。飼い主はこんなふうにネコが嫌がらせをしていると思い込んでしまいがちですが、じつはそうではなく、ネコは助けを求めているのだと思います。そういう場所に排尿や排便をするのは、助けてほしいというネコの叫びだと私は考えています。どこか具合が悪いという兆しです」

排せつのときに痛みを感じる場合、ネコはその痛みとネコトイレを結びつけて考えてしまうことが多いのだと、博士は説明した。

「ネコがトイレで排せつをしなくなる原因はいろいろです。膀胱や結腸に不快感があると、なぜかそれをトイレのせいではないかと思ってしまうことがあります。『トイレで用を足すといつも痛いから、たぶんあのトイレか場所が悪いせいだろう』と思い込むのです。それで、靴の上とかいろいろな場所にしてみて、良さそうな所を探し続けます。飼い主としては、疾患が隠れていないかを確かめることがとても大切です。たとえば、膀胱の感染症である細菌性膀胱炎の場合があります。膀胱内に石ができる膀胱結石も疑われます。また、不安を感じやすいネコはネコ間質性膀胱炎にもなりやすいのです。これは基本的に無菌性の膀胱炎で、尿や膀胱に血が混じることがありますが、細菌が原因ではありません。不安と関連があることが多く、交感神経系とHPA軸といったストレスに関連のある仕組みが関わっています。ストレスは、ネコの膀胱に顕著に現れるのです」

人間を含め、動物がストレスを感じると、視床下部、下垂体、副腎が連携して働く。その経路をHPA軸と呼ぶ。

獣医師に診てもらって疾患が原因ではないことがわかったら、ネコトイレを観察してみよう。サング博士に気をつけるべきポイントを聞くと、「ネコ砂の量、トイレのタイプや大きさ、置き場所が適切か、清潔に保たれているかですね」と答えてくれた。

「まずその5点をすぐに確認し、それからほかの要因について聞いています。具体的にどこに置いてあるか、人がよく通る場所ではないか、ネコの邪魔をするほかの動物がいないか、ネコを煩わせる可能性のある家族はいないかといったことです」。ネコはトイレに入るとき、見られるのを嫌うのだと博士は言う。ネコは大きな捕食者にとっては獲物なので、常に安全確認を怠らない。「排せつをするときは、少しの間じっとしていなければならないので、そういうちょっと被食者的な一面を見せます。用を足している間に――たぶん、10秒から20秒の間くらいですが――動く何かがいて逃げ出したくなったら、それはもう焦りますよね。ですから、よく邪魔が入るような場所は嫌になってしまうのです」

環境要因の重要性は、トイレ以外でおしっこやうんちをしてしまうことが原因で手放された、294匹のシェルターのネコたちを観察した研究の結果からもわかる。[*5] シェルターでは、そのネコたちが気に入るトイレに出会うまで、トイレもネコ砂もいろいろなタイプから選んで使えるようにしていた。また、ほかのネコたちと離し、一人部屋で飼育されていた。このネコたちも、ほかの理由で手放されたネコたちに近い率で新しい飼い主が見つかり、再びシェルターに戻される率はやや高かったものの、そのほとんどはトイレ以外での排せつが理由ではなかった。

この研究結果から、疾患が隠れていないことを獣医師に確認してもらった上で、環境を変え、ストレスを減らすことが問題の解決につながると言えるだろう。また、トイレ以外での排せつの問題を抱えているネコでも、新しい飼い主と幸せになることができ、それが理由で安楽死をさせるべきではないことも示された。

愛猫が確実にネコトイレに満足してくれるよう、トイレの数と大きさが十分であることを確認しよう。トイレに入れる砂は、サラサラでネコが脚でかきやすい物を選ぶ。香りが強い物は避ける。ネコトイレ用のライナー（砂の下に敷くビニール）は、爪が引っかかるし、滑りやすくなるので使わない。1日に1、2回はトイレの排せつ物を取り除き、週に1度or汚れしだい、すべての砂を捨ててきれいにし、新しい砂を入れる。

人間のトイレを使うように練習させたがる飼い主がいるが、良い考えとは言えない。第一に、ネコがトイレに落ちるリスクがある。年を取ると関節炎などを患ったりする可能性もあるので、飛び上がってバランスを取ることが難しくなるかもしれない。そして、この方法をおすすめしないもう1つの理由は、飼い主は愛猫の排せつ物を観察する必要があるからだ。量の変化や、血が混じるといったことは、獣医師に診てもらったほうがいい疾患の兆候かもしれない。

ネコは一匹一匹みんな違っていて、それぞれの好みがある。おしっこ用とうんち用でトイレを使い分けるネコもいる。学術誌『ジャーナル・オブ・ベテリナリー・ビヘイビア』に発表された12匹のネコの研究では、3つの同じネコトイレを用意し、1つめには木質ペレット、2つめには粒の細かい粘土（鉱物系）、3つめには極小の粒のシリカのネコ砂を入れた。すると、もっとも好まれなかった（つまりもっとも使われなかった）のは、木質ペレットのネコ砂を入れたトイレだった。[*6]

その後のフォローアップ研究で、別の12匹のネコに、同じ2つのトイレにそれぞれ細かい粒のシリカと粘土の砂を入れて自由に選んで使ってもらった。この場合、ネコは粘土のネコ砂を好んだ（つまりシリカのネコ砂よりも多く使った）。この実験では、ネコが細かい粒の粘土のネコ砂を好むことが示された。ただし、これはあくまでも小規模な研究の結果だ。また、この実験では使われなかったタイプのネコ砂が、ほかにもいろいろある。

学術誌『ジャーナル・オブ・ベテリナリー・ビヘイビア』に発表された研究によると、ネコは大きなトイレを好む。その実験では、43世帯に2種類のネコトイレを配り、実験期間中に使用してもらった。1つは一般的な普通サイズのネコトイレで、もう一方は、一般に市販されているものよりも大きい長辺が86センチあるトイレだった。[*7] ネコの飼い主は、固まるタイプのネコ砂を渡され、4週間にわたっておしっこかうんちかを問わず、ネコのすべての排せつ物の記録を取るように指示された。

最初の2週間、トイレは1つの部屋の特定の場所に設置された。そして2週間後に砂をすべて取り替え、2つのトイレを置く場所を入れ替えて、さらに2週間実験を続けた。合計した4週間の間、実験に参加した74匹の飼いネコが排せつした回数は、大きなトイレが5000回以上、小さなトイレは3200回ちょっとにとどまった。面白いことに、トイレの位置が入れ替えられてから最初の2日は、ネコは気に入っていたほうのトイレがあった場所にこだわっていたが、やがてその傾向は薄らいでいった。この研究結果から、ネコは小さなトイレも使うが、あれば大きなネコトイレを好んで使うことが示された。

カバー付きのネコトイレを好むかどうかは、ネコによって違うようだ。『ジャーナル・オブ・フィーライン・メディスン・アンド・サージェリ』に発表された研究では、28匹のネコにカバーのあるトイレとカバーのないトイレを与えた。カバーの有無以外の点はまったく同じ製品を用い、排せつ物の除去も同時に行った。[*8] 結果は、ネコによっては好みがあったものの多くのネコにはなく、どちらも同じくらい気に入っていた。『ジャーナル・オブ・ベテリナリー・ビヘイビア』に掲載された別の研究では、25匹のネコを調べ、サイズが大きい場合に限ってカバー付きのトイレが好きだということがわかった。[*9]

ネコにとって一番重要なのは、トイレが清潔なことだ。『ビヘイビオラル・プロセシズ』に発表された研究では、複数のネコを飼っている家で、これまでにない実験が行われた。ネコのトイレにおしっことうんちのにおいを付けたり、においのない偽物のおしっこやうんちを置いてみたりしたのだ。[*10] すると、においを付けたことは、ネコにとって問題ではないようだった。自分のにおいであろうと、家にいるほかのネコのにおいであろうと、気にしている様子は見られなかったのだ。しかし、偽物のおしっこの塊やうんちは嫌がった。このことから、定期的にネコトイレの排せつ物を除去することが重要だとわかる。

米国獣医学会の電子ジャーナル『アメリカン・ジャーナル・オブ・ベテリナリー・リサーチ』に発表された研究によると、トイレ以外での排せつの問題を抱えているネコは、そうでないネコに比べてトイレの中で砂を掘っている時間が短いという。だが、自分が出したばかりの排せつ物のにおいを嗅いだり、前脚で砂をかいて埋めたりするのにかける時間には違いが見られなかった。[*11] またこの研究では、排せつの問題があるネコとないネコで、トイレの置き場所に違いは見られなかった。

『アプライド・アニマル・ビヘイビア・サイエンス』に発表された別の研究からは、ネコがトイレを気に入らない理由を突き止める手がかりがもう少し得られそうだ。2つの異なる環境に置かれた12匹のネコの行動を観察した。片方は本物の砂に近いネコ砂が入った大きなネコトイレのある充実した環境、もう一方はポリプロピレン製の小粒のビーズが入った小さなトイレを置いた診療所のような環境だった。[*12]

研究者たちは、排せつ（排尿と排便の両方）の前・最中・あと、と分けて行動を観察し、ネコの排せつに関連している可能性のある39種類の行動を発見した。

まず、ネコは十分満足はしていなくてもトイレを使うが、その場合、排せつにかかる時間が長い。また、トイレに入るのに気が進まなそうにする、数回、入ったり出たりを繰り返すといった様子が見られ、前脚の片方をトイレの外に出したままにしておくことさえあった。

それと対照的に、大きなトイレのある豊かな環境では、ネコは入るとすぐに用を足し、すんなり終える。また、診療所のような環境で小さなトイレしかないと、おしっこの回数が少なく、1回の量は多くなることがわかった。

トイレに行きたいのに排尿を我慢していると、疾患につながる可能性があるため、これは看過できない。実際、おしっこをするときの平均所要時間（排尿自体にかかる時間）は、大きなトイレの場合は20秒だったのに対し、小さなトイレでは52秒だった。

おしっこやうんちをしたあとの行動にも大きな違いが見られた。診療所のような環境のトイレでは、トイレの周りの床、壁、トイレの両脇などで砂をかくようなしぐさをする時間がはるかに長かったのだ。また、排せつ物のにおいを嗅いでいる時間も長かった（うんちのにおいを嗅いでいる時間は1分弱、おしっこのにおいを嗅いでいる時間は30秒弱）。何回かにおいを嗅ぎにトイレに戻るケースも見られた。このネコトイレでは、プラスチックのビーズの量が足りず、おしっこやうんちを隠すことができなかったのだ。

このことからわかるのは、ネコがトイレを気に入るかどうかには、においが大きく関っているということだ。もし、愛猫がトイレに行くのをためらう、入ったり出たりを繰り返す、おしっこに時間がかかる、排せつ物に砂をかけるのに時間がかかるということがあれば、ネコのトイレ環境を見直してみるといい。

学術誌『フロンティアズ・イン・ベテリナリー・サイエンス』に発表された調査によると、ある種のトイレ以外での排せつは、ネコトイレの満足度とは関係がないという。[*13]

この研究では、垂直な面への排尿やネコが立ったままの排尿、尿が少量、用を足したあとに砂をかけるしぐさをしないといった場合、トイレ以外での排尿がマーキングと判定されることが多かった。のんびりした性格とされるネコはマーキングをする傾向が低く、一匹飼いのネコに比べると、複数のネコを飼っている家のネコのほうが6倍もマーキングをする傾向が強かった。また、ネコの年齢が上、ネコ用扉がある、ネコが外出できるといったケースのほうが、よくマーキングが見られた。マーキング以外の不適切な排せつは、完全室内飼い、トイレの外でうんちもする、性格が非常に甘えん坊といった場合に多かった。マーキング以外の不適切な排尿も、複数のネコを飼っている家のほうがよく見られた。

『ジャーナル・オブ・フィーライン・メディスン・アンド・サージェリ』に発表されたその後の研究では、マーキングやトイレ以外の場所で排尿をするネコは、腎機能の低下、膀胱炎、膀胱結石、五月雨様出血（膀胱粘膜で起きる細かい出血）などの疾患を抱えていることが多いとわかった。[*14]また、不適切排尿に関連のある疾患を持つネコが1匹いる場合、同じ家で暮らすほかのネコたちは、たとえ普通にトイレを使用していたとしても、同様の疾患を抱えている傾向があることがわかった。これに対して、マーキングをしているネコと同じ家で暮らしているほかのネコたちには、疾患を持つ傾向は見られなかった。

全米猫獣医師協会と国際猫医学会は、トイレ以外での排せつ問題に対処するためのガイドラインを提供している。[*15]すでに述べたが、トイレ以外での排せつが見られたら、まずネコを動物病院に連れて行ってほしい。獣医師の診断でなんらかの疾患があることがわかった場合でも、トイレの仕様や排せつ物を除去する回数を変えたほうがいいことも少なくない。

ネコのストレスを軽減する必要があるケースは多い。こうした問題の解決は、時として非常に険しい道のりになるため、獣医師やネコの行動のカウンセラーの力を借り、指導や励ましを受けることが必要だ。何よりも、ネコは悪意があって不適切な場所で排せつをしているわけではないことを忘れないでほしい。病気やストレスが原因であったり、その両方が複雑に絡み合っていたりするのだ。

爪とぎの好みは一匹一匹異なる 使ったあと、おやつをあげたりなでたり

爪とぎはネコとして当たり前の行動なので、それをする場所が必要だ。もし愛猫がしてほしくない場所で爪をといでいるなら、適した場所を与えてあげなければいけない。ただし、ネコの好みは一匹一匹異なっていることをお忘れなく。横置き型と縦置き型の爪とぎを両方用意するのが一番いい。複数飼っている場合には、それぞれのネコに十分な数の爪とぎを用意する必要がある。3章を参考に、適切な爪とぎポールを与えているか確認しよう。

そして、ネコが爪とぎを使用した場合には、おやつをあげたり、なでたりといったごほうびをあげよう（その内容は愛猫の好みによる）。罰を与えてはならないことを覚えておいてほしい。恐

怖や不安、ストレスの原因となり、あなたとの関係が悪くなる可能性がある。

ネコの爪を抜いてはならない。私が住んでいる地域では、ネコの爪を抜く手術は禁止されているが、残念ながらニューヨーク州を除く米国ではまだ認められている。本書を執筆している現在、フロリダ州とアリゾナ州ではネコの爪を抜くことを禁止する法律の制定が検討されている。そして、2つの大きな動物病院のグループ（バンフィールドとVCA）および「フィア・フリー」の認定獣医師は、ネコの爪を抜く処置をすでに行っていない。

そもそも一般的に使われている「爪を抜く」という表現も間違っている。専門用語では「オニケクトミー」（爪切除術）といい、腱、神経、靱帯もろとも指関節を切断するのだ。回復に数週間を要する痛みを伴う処置で、ネコにとっては生涯にわたる影響もある。爪がないので、自らを守る手段を失う。切断後は、トイレに入るときに痛みを感じるかもしれない。『ジャーナル・オブ・フィーライン・メディスン・アンド・サージェリ』に掲載されたある研究によると、爪を抜かれたネコは、背中の痛みを感じることが多く、トイレの外での排尿や排便、過度の毛づくろい、攻撃的になるといった問題行動を抱える傾向がとても強いという。[*16] 爪を抜かれたネコがトイレの外で排せつをする場合、トイレの近くにあるカーペットや布などやわらかい物の上でですることが多い。これは、ネコ砂を触ったり、掘ったりすると痛みを感じるということを示している。獣医師による健康診断でも痛みを感じているサインが見られ、爪を切除する処置の際に骨のかけらが残ってしまっていることも多い。

爪を抜くことはネコのためにならないことを忘れないでほしい。私たちは間違いなく、ネコの福祉と尊厳を第一に考えなければならない。ネコの爪切除に反対する「ポー・プロジェクト」という運動では、ネコの前脚が二度と正常な状態には戻らないことを指摘している。[*17] もし愛猫がすでに爪切除術を受けているなら、痛みがないかどうか獣医師に相談することが重要だ。

動物行動学の専門家やトレーナーを管理する機関があって、最新の科学的証拠に基づいた動物福祉の基準が確実に満たされるようになれば、この世界はもっとネコにとって暮らしやすい場所になるでしょう。これはネコの福祉の向上のために誰もが真っ先に考えるようなことではないかもしれませんが、最終的には、世界中のネコにこの上なく大きな影響をもたらす可能性があります。

我が英国には「アニマル・ビヘイビア・アンド・トレーニング・カウンシル」という団体があります。動物のトレーナーやトレーニングのインストラクター、動物行動学の専門家になるための基準を設け管理しているのです。また、適切な資格を持つ国内の動物のトレーナーと動物行動学の専門家の登録も行っています。

――ニッキー・トレボロー

「キャッツ・プロテクション」のビヘイビア・マネージャー

恐怖心と人間に対する攻撃性
両親の性格と育ち方の両方が関係

ネコはよく恐怖心や不安を感じ、それゆえに攻撃的になることがある。怖いときは、逃げて隠れようとするが、それができないとなると、人間を追い払おうとして攻撃という手段に出るのだ。この行動を目にすることが多いのは、動物病院に行ったとき（北米では、ネコに精通し、「フィア・フリー」または「ロー・ストレス・ハンドリング」の認定を受けた獣医師を選ぶべき理由の1つがこれだ）、あるいは家に来客があって逃げ場を失って怯えているネコをなでようとしたときや、家の子どもたちをネコが恐れている場合などだ。そして、ネコが非常に興奮すると、攻撃の矛先を一番近いターゲットに変えることもあるので、飼い主が襲われるかもしれない。

ネコが攻撃的になるもう1つの原因は、退屈や、欲しい物が手に入らないことによる欲求不満だ。機嫌良くなでられていたネコが突然敵意を見せ、咬みついたり引っかいたりするときは、欲求不満のことが多い。このケースでは、なでている時間が長すぎて、しつこいと思われているのだろう。ネコはこまめにかわいがり、1回の時間は短くしよう。

そして、尻尾を振ったり、皮膚をぴくぴくさせたりといった、いらだちが募っているサインが見られないか注意を払おう。ときどき、シェルターにいるネコは欲求不満から攻撃的になり、トイレやごはん皿をひっくり返し、入れられている部屋から逃げ出そうとスタッフを攻撃することもある。この場合の解決方法は、環境が適切かを確かめるとともに、フードパズルやネコじゃらしといったおもちゃで遊ぶなど、やることをたくさん与えてあげることだ。

臆病な性格には、遺伝子（本来の性質）とそれまでの経験（育ち）の両方が関わっている。学術誌『フィジオロジー・アンド・ビヘイビア』に発表されたある研究では、13組の同胎の子ネコたちを3つのグループに分けた。[*18] 1つのグループは、対照群として通常どおりの扱いを受けた。残りの2つのグループは早期に乳離れさせ、片方はハンドリング（2章）を行って人間の手に慣れさせ、もう一方はそれを行わなかった。生後8週から20週まで4週間ごとに、子ネコたちが人間に対してどれくらい友好的かをテストした。その結果、遺伝的要因（父ネコがどれくらい友好的だったか）と環境的要因（ハンドリングを行ったこと）の両方が、子ネコの人間に対する行動に影響することがわかった。

『アプライド・アニマル・ビヘイビア・サイエンス』に発表された別の研究でも、同様の結果が示されている。[*19] その研究では、子ネコたちを2つのグループに分けた。それぞれのグループの半数の子ネコは父親が人間に友好的な性格、残りの半分はそうでない父親の子ネコだった。子ネコが生後2〜12週のときに、片方のグループの子ネコたちにはハンドリングを行い、もう1つのグループの子ネコたちにはそれを行わなかった。それから研究者たちは、子ネコたちが知っている人、および知らない人に対してどれくらい友好的か、そして見たことのない物に対してどのような反応をするかをテストした。

友好的な父親を持ち、感受期とその後の時期、ハンドリングを行った子ネコたちがもっとも友好的だった。臆病で友好的でない父親の子ネコたちも、ハンドリングを行っていた場合はかなり友好的だったが、友好的な父親を持つ子ネコたちほどではなかった。父ネコが友好的でなく、ハンドリングも行わなかった子ネコたちは、知らない人に近づくのに一番時間がかかり、その人とあまり交流を持とうとしなかった。また、見たことのない物に近づいていくのも遅く、それともあまり関わりを持たなかった。

これらの研究の結果から、子ネコを譲り受けるときは、子ネコの両親がどれくらい友好的かを調べておくべきだということがわかる。

ストレスに対する子ネコの反応に影響を与えるものに「エピゲノム」がある。遺伝子の働きは、DNAが巻きついているたんぱく質（ヒストン）に化学物質が結合することで調整される。これを「エピジェネティック（後天的）な変化」と呼び、その情報の集まりをエピゲノムと言う。ストレスに対する反応は遺伝子が受け継がれるときにリセットされると考えられていたが、エピジェネティックな変化も一部、親から子に受け継がれるということがわかってきた。

ちなみに、ラットの母が子によく授乳し、舐めたり、手入れをしたりした場合、その子たちは穏やかな性格の大人に成長し、ストレスからの回復力が強い。だが母ネズミの子育てが下手だと、その子たちは不安を抱きやすい性格になる。[*20] これは遺伝子の配列そのものではなく、エピジェネティックな変化によるものだ。

ストレスの多い環境への適応は、「メチル化」と呼ばれる、ヒストンの化学的変化を通じて起きる。メチル化は遺伝子の発現を抑制するエピジェネティックな変化だ。子ネコがストレスの多い環境に生まれた場合、この変化が起きることで適応しやすくなる。子ネコたちにこの変化があったにもかかわらずストレスの多い環境に住んでいなかったら、ストレスを感じる必要のないことにも過剰に反応し、不安に陥るといった問題につながる可能性がある。

出生前のストレスも、ホルモンの生成や発育中の胎児の神経系に影響を与え、これらの変化が出生後も継続する可能性がある。また、母ネコがストレスを抱えていたら、子ネコの世話を十分にすることができない。科学者たちが母ネコに十分に食べ物を与えず、ストレスを与えると、子ネコたちは平衡感覚が劣り、母ネコとの交流の頻度が低く、生まれてからの成長が2〜14日遅れた。[*21]

そのため、もし飼っているネコが妊娠中なら、ある程度自分の好きなように過ごせる、いつもどおりの落ち着いた環境と、十分な量の品質の良い食事を与えることに留意しなければならない。母ネコが満ち足りていれば、子ネコたちが正常に発育する可能性がぐっと高まる。

2章で述べたように、社会化の感受期と、そのあとの数週間および数カ月も重要だ。この時期にさまざまなポジティブな経験をせず、人に触られることに十分に慣れてこなかったというだけで、恐怖心が植えつけられていく可能性がある。そのため、子ネコが、人間の手によって触れられ、普通の家庭環境を経験してきたか（たとえば納屋などに入れられていなかったか）を調べることが重要なのだ。

また、子ネコを家に迎えてからも社会化を促進し、人に慣れさせていくことが大事だ。さらに生涯のどの時点であっても、嫌な経験をすれば恐怖心を植えつけられる可能性がある。ネコも（人間を含むほかの動物も）安全に過ごすためにある程度の恐怖心を持つことは必要だが、恐怖心が強すぎる、あるいは長引く不安につながる継続的なストレス要因があると、問題行動の原因となるだけでなく、健康にも悪い影響がある。

科学者たちが、シェルターから譲り受けた若いネコ（1〜6歳）の飼い主を調査したところ、攻撃性は誕生直後の管理（人工保育、一人っ子、早期に飼い主が変わるなど）とは関連がないことを発見した（子ネコが預けられたフォスターホームの環境がどこも良好だったと思われる）。[*22]

メスのネコたちのほうが、人間や家にいるほかの動物に対して攻撃的な傾向が強いと報告されたが、家に3匹以上のネコがいる場合には、人間に対する攻撃性は低かった。

そして1つ、人間しだいで簡単に改められる要因があった。ネコが激しく攻撃をするのは、人間が「正の罰」を与えた場合がもっとも多かったのだ。しつけについては5章を参照し、ネコのトレーニングには「正の報酬」を用いることだ。

ネコに咬まれたり引っかかれたりする場所で一番多いのは手と腕だが、子どもの場合は体のほかの場所を咬まれるリスクも高い。ある研究によると、咬まれたときの状況でもっとも多いのは、誰かが近づいて抱き上げようとしたときだという。ネコは怖がって身を守ろうとしているのだ。[*23] 別の研究では、ネコをなでているとき、ネコと遊んでいるときがもっとも多かったとしており、そのリスク要因としては、人に触られることに慣れていない、家での全般的なストレスのレベルが高いということが挙げられた。[*24]

ネコは一緒に住んでいる人の手を咬むことが多く、知らない人に対して攻撃をすることのほうがずっと少ない。

ニュージーランド獣医師会が発行する学術誌『ニュージーランド・ベテリナリー・ジャーナル』に発表されたペットの飼い主の調査によると、ネコは普通、花火のような大きな音に怯えているときは、隠れるか逃げようとするという。このとき、ブルブル震えたり、縮こまったりする様子が見られることもある。[*25] 花火の打ち上げが予定されているときには、必ずネコを室内に入れておこう。

ネコが怯えているときには、無理に恐怖に立ち向かわせようとしてはいけない。心理学で「フラディング療法」と呼ばれるその方法を用いると、状況を悪化させ、「学習性無力感」という、恐怖のあまり何もできなくなってしまう状態に陥るおそれがある。

それを避けるためには、物事をネコの視点になって考えてみてほしい。キャリーを好きになるトレーニングをすることで、動物病院に行く恐怖心が少しやわらいだように、多くの恐怖に関してもトレーニングがものを言う。怖がっている対象を好きになるように学習するのには、

「脱感作と拮抗条件付け」という方法によるトレーニングが役立つかもしれない。

家に来客があると怯える場合には、隠れる場所をたくさん用意し、逃げられるルートを確保しよう。そして、ネコが怯えている場合には訪問客をネコに近づかせてはならない。ネコのほうから近づいていくのを待ってもらおう。お客さんにおやつをあげてもらうのではなく、お客さんのいる部屋で飼い主がおやつをあげるようにしよう。すると、ネコはおやつをもらうために怖いと思っている人に近づかなくて済む。とても臆病なネコについては、動物行動学の専門家に相談し、獣医師とも薬の処方について相談する必要があるかもしれない。

飼い主の家の誰かが深刻なネコの攻撃のリスクにさらされている場合、ネコに必要な物をすべて揃えた部屋を用意し、その部屋にネコを隔離する。ネコじゃらしや食べ物で部屋に誘い込むか、非常に攻撃的になっている場合には、シーツやタオルを使ってやさしく追い入れる。それから動物行動学の専門家に相談しよう。

もしネコに咬まれた場合は、傷口を洗い、病院に行く必要がある。ネコによる咬み傷は皮膚の深くに及ぶことが多く、細菌が繁殖し、感染症を引き起こしやすい。子どもや高齢者、免疫力が下がっている人などは特に感染症のリスクが高い。破傷風の追加接種や、狂犬病予防の処置が必要な場合もある。

飼い主の留守などの分離不安について
留守中のネコの動画撮影も

人になつく生き物である以上、ネコも分離不安に陥る可能性がある。しかし、イヌに比べ、ネコの分離不安の研究はほとんど行われてこなかった。学術誌『米国獣医学会ジャーナル』によると、飼い主が出かけているときに、不適切な場所でおしっこやうんちをする、破壊行為をする、大声で鳴く、やたらと毛づくろいするなどはすべて分離不安のサインだという。[*26]

学術誌『プロス・ワン』に掲載されたブラジルのネコの飼い主を対象にした調査では、飼い主が留守もしくは視界から消えたときのネコの行動がいくつか報告された。[*27]研究者たちはそのうち、飼い主が出かけているときにトイレ以外でおしっこやうんちをした場合や、過剰に声をあげた（つまりニャーニャー鳴いた）場合、破壊行為をした場合、これらを分離不安問題と定義した。

また、気分が沈む、攻撃的になる、興奮する、不安になるといった状態が見られないかも調べた。その結果、13％のネコに分離不安のサインが見られたという。ただ、この調査結果は飼いネコ全体の数値を反映しているとは限らない。この研究では、ネコのおもちゃがまったくなく、家にほかのペットがいない場合に分離不安に陥りやすいことがわかった。また、一匹で放置されている時間が長いネコには、分離不安が見られることが多いとわかった。

ネコの問題行動が、本当に飼い主との分離によるものかどうかを確かめるのは難しい。まず、疾患や退屈、不適切な環境が原因でないことを確認した上で、できれば留守中のネコの動画を撮影してみよう。獣医師に相談すれば、必要に応じて薬を処方してくれる。

そして、脱感作プログラムを用いれば、ネコが不安になるほど一匹にしておかないように気をつけながら、だんだんと一匹で過ごせる時間を長くしていくようトレーニングをすることもできる。[*28] これを成功させるには、友人、家族、ペットシッターの協力が必要になるだろう。もしあなたのネコに分離不安が見られるようであれば、獣医師、獣医行動学専門医、適切な認定を受けた動物行動学の専門家に助けを求めよう。

夜の運動会と夜鳴きは退屈が原因!? 寝る前に遊んでおやつで締めくくる

明け方、あるいは真夜中でさえ起きて元気に動き回り、飼い主の眠りを妨げるネコがいる。疾患（ネコの認知機能障害）が原因で夜中に鳴くネコもいるため、ネコがなんの理由もなく飼い主を起こす場合や、ほかにも疾病の兆候がある場合（元気がない、ほかにも普段と違う行動が見られる）には、獣医師の診察を受けることが大切だ。

だが、疾患が原因ではなくても、これはネコに非常に多い問題なのだ。なにしろ昼間も退屈で、あまりやることがないのだから。ちなみにネコをおとなしくさせるために人間が起きて食べ物を与えると、夜鳴きが習慣化してしまう可能性がある。それを防ぐためには、ネコが退屈しないようにもっとエンリッチメントを与えること、とりわけ寝る前に遊んであげることが大切だ(たとえばネコじゃらしやレーザーポインターを使って遊ぶ)。

遊びの時間の終わりには、ちょっとしたごほうびやおやつをあげて締めくくる。ネコはルーティン好きなので、毎晩同じ時間に行うといい。また、ごはんが欲しくて大声で鳴く場合は、朝一番の食事をタイマー式の自動給餌機であげるようにすれば、朝早くから起こされなくて済む。夜中に見つけて食べることができるように、フードパズルを置いておくのも手だ。

ネコが何かを〝言おう〟としているときは、もっとしっかり耳を傾けましょう。ネコは人間に感情を見せないことで知られています。相手が誰よりも身近な飼い主であっても同じです。その一因は、ネコが捕食者であると同時に被食者でもある、小さなヤマネコから進化した生き物だからでしょう。獲物となる動物は、往々にして痛みや恐れを隠せるように適応しているのです。その結果、ネコは人間の目には謎めいた生き物のように映ります。

しかしじつは、とても微妙なサインによって、多くの情報を私たちに伝えていることがわかってきました。耳の角度、尻尾の動きや角度、そしてゴロゴロノドを鳴らす音の調子も、ネコが感じていることを伝えている可能性があるのです。ですから、ネコの〝声〟を尊重し、真剣に耳を澄ませば、ネコが感じていることをもっと正確に理解し、より良いケアをしてあげることができるでしょう。

――マリニ・サチャック博士

カニシャス大学大学院助教――動物行動学・生態学・自然保護プログラム・人間動物学

ネコの行動学の専門家への相談は有効 CBDや向精神薬の効果や副作用は？

愛猫の新たな問題行動が発覚したときは、治療が必要な疾患ではないかを確認するために獣医師の診察を受けよう。もし疾患によらない問題行動だと確定したら、獣医行動学専門医（動物の行動に関する専門医としての認定を受けた獣医師）または、ネコの行動学の専門家（認定を受けた有資格の専門家であることを確認すること）に相談するといいだろう。残念なことに、多くの人々はネコの問題行動に関して専門家に助けを求めない。そのため問題行動が続くことになり、ネコは多くのストレスで苦しんでいる可能性がある。

問題行動があるネコに処方される向精神薬（「プロザック」の商品名で知られるフルオキセチンなど）がいくつかある。ある調査によると、ほとんどの人々は、ネコのためになるならば向精神薬を取り入れてもいいと思っていることがわかった。また、自分自身が向精神薬を飲んだ経験がある飼い主は、ネコにも検討したいと答える傾向が強いこともわかった。[*29]

この調査結果は、向精神薬の効果が見込める場合には、獣医師は飼い主に説明をする責任があることを示している。飼い主の側からも、問題行動に対する向精神薬の使用について気軽に獣医師に質問してみるといい。獣医師はあなたの不安を軽減してくれるはずだ。

その論文の筆頭著者であるカリフォルニア大学デービス校のエマ・グリッグ博士は、もっとも重要な発見の1つは、「97・8％の飼い主がネコの問題行動を経験したことがあると答えているにもかかわらず、問題行動について専門家の助けを求めたことのある人はほとんどいなかった」ということだと述べている。この研究の共著者の一人、獣医行動学専門医のカレン・バン・ハーフテン博士はこう言う。

「飼い主がネコの問題行動を認識していることは珍しくなく、ほとんどのネコの飼い主（93・5％）は問題行動の原因が不安や心の問題だと考えています。それなのに半数近く（49・5％）が、向精神薬はネコの問題行動の治療の選択肢の1つだということを知りませんでした。また、多くの飼い主が副作用の心配をしており、特に鎮静作用や依存症の可能性を心配していました。獣医師は、ネコの飼い主が向精神薬について先入観を抱いて相談に来ることを踏まえ、心配する飼い主と向き合い、向精神薬のリスクと利点について時間をかけて説明するべきです。ネコの飼い主は、薬を使うかどうかの決め手は、効果が証明されていること、そして管理の容易さだと答えています」

向精神薬はイヌ用とされており、ネコの場合は適応外使用になることが多いという。ネコにおける向精神薬治療の効果については、さらなる研究が必要だ。向精神薬による治療を選択肢とするべき場合について大まかに説明してほしいと、バン・ハーフテン博士にお願いしたところ、こう話してくれた。「まず言いたいのは、向精神薬は最後の手段と考えるべきではないということです。私としては実際に選択肢の1つと考えていて、診断しだいでプランAもしくはプランBのいずれかに向精神薬の使用が含まれることは少なくありません」

獣医師が向精神薬を処方するにあたっては、その前に診断を行い、治療計画を立てることが必要だ。また、向精神薬を使った場合と使わない場合に予想される予後についても、使用するか否かの判断材料になると博士は言う。さらに、ネコの福祉も考慮に入れる。たとえばネコの福祉が不十分である、またはネコの不安があまりにも強いためそれ自体が福祉に関わってくるといった場合には、向精神薬の使用が検討されるかもしれない。

「私が必ずと言っていいほどネコに向精神薬の使用を検討する例としては、尿によるマーキングが続いているのに、その誘因が取り除けない場合が挙げられます」と博士は続ける。

「誘因となるのは通常、ほかのネコによる社会的なストレスですが、野良ネコが多い地域に住んでいると、そのネコたちをどうにもできない場合があります。そのせいで愛猫はイライラし、そのストレスが家の中での尿マーキングという形で現れるのです。引っ越す、あるいは近所のネコが寄りつかないようにするなどの方法で原因が排除できない場合、向精神薬が選択肢に入ります。そして90％以上が問題の解決に成功しています。この問題の解消のための長期の投薬による副作用は非常にわずかです。ですから私は遅きに失する前に投薬治療を勧めています。長い目で見たら、ネコにとっても飼い主にとってもそのほうがずっとストレスが少ないからです。毎日ネコのおしっこの掃除をするなんて、誰だって嫌でしょう？　そんなことになれば、ネコと飼い主の絆があっという間に消えてしまいます」

この研究では、向精神薬を使った飼い主はどちらかというと、フェロモンや、大麻から抽出される「ＣＢＤ」（カンナビジオール）オイルを試したがったが、ハーブ系のサプリメントはそうでもなかった。残念ながら、こういった代替的な方法の効果を裏付ける証拠は「非常にわずか」だと論文の著者たちは言う。エイドリアン・ウォルトン博士は、ネコにＣＢＤを使用することについての懸念を私に話してくれた。

「端的に言うと、（ネコにＣＢＤを使ってよいか）わかっていません。ネコは真正肉食動物であり、あまり植物は食べません。植物は大きな物から顕微鏡レベルの大きさの物まで、動物に食べられることを防ぐために毒を作っていますが、ネコの肝臓はそれを処理するようにはできていないのです。植物には牙も歯もありませんが、動物に対抗するための化学的な武器を作り出す小さな仕組みを持っています。それも服用量がほんの少しなら、薬になります。結論を言うと、私としては、イヌに比べ、ネコには安心してCBDを使うことができません」

環境を変えることで、ネコのストレスを軽減し、問題行動の解決につながることも多い。人間の場合と同じで、ストレスは心の健康も含めネコの全身に影響を及ぼし、ポジティブな活動をする機会を奪う。『ジャーナル・オブ・フィーライン・メディスン・アンド・サージェリ』に掲載された論文よると、ストレスはネコの行動にさまざまな変化をもたらす。[*30]

ストレスによってネコは、ニャーと鳴くなど声をあげることや隠れていることが増え、出てくるときには用心深くなる。また、尿によるマーキングや、攻撃的で衝動的な行動が増える。そして同時に、食事や毛づくろいの行動にも変化が見られる。顔をこすり付けてテリトリーのしるしを付けることや、飼い主（および同じ家に住むあらゆる動物）との交流が減る。

あるいは逆にやけに甘えん坊になる。遊んだり、探検をしたりすることが減り、全般的に活動量が減る。さらにストレスは、ネコ間質性膀胱炎と関連があり（その結果トイレの外で排尿する）、呼吸器系、消化器系の疾患、皮膚病にかかるリスクを高める。

ストレスが問題行動の原因となっている場合、直接の誘因となっている出来事を取り除く（あるいはそれに対するネコの感じ方を変える）だけでは不十分だ。ストレスは累積する。イヌのトレーナーはこれを「トリガー・スタッキング」（誘因の蓄積）と呼ぶ。だからこそ、ストレス全体のレベルを軽減することが大事なのだ。そのため、ネコに安全な場所を確保し、ネコのための健全な環境の5つの柱の推奨事項（3章）と、エンリッチメント（7章）を用いることによって、ストレスを軽減することが非常に重要だ。

フェロモンも役に立つかもしれない。何かに対するネコの反応を変えたい場合には、脱感作よりも拮抗条件付けが効果的だ（5章）。誰もが、ネコを怒鳴る、大きい音で脅かす、水を吹きかけるといったことをけっしてしないように気をつけ、ネコにできるだけ好きなように行動させ、選択肢を与えるようにする。

そして、高齢になるにつれ、ストレス要因はネコにとっていっそう大きな負担となる。次章では、高齢ネコと特別なケアが必要なネコに焦点を当てていく。

［まとめ］

ネコを幸せにするための心得

・ネコが問題行動をするようになった場合には、まず獣医師の診察を受け、健康上の問題がないかを確認する。疾患等がない場合は、ネコのための健全な環境の5つの柱を再確認し、ネコの立場になって、家の中の環境を改善する方法を検討する（3章）。

・気に入らない行動をしたからといってネコを罰してはいけない。ストレスはネコの問題行動の原因であることが多く、罰を与えることでストレスが増すばかりか、飼い主との関係にヒビが入る可能性がある。

・ネコに必要な物が揃っているかを確認する。ニーズが満たされていないことが問題行動につながっているケースは多い。

・ネコの行動について相談したい場合は、適切な資格のある専門家を探すこと。どのような研修と認定を受けているのか、ためらわずに質問すれば喜んで教えてくれるだろう。獣医行動学専門医または認定を受けた獣医行動学の専門家（かかりつけの獣医師に紹介してもらう）、認定を受けたネコの行動のコンサルタントなどに相談する。英国には、登録された「クリニカル・アニマル・ビヘイビアリスト」（臨床動物行動療法士）または「インターナショナル・フィーライン・ビヘイビアリスト」（国際猫行動療法士）が存在する。*

*日本には獣医行動診療科認定医制度がある。

12章　高齢ネコと特別なケアが必要なネコ

SENIOR CATS AND CATS WITH SPECIAL NEEDS

メリーナとハーリーに白い毛が快適へのケアは年齢とともに増える

先日、夫とともに夕食を摂っていると、メリーナがやって来て、いつものように空いている椅子に座った。メリーナは私たちの食事の仲間に入るのが好きで、あわよくば、おすそ分けをもらおうと思っているのだが、献立はたいていレンズマメのシチューなどネコの嫌いな野菜料理だ。ふとメリーナの顔を見ると、ヒゲの1本が真っ白に変わっていることに初めて気がついた。毛色に近い黒っぽい色のほかのヒゲよりも長く、1本だけ目立っている。

1週間後、顔の反対側の同じ位置のヒゲも白くなっていた。そして今、よく見ると胸にも数本、白い毛が混ざっている。家の中を走り回っている姿からまだそんな様子はうかがえないが、愛猫のメリーナにも、老化のサインが現れ始めたのだ。そして1歳年上のハーリーはというと、もっと白い毛が増えている。ネコは年を取るにつれ、多くの変化をする。米国のネコの調査によると、20%がシニアだ。つまり、高齢のネコがたくさんいる。快適に過ごしてもらうために気をつけたいことは、年齢とともに少しずつ増える。

また、年齢に関係なく、特別なケアが必要になるケースも多い。まず、高齢ネコについて考え、それから特別なケアが必要なネコにしてあげられることを考えていきたい。

老化現象にはクレバーな対応を 健康診断、室内のアクセス、寝床、フードetc

ネコの年齢は人間の年齢と一致しているわけではない。早い段階でどんどん成長するからだ。子ネコはすくすく育ち、あっという間に盛りの時期（3〜6歳）を迎える。全米猫獣医師協会によると7歳から10歳は中年期だ。*1 10歳を超えると高齢期になるが、個体差があり、8歳ですでに老いているネコもいる。飼育環境が非常に良ければ（そして運も良ければ）、10代後半から20代前半まで生きるネコもいる。これは一般的な数字なので、あなたの愛猫はもっと早く老いる可能性もあるし、普通より遅いかもしれない。

老化がすべて悪いわけではない。メリーナのヒゲの色の変化のように無害な現象もある。ネコは鏡を覗き込んで、年を取ったと憂うつになることもないし、見た目が変わるだけだ。良いことだってある。高齢になったネコは、飼い主の日常生活を知り尽くしており、それに対応したお決まりのかわいい行動をするなど、阿吽の呼吸で幸せに暮らしていることも多い。子ネコのように、電気コードをかじる、クリスマスツリーに登る、温まったコンロの上で丸くなってしまう、なんてこともない。この世界のことを良くわかっているし、しつけもできている。

とはいえ、老化にはたしかにマイナス面もあり、年齢とともにかかりやすくなる病気もある。ネコ、イヌ、そして人間にも訪れる老化は、全身の機能に影響する。愛猫が年を取るにつれて、視力、聴力、嗅覚が衰えてくるなど、感覚の一部が失われ始めるかもしれない。[*2] 心臓や循環器系に問題が生じる可能性もあるし、若いときに比べて肺機能も低下する。動き方にも変化が出てくるだろう。関節炎のような疾患が原因で高く飛ぶのが億劫になったり、動きがぎこちなくなったりするかもしれない。

ネコの皮膚や被毛にも変化が現れることが多い。白い毛が増えてくるかもしれない。また、メリーナの2本のヒゲは白くなったが、それとは逆に何本かのヒゲが高齢になるにつれて黒くなることもある。毛が白くなるのは、メラニン色素を生成する細胞（メラノサイト）が失われるからだ。また、年齢とともにチロシナーゼという酵素の働きが衰える。銅を含むこの酵素はメラニン色素の生成に関わっているため、その働きが衰えることでも毛が白くなる。

そして、高齢のネコは皮膚の弾力が衰え、若いときに比べて爪がもろくなる。長時間屋外で過ごしてきたネコは、太陽光によるダメージを受けているかもしれない。高齢のネコには皮膚ガンも多い。

多くの変化は通常の老化現象だが、新たな変化を年のせいだと決めつけるべきではない。ネコになんらかの変化が見られた場合は、必ず動物病院に連れて行くようにしよう。『ベテリナリー・サイエンス』に発表された高齢ネコの研究によると、11歳以上のネコにもっとも多い行動の変化は、飼い主への愛情が増す、鳴く頻度が増える（夜鳴きを含む）、トイレ以外での排せつだった。[*3] それ以外の行動の変化は、食欲の低下、水を飲む量の増加、毛づくろいの減少、遊ぶ頻度の低下、外出の減少、睡眠時間の増加だった。

研究者たちは、これらの行動の多くには健康上の原因があると指摘する。高齢ネコに多いのは、歯科疾患、甲状腺機能亢進症、尿路疾患、腎臓病だ。

獣医行動学専門医のパトリツィア・ピオッティ博士は、イタリアのミラノ大学獣医学科の博士研究員だ。健康的な老化現象と不健康な老化現象を見分けることが必要だと指摘する。

「研究者および獣医として私たちが伝えようとしているのは、一定の年齢に達した愛猫が周りのことに興味を失い、寝てばかりいる、トイレ以外での排せつなどの問題行動が見られる、どこか痛そうだったり、食べにくそうだったりするといった場合、即座に年齢のせいだと決めつけるべきではないということです。何が原因でこういった問題が起きているのかを調べることが本当に大事なのです」

博士は、ネコに定期的な健康診断を受けさせるべきだという。高齢ネコがかかりやすい病気――甲状腺機能亢進症、高血圧、腎臓病――は、やや若い7～10歳くらいから始まっている可能性がある。こういった疾患は、早期発見ならコントロールしながら長く付き合っていくことが可能なので、症状が現れる前に気づくことが重要だ。

ピオッティ博士はまた、次のような認知機能障害の兆候にも気を配る必要があると話す（症状の頭文字を取ってDISHAAと呼ばれる）。

・家の中で迷う、どこかにはまり込んでしまうなど、方角がわからなくなる（Disorientation）。
・あいさつの仕方など、人との関わり（Interactions）に変化が見られる。
・夜中に起きているなど、睡眠（Sleep-wake）のサイクルが変わる。
・トイレ以外での家の中での排せつ（House soiling）。
・活動量（Activity-level）の変化。
・不安になる（Anxiety）。

ただし博士は、「認知機能障害は除外診断といって、ほかのあらゆる病気の可能性が除外されたときにだけ下される診断です」と話す。言い換えると、さまざまな疾患や、ストレスなどによる問題行動ではないことを確認しなければならないということなので、これまでしていた行動をしなくなったなど、行動に変化が見られた場合には獣医師に相談してほしい。

高齢ネコには、必要な物に容易にアクセスできるようにしてあげることが大事だ。また、寝ている時間が長いため、快適な寝床も用意してあげたい。踏み台やスロープがあれば、見晴らし台や飼い主のベッドに登るのが楽になるだろう。やせてしまった場合、クッション性の高い寝具なら快適に寝られて気に入ってもらえるかもしれない。

毛づくろいも以前ほどしなくなるだろう。特におなかや後ろ脚周りは、関節の痛みのせいで届かなくなる可能性がある。また、皮脂の分泌量が減るため、被毛にも変化が現れる。皮脂がオイルやワックスのような役割を果たすため、ネコは毛並みを美しく保っているのだ。若い頃はブラッシングの必要がなかった場合も、高齢になったら必要になるかもしれない。

ネコの手入れをするのは、体重や体型に気を配るためにもいいことだ。活動量が減って、太ったり肥満になったりするネコがいる一方で、病気が原因でやせ始めるネコもいる。体重の減少は高齢ネコにはかなり多く見られ、その原因は糖尿病、甲状腺機能亢進症、腸疾患などさまざまだ。体重が減るだけでなく、11歳からは除脂肪体重（体脂肪の重量を差し引いた体重）が減少する可能性がある。人間と同じように、加齢とともに筋肉量が減少するのだ。ゆるやかな体重の変化には気づきにくいため、愛猫の体重を定期的に量ることが望ましい（あるいは獣医師に量ってもらう）。獣医師は体重だけでなく、体の状態にも注意を払ってくれるだろう。活動量が減っている場合は摂取カロリーを減らす必要があるかもしれないが、食事の質には気を配ろう。

愛猫が複数の疾患を抱えている場合、食事の管理が難しくなる可能性がある。[*4] たとえば、療法食ではカロリーが高すぎる、たんぱく質が多すぎる、ほかの栄養素の量が適切でないといったことが起きるかもしれない。

トイレを掃除する際にはネコの排せつ物によく注意を払い、ネコが何を食べているかにも気を配ろう。些細な変化でも、かかりつけの獣医師に相談してほしい。

年齢に関係なく、ネコは食べ物の好き嫌いが多いが、高齢になるとますます食べ物にうるさくなる。慢性腎臓病、歯科疾患、記憶障害が原因で食欲が落ちたり、以前に比べて食べる量が減ったりすることもある。食べ物にうるさくなったと思ったら、まず獣医師に相談してみよう。それから、食べることに興味を持つよう、違うフードを試してみよう。

たとえば、さまざまな種類のフードを用意して自分で選んでもらうのも1つの方法だ。大きめの塊のフードから、ペースト状の物や粒の細かい物、汁気のある物など、フードのタイプも変えてみよう。フードに少し水を加えるといい場合もある。電子レンジで温めると香りがたち、おいしさが増す。調味料を加えていない出汁(ナトリウムの含有量が少なく、ニンニクやタマネギが使われていないものに限る)やツナ缶の汁を少しだけ加えるのもいい。

缶詰のキャットフードは、水分を十分に摂れることから、一般的に高齢ネコにおすすめだが、粒状のドライフードが好きなネコには、水やスープを足す選択肢もある。ウォーターファウンテン(循環式給水器)や氷が好きなら、アクセスのいい所に用意しておこう。

フードの種類を変える際は段階的に行う必要がある。最初はこれまでのフードの一部を新しいものに変え、徐々に割合を増やし、以前のフードを減らしていくようにする。

人々は、それぞれのネコに、豊かな個性と複雑な社会的ニーズがあるということを受け入れるべきです。ネコのことをよく知らない人々はとかく、ネコは「気まま」な生き物で、食べ物や暖かい場所を手に入れるために人間を「利用している」にすぎないと考えます。そのため、イヌに比べて手がかからず、気軽に飼えるペットだと思ってしまう人もいます。しかし愛猫家は間違いなく、ネコの性格も社会的ニーズも一匹一匹全然違うのだと口を揃えるでしょう。多くのネコは愛情豊かで、できれば、一人でいるよりも人間と一緒にいたいのです。つまり、長期にわたり一人きりで放置されたり、一日じゅう家から締め出されたりすると、容易に福祉が損なわれてしまうことになります。

——ナオミ・ハービー博士

ドッグズ・トラスト（英国）、イヌの行動学研究チーム

見えない、聞こえない、動けない特別なケアが必要なネコを支える

先天性の症候群や、生まれてからの疾患などが原因で、多岐にわたる特別なケアを必要とするネコたちがいる。幸い、そんなネコたちも質の高い暮らしをすることが可能だ。飼い主のちょっとした工夫によって、そういうネコたちを支え、安心して暮らせるようにしてあげることができる。

視力の喪失

『ベテリナリー・レコード』に掲載された眼科の獣医師による調査結果によると、ペットの目が見えなくなったとき、飼い主が一番心配するのは生活の質の低下で、続いてペットが気落ちしたり不安になったりしないか、変化にうまく順応できるかだという。[*5]

幸いなことに、ネコは通常、視力を失ってもそれに順応でき、飼い主もさまざまな工夫によって手を差し伸べることができる。特に大切な3つのポイントは、家の中の環境を同じに保つこと、日常の生活パターンを必要もないのに変えないこと、ネコに声かけをすることだ。

家の中の環境を変えなければ、ネコはすべての家具の配置を把握できるため、ぶつからずに済む。また、ネコ用品がどこにあるかを知っていれば、すぐに見つけることができる。家の中に危険な箇所がある場合は、ドアを閉める、ペットゲートを設置するなどの工夫によって、ネコが近づかないようにする。

また、家の中の高所に対応できるかも十分に配慮したい。たとえば階段の踊り場など、大きな段差のある所から誤って落ちることが絶対にないようにし、階段には安全対策を施すか、立ち入れないようにする。それまで外出もさせていた場合は、安全のため、完全室内飼いに慣れてもらうよう工夫するか、囲いのあるテラスだけに出られるようにする。

生活パターンが決まっていると、どのネコも心地よく感じるものだが、特別なニーズのあるネコはなおさらだ。愛猫が失明し、その状況に順応しつつあるときは、極力、それまでのルーティンを維持するように努めよう。そして、以前と変わらずに飼い主と交流が持てるよう気を配ろう。

においは、特別なケアを必要とするネコたちにエンリッチメントを与える最適な手段だ。それについては、7章で提案しているので読み返してみてほしい。もし方角がわからなくなっているようだったら、においを使って目印を付けてあげるといい。決まった場所ににおいの付いた物を置き、そこが固定された基準点となるようにする。ただし、ネコが嫌いな強いにおいは避けることをお忘れなく。

また、感触の異なる素材を目印にする方法もある。ネコのベッドには毛足の長いやわらかい布などを、ネコ用のトンネルにはカサカサ音が立つ紙などを敷くといったやり方だ。

目が悪くなっても、音はよく聞こえるかもしれない。声をかけて手助けしよう。たとえばネコが何かにぶつかりそうになっていたら、自分のほうに来るように呼ぶか、気をつけるように声かけをする。家にいるほかのペットの首輪に鈴を付ければ、近づいて来るのがわかる。

おもちゃは、においを付けるか音がするように工夫する。小さなベルが付いていたりチューチューと音が鳴るようなおもちゃなら、目が見えなくても追いかけて遊ぶことができる。

場合によっては、痛みを抑える薬について獣医師と話す必要もある。失明の主な原因である緑内障は、人間の場合だと生活の質に著しく影響する。『ベテリナリー・レコード』に掲載された研究によれば、動物の緑内障は痛みを伴うことがあるため、この病気の場合は痛みのコントロールについて眼科の獣医師と話すべきだ。

聴力の喪失

ネコは聴覚が鋭敏で、45ヘルツから65キロヘルツの音を聞くことができる（音圧60dbでの実験結果に基づくデータ）。特に高音を聞き取る能力は人間をはるかに上回る。ハツカネズミが出す周波数の高い音（超音波）も聞き取ることができるため、狩りに役立っている。聴力が衰えたり失われたりすると、狩りの能力に影響するばかりでなく、捕食者や車が近づいてくる音を聞くこともできなくなる。*6

生まれつき耳の聞こえないネコもいる。遺伝による先天性難聴は目の青い白ネコに多い（ただし、白いネコがすべて難聴なわけではなく、そうだとしても両耳が同レベルの難聴とは限らない）。毛皮のメラノサイトの働きを抑制する遺伝子が、毛を白くし、目の色を青くし、耳の中の血管条という組織の中のメラノサイトの働きも抑制する。耳の中のメラノサイトはカリウムのレベルを高く維持する役割を果たしており、それが抑制されてしまうと有毛細胞がダメージを受け、誕生から数週間以内に子ネコの聴覚が失われる。

聴覚障害は、ほかの遺伝的要因や、特定の薬、大きな音への曝露《ばくろ》、感染症、耳ダニ、そしてもちろん加齢などによっても起こる。治療することができない難聴（先天的なものや加齢による聴覚の喪失）も存在するが、治療できるものもあるため、愛猫の耳が聞こえていないと思ったら獣医師に相談しよう。聴覚の喪失や難聴が疑われるケースとしては、名前を呼んだり大好物のおやつの袋を振ったりしても反応しない、帰宅してもあいさつに来ない（家に帰ってきた音が聞き取れないから）、後ろから近づくとびっくりする、嫌いな音に反応しなくなる（たとえば電動式のコーヒーミルの音を聞くと、以前は飛び上がっていたような場合）などが挙げられる。

難聴かどうかを調べるための基本的な検査としては、ネコから見えない所で音を立て、驚くか耳を動かすかを見る方法がある。ただし、この検査は正確とは言えない。ネコは音を立てた動きに気づく可能性があるからだ（たとえば空気の流れなどから）。

また、たとえ耳が聞こえていてもストレスが大きすぎて反応できない、あるいは興味がないということも考えられる。飼い主が自宅でこの検査をする場合、広範囲の周波数の音を選び、最初は非常に静かな音から始める。そして反応がない場合に限って、音を大きくしていく。聴性脳幹誘発反応（BAER）検査という、もっと正確に調べられる検査を行える動物病院もある。愛猫の聴覚の検査については、かかりつけの獣医師が助言をしてくれるだろう。

聴覚障害のあるネコは、捕食者に襲われたり車にひかれたりしないよう、完全室内飼いにするのがベストだ。ネコを驚かさないようにし、特に幼児や小さな子どもには十分気をつけよう。ネコは驚くと引っかいたり咬みついたりするかもしれないからだ。

ネコは聞こえなくても、飼い主が近づいたことを床の振動で察知するかもしれない。トレーニングをしたいなら、手信号を使うこともできる。手信号は難聴でなくてもトレーニングの初期段階ではよく用いられる手法だ。たとえば、懐中電灯の光を見せ、それからごほうびをあげることで、その光を見たら来るようにしつけることができる。最初は、ごほうびをもらうためにはるばる移動しなくていいように、ネコが近くにいる状態から始めよう。そしてだんだん距離を遠くしていく。懐中電灯をつけたら、必ずごほうびをあげるようにしよう。さもないと一度身についた反応が失われていってしまう（5章）。

運動機能障害

生まれつき、あるいはネコパルボウイルスへの母子感染や生後数週間以内の感染によって、小脳低形成症を患うネコがいる。[*7] 脳のうちの小脳と呼ばれる部分が、完全に発育していない状態だ。小脳低形成のネコは、バランスが悪く、よろよろ歩き、よく転ぶ。ガチョウのような変な歩き方をし、動こうとすると企図《きと》振戦《しんせん》と呼ばれる震えが起こる。症状が確認できるのは、子ネコが動き回るようになってからだ。ＭＲＩによって子ネコの小脳低形成が確認されることもある。

小脳低形成には治療法はない。だがこの異常が認められる子ネコも、幸せな一生を送ることができる。屋外の環境では、ヨタヨタ歩いていると捕食者に襲われるといったリスクが大きいため、完全室内飼いが望ましい。また、家の中の高い所（踊り場からの段差など）から落ちることがないようにすべてふさぎ、ほかにも少し工夫が必要な所がないか検討する。

手脚（または尻尾）を切断して運動機能障害を負うネコもいる。手脚などを失った200匹以上のネコの調査によると、もっとも多かったのは道路で車にひかれた若いオスネコだった。[*8] それ以外の切断の原因としては、神経や皮膚、筋肉の損傷などが挙げられる。後ろ脚の片方を切断しなければならないケースがもっとも多い（ネコは前脚で体重の大部分を支えている）。ほとんどすべてのネコが手術のあとには痛み止めを与えられているが、家に帰ってからもネコが痛みを感じていたと報告した飼い主もおり、追加の痛み止めが必要だった可能性がある。幸い、これらのネコの89％が通常の生活の質を維持していると報告された。

ネコが3本の脚で暮らしていけるよう、家具を移動する、踏み台を設置して上に登れるようにする、トイレを使いやすいように改造するなどの工夫が必要だ。

こうした運動機能障害がペットの生活の質に与える影響が気になる場合は、獣医師に相談しよう。また、さまざまな運動機能障害を持つペットの飼い主をサポートする、優良なフォーラムやフェイスブックのグループもある。ただし、インターネット上には誤情報が氾濫しているため、情報源が信頼に値するかどうかを、常に疑うことが重要だ。

［まとめ］

ネコを幸せにするための心得

・愛猫が年を取ってきたら、十分に気を配る。変化が見られた場合、治療できる病気の可能性もあるので、加齢のせいと決めつけずに獣医師に相談する。

・食べ物の選り好みをするようになったら、歯科疾患やほかの病気が原因の可能性を考え、獣医師に診てもらう。違うフードややわらかいフードを試す、水を足す、食欲が増すように温めるなどの工夫をするとともに、十分に水分を摂らせることに留意する。

・ネコがストレスを感じないように気を配り、一人になりたいときのために、アクセスのいい場所に身を隠せるスペースを用意する。動物は高齢になると、若い頃に比べてストレスへの耐性が弱くなる。

・高齢なネコ、特別なケアを必要とするネコが快適に暮らせるよう、家の中の環境を工夫する。たとえば、以前に比べて高く飛び上がれなくなったら、ネコに必要な物を低い所に移すか、スロープを設置する。

13章　愛猫の最期

THE END OF LIFE

訪れるときへの心の準備 自分にとって何が大切か

飼い主にとって、ペットとの別れほどつらいものはない。

私は本書の執筆を始めて間もなく、オーストラリアンシェパードのボジャーをガンで亡くした。悲しみというのは厄介なもので、どうにもコントロールできないときがある。

最近では、ペットを失うのは本当に悲しいものだという理解が進み、「たかがペットじゃないか」と言う人は少なくなってきた。飼い主がペットの最期について決断を迫られることも多くなってきているため、あらかじめ、自分にとって何が大切か、そのつらいときが訪れたらどうしたいか、心の準備をしておくといいだろう。

ただし、最近ペットを亡くしたばかりで本章を読むのがつらい場合は、当面本章は読み飛ばし、ある程度立ち直ったと感じてから読んで頂けたらと思う。

幸いネコは、ペットとしてはかなり長命なほうだ。

ネコの寿命の多角的考察 雑種or純血種、死因、検査、保険

ネコの平均寿命は12年から15年だが、もっと長く生きる場合もあり、ほんのひと握りだが30歳まで生きたネコもいることがわかっている。[*1]

英国で行われた、4000匹以上のネコの無作為のサンプルによる疫学的調査によれば、ネコの平均寿命は14歳だった。[*2] 実際には、この調査データは、2つのピークがある二峰性の分布を示していた。片方のピークは、一部のネコが1歳という若い年齢で死亡していることを示しており、もう1つのピークは16歳頃が寿命だということを示していた。

雑種のネコのほうが長生きで、平均寿命が14歳だったのに対し、純血種のネコの平均は12・5歳だった。イヌの場合、「雑種強勢」という現象により、一般的に雑種のほうが純血種よりも長生きだ（ただし種による）。特定の身体的特徴を実現するための品種改良が、その種の健康や寿命にマイナスの影響を与えている可能性があると考えられている。

純血種のネコについても、同じことが起きており、遺伝子が多様性に富んでいるほど丈夫だと思われる。ただし、純血種のネコについては種類によってデータが大きく異なり、病気になりやすい種類とそうでもない種類がいることが示されている。

この研究では、もっとも寿命が短かったのはベンガル（7・3歳）とアビシニアン（10歳）だった。ただし、純血種のネコに関するデータは、数少ないサンプルに基づくものだということに気をつけたい。ラグドール、メインクーン、ブリティッシュショートヘアも、ネコ全体の平均に比べて寿命が短かった。もっとも寿命の長い種類はバーマン（16・1歳）とバーミーズ（14・3歳）で、シャムとペルシャの寿命は雑種と同程度だった。

ネコの死因でもっとも多いのが外傷で12％（特に多いのは交通事故だが、動物による襲撃も含む）、続いて腎臓病が12％、病気11％（詳細不明）、ガン11％、腫瘤病変が10％（ガンが多く含まれると思われるが、正確な診断がなされていない）。

若いネコの場合、もっとも多い死因は外傷で47％、続いては、ウイルス性疾患、呼吸器疾患だった。高齢ネコの場合、外傷による死亡は大幅に少なく、ガンが多かった。この研究が行われた英国では、ほとんどのネコが少なくとも1日の一部を外で過ごしている。

ネコの長寿の要因は、雑種、体重が軽い、避妊もしくは去勢されている、そして面白いことに保険に入っていないことだった。純血種のネコのほうが保険に入っていることが多く、保険に入っていないネコと雑種のネコは、重複する部分が大きい可能性がある。

また、この研究では、ネコが死亡した時点で保険に入っていたか否かにしか着目しておらず、健康なネコを飼っている人がある時点で不必要だと判断して解約した可能性もある。

これらの調査結果からわかるのは、獣医師による定期的な健康診断が大切だということだ。特に、死因として多い腎臓病の兆候の早期発見のためには、検査を受けることが大事だ。

体重が重いと寿命が短くなる傾向があるため、愛猫の体重もチェックし、太りすぎや肥満を避けることが重要だということも示されている。この研究では、5歳以上まで生きたネコについて調べたところ、体重が3キロ未満のネコに比べ、4～5キロの体重のネコは生存年数が平均1・7年短かった。

台湾におけるネコの死因に関する研究でも同様の結果が示されている。[*3] もっとも多い死因は腎臓病と泌尿器系の疾患、次いで多いのは、ガン、感染症、多臓器不全、循環器系の疾患、そして外傷だ。感染症で一番多いのは、ネココロナウイルスによるものだ。多くのネコ（40％）はネココロナウイルスに感染するが、通常は軽い風邪程度の症状で、まったく症状がない場合もある。しかしウイルスがネコの中で複製を繰り返すうちに、ときどき突然変異を起こし、ネコ伝染性腹膜炎（FIP）を引き起こす。FIPは特に若いネコに多く、そのほとんどが命を落とす。

多くのネコの直接の死因は、もちろん安楽死だ。この研究の対象となったネコは、85％が安楽死によって最期を迎えている。ネコの飼い主にとっては苦渋の選択だが、決断する際の大きな判断基準になっているのがネコのQOL（生活の質）だ。

ネコの安楽死とQOLについて 絆の強さ、苦痛、外傷、獣医師の意見

一般的には、ペットの飼い主なら、ペットの安楽死の「適切な時期を判断できる」はずだと思われているかもしれないが、実際にはそう簡単ではなく、決断に際しては心の葛藤があり、そこに至る過程も人によってさまざまだ。倫理的な配慮や人間と動物の絆、そのときの状況などがすべて絡んでくる。

倫理的な観点から言えば、〝適切〟なタイミングは、まだ苦しんではいないが生活の質が損なわれているときだ。だが、いつがそのときかを判断するのは難しい。まだ楽しく過ごせる日々が数日間、数週間、あるいは数カ月間も残されていたかもしれないのに、性急に安楽死を選択してしまうことや、逆に、決断が遅れ、ペットを苦しめてしまう場合がある。

この決断には、人間とペットの関係性も影響するだろう。[*4] 飼い主とペットとの絆が強く、ペットを失うことに耐えられないと思って安楽死を遅らせてしまい、動物の苦痛を長引かせてしまうケースもある。逆に、絆が強いがゆえに、ペットが苦しむ姿を見たくないという理由で、必要以上に早く安楽死を選択してしまう飼い主もいる。

ネコが交通事故や動物の襲撃などで外傷を負い、安楽死を考えなくてはいけない場合と、病

気で安楽死の決断をする場合とでは状況が異なる。ガンなどの病気の場合は、長期にわたって生活の質が刻々と変化し、調子のいい日と悪い日を繰り返す。今日は調子が悪いからといって、決断を下すべきなのか、それともまたいつものように、悪い日を乗り越えたら良い日が戻ってくるのかを知ることは難しいのだ。

かかりつけの獣医師の意見も参考になる。ブリティッシュコロンビア州メープルリッジにある「デュドニー・アニマル・ホスピタル」のエイドリアン・ウォルトン博士は、安楽死の決定に際しては、ペットと飼い主双方の生活の質を考慮することが大事だと話す。「私は獣医師として、私の仕事はペットの命を救うことではなく、あなたとペットの絆を守ることだと、飼い主に伝えてきました」と言い、「また、もしこのことがあなたの人生にマイナスの影響を与えているのなら、安楽死を検討すべきとも言ってきました。しかしペットの立場で一番シンプルに考えるなら、悪い日のほうがいい日よりも多くなったら、確実に安楽死を検討すべき時期です」と付け加えた。

生活の質を判断するための基準がいくつか存在し、飼い主がペットの生活の質を判断する際の拠り所となっている。これらのほとんどは、ガンや関節炎のような特定の病気用に考案されたもので、獣医師と一緒に検討することを前提にしている。大切なのは、生活の質を測る基準は、安楽死の判断のためだけに考案されたものではないということだ。これを手がかりに、安楽死の前にできることを検討し、生活の質を保てる期間を延ばせるかもしれない。投薬、環境やルーティンを変えるなど対策が取れる可能性がある。

多くの人は、食事と遊びが楽しめるということが、生活の質が良いということだと考えているようだが、当然のことながら全体的に様子を見て判断する必要がある。ごはんを食べないネコは、歯の疾患か口腔内の痛みがあるのかもしれない。もしそれを改善してあげられたら、再び食事ができるようになり、またしばらくの間、生活の質を維持できるだろう。

また、生活の質が良いことを示す行動はほかにもある。食欲が旺盛、ノドをゴロゴロ鳴らす、前脚でふみふみする、飼い主の気を引きたがる、楽しそうにしている、愛情を示す、物事に興味を持つなどだ。

安楽死を決断するということ
この子にとって良い一生とは何か

ニュージーランドの獣医師で、マッセー大学の講師を務めているキャット・リトルウッド博士は、飼い主が愛猫の安楽死を決断する過程と、獣医師にできる最善のサポートについて研究している。博士はその一連の過程について詳しく知るため、高齢のネコを安楽死させた14人の飼い主と、そのかかりつけの獣医師に話を聞いた。この研究の対象になったネコたちは非常に高齢だった。博士は参加者の様子を振り返る。

「この上なくネコを溺愛している飼い主が多く、本当につらそうでした。特に、病状の進行が遅く、ネコたちがごくゆっくりと衰えていった場合、安楽死は苦渋の決断だったそうです。研究に参加したネコたちの多くが19歳と、非常に長生きだったことも関係しているでしょう。そんなに長く誰かと一緒にいることってそうそうないですよね」

博士が飼い主に話を聞いていた頃、ニュージーランドでは、人間の安楽死――北米では「医療的介助による死」（MAID）と呼ばれる――の是非についての国民投票が行われており、博士は飼い主たちが常にこの話題に触れることに気がついた。死と臨終全般についての考え方が、ネコの一生の終わりを考えるにあたっても影響するのは当然なのだろう。

私はリトルウッド博士に、愛猫の生涯を終わらせる決断をする飼い主にどんな助言をしてきたのかを尋ねた。すると1つは、それぞれのネコにとって何が大切なのかを考えるよう伝えたのだという。たとえば、屋外に出るのが好きなネコの場合、外出ができなくなるのは生活の質の低下を示す重大なサインだ。それほど外に行くのが好きではないネコなら、完全室内飼いになったとしても、それほど大きな問題にはならないだろう。飼い主たちは、もっとおいしい食べ物を探したり、手から食べさせたりといった、飲食に関する介助は積極的に行っていたが、愛猫の自分への関わり方が変化していく中で、何をどうしてあげたらいいのか自信が持てていないと博士は気づいたという。

「多くのネコが高齢だったわけですが、高齢ネコならではの一般的な変化と、あまり良くない変化とを区別することが少々難しかったようです。週単位もしくは月単位で、愛猫がどう変化しているのか、どういう状態が正常なのかを知ることが大切です。食事の量や、行動をこまめに記録するのもいいでしょう。ちょっとしたチェックリストを作って、今の状態を1つ1つ点検していくのが、たぶん理想的でしょう」

安楽死の決断がどれほどつらいものであっても、残念ながらほとんどの飼い主はいつかその決断を迫られる。ウォルトン博士は、介助なしに家でペットに最期を迎えさせたいと考えている人々に苦言を呈する。特にネコが腎臓病を患っている場合には、それはとんでもないことだと言う。

「15歳以上になると、ネコはよく腎不全で命を落とします」と博士は言う。「90%がそうです。腎不全は、ほかの死に方とは違います。心不全は瞬く間に進行します。でも腎臓はそうではありません。ネコは砂漠の動物です。腎機能が低下すると、尿で排出されるはずの老廃物は、長い時間をかけてネコの体内に蓄積していきます。そして、そのうちネコは水を飲まなくなります。ネコが水を飲まなくなると、飼い主は人間の場合になぞらえ、『ああ、水を飲まなかったら3日間しか生きられないな』と考えます。それで『よし、じゃあ家で死なせてあげよう』となるのです。そして、それから3日が過ぎても、ネコはベッドでじっとしています。飼い主が、『もう少し長くもつのかな』と思っているうちに、また3日が経ちます。そうこうしているうちに1週間が過ぎます。すると、『いまさら獣医に診せられない。ひどい飼い主だと思われる』と動揺します。それでもう1週間待つのです。もはや飼い主はパニック状態です。ネコはまだ生きています。とても具合が悪そうですが、まだ息をしています。まだ死んではいませんが、じわじわと死んでいっているのに等しいのです。この状態が3週間から4週間も続き、最後は脱水状態になって死にます。だからもし愛猫が腎不全になって水を飲まなくなったら、連れてきてほしいのです」

ウォルトン博士に安楽死の処置について尋ねたところ、多くの飼い主はまず、あっという間に終わることに驚くという。ペットが息を引き取るまでに、「飼い主は5分くらいかかると予想していますが、実際には30秒程度です」と博士は言う。また、死んだあとも目が開いたままだということに驚く飼い主もいるという。

そして飼い主が気づかないことも多いが、体に変化が起きる。1つは、心停止後に血液中の酸素濃度が低下することによって起きる反射的な呼吸だ。また、体がぴくっと動いたり伸びたりすることがある。膀胱や腸から排せつ物が漏れることもある。家で夜のあいだにペットが息を引き取った場合は、死後硬直によって体が硬くなる。

安楽死を決断するタイミングだけでなく、処置を行う方法や場所も考えておいたほうがいい。リトルウッド博士はそのことについても話を聞かせてくれた。

「飼い主は、もっと自分でいろいろ決められるということを知ってほしいです。私の所にかかっていたペットの飼い主たちは、安楽死の際に獣医師を指名できると知りませんでした。家での安楽死も可能だという認識もありませんでした。ですから私は、イヌやネコを看取る飼い主に、いろいろよく考えるように、つまりどうすれば自分と愛猫が一番幸せかを考えるように助言したいと思います。安楽死のために獣医師が飼い主の家に出向くことはよくありますし、たぶん多くのネコは、そのほうがいいでしょう。キャリーが好きなら別ですが、実際にはそうでないネコが多いですからね」

遅すぎるよりは、早いほうがいいです。飼い主や獣医師がもっと早く安楽死を考えれば、ネコの生活の質はもっと保たれるでしょう。たいていのネコの飼い主は、最愛のネコを安楽死させたのち、もっと早く楽にしてあげれば良かったと私たちに言います。ただ、そのときに決断を下すことは、とても難しいのです。特に飼い主がネコを溺愛していたり、家族の一員と思っていたりする場合にはなおさらです。ネコの生活の質が低下していくことに飼い主も慣れてしまうため、福祉が損なわれている状態がニューノーマルになってしまいます。

しかし、ネコの幸せのためには早めに、「ネコが充実した日々を送れているか」に目を向けたほうがいいでしょう。生活の質が著しく低下する前に、獣医師と飼い主が一緒に判断してほしいと思っています。死の話題をタブー視するのは、もうやめましょう。ネコが病気だと診断され、しかも末期だとわかった場合には、死について話し合うべきです。

ネコが一定の年齢に達した場合も、その話をする必要があります。このネコにとって良い一生とは何か。どういう状態になったら、日々の暮らしを楽しめないのか。そういったことをもっと早く率直に話し合っておくことで、「もっと早く楽にしてあげれば良かった」という後悔を減らし、ネコの生活の質を向上させることができるのです。

——キャット・リトルウッド博士

獣医学士号、ポストグラデュエート・ディプロマ、英国高等教育アカデミー・アソシエイト・フェロー、オーストラリア・ニュージーランド・獣医師会会員、博士号、マッセー大学小動物獣医師および講師

ペットロスの悲しみや予期悲嘆
友人や家族に頼りつつ自分自身を大切に

ペットを失って悲しいのは当たり前。そのことをしっかりと心に刻んでおいてほしい。

家族の一員である愛猫を失うというのは、本当に大きな出来事だ。自分で自分をいたわって、手を差し伸べてくれる周りの人々に頼ろう。残念ながらいまだに、「たかがネコでしょ」という人々がいないわけではない。だがありがたいことに、ペットを失うと悲しみのどん底に陥り、立ち直るのにある程度時間がかかるという理解がどんどん広まっている。

時には、予期悲嘆といって、ペットがまだ生きているうちから、いつ死んでしまうかと考えて大きな不安に襲われたり、ペットとの関わり方を変えたりする飼い主もいる。

ナオミ・ハービー博士は、愛猫のドリーマーを失うことを恐れるあまり、接し方に変化が生じていたときの思いを綴っている。[*5] それが予期悲嘆だと気づいてからは立ち直り、ドリーマーといつもどおりたくさん遊び、世話をし、気を配ってあげられるようになった。

学術誌『アンスロズーズ』に掲載されたある研究では、予想どおり、ペットに対する強い愛着は、失ったときの苦悩や悲しみ、そして怒りの感情に結びつくということが示された（ただし罪悪感には結びつかなかった）。[*6]「複雑性悲嘆」と呼ばれる反応――ペットを失ったことに対する、落ち込んだ状態が長く続くような非常につらい反応――は、苦悩と悲しみだけでなく、怒りや罪悪感を伴う傾向がある。ペットが突然死んだ場合には怒りが伴うことが多く、ペットの安楽死の理由がなんらかの種類のガンである場合には、怒りと罪悪感がよく見られた。

突然の死が怒りにつながることは理解できるが、ガンに関する結果を説明するのはやや難しいだろう。たくさんの要因が関わっている可能性があるからだ。ガンの診断のあとすぐに安楽死させなければならなくなったとか、化学療法や放射線治療といった治療が経済的にも精神的にも大きな負担になった、などといったことも要因かもしれない。

愛猫の思い出を形に残すことで、悲しみが少し癒される場合もあるだろう。足形を残す飼い主は多い。火葬されたペットの灰を取っておいたり、撒いたりする飼い主もいる。ウェブ上でペットを偲ぶ追悼サイト（オンラインメモリアル）を利用する人々もいる。

そしてもちろん、ソーシャルメディアやメールでネコについてのメッセージや、写真を共有する人々もたくさんいる。ペットの思い出の品々を保管するか、処分や寄付をするかは、気持ちの整理ができてから決めれば大丈夫だ。友人や家族に頼ってつらい時間を乗り越え、自分自身を大切にしよう。

ペットは仲間の死にどう向き合うのか 甘えん坊になる、よくいた場所を探す

ボジャーが旅立ったあと、メリーナは数日間、彼を探しているようだった。

いつもボジャーのベッドで昼寝をしていたメリーナだが、持ち主がいなくなった最初の日、メリーナはベッドを使わなかった。そして、何をすればいいのかわからないかのように、ちょっ

と戸惑った様子を見せていた。

2日目、しばらくの間、ベッドを見ては迷いながらうろうろしていたが、結局、使うことに決めたのだ。ボジャーがいないことを、寂しがっているようだった。

ハーリーの気持ちは読めなかった。ボジャーがいないことには気づいたようだったが、行動にはあまり変化がなく、メリーナほど深い喪失感を覚えているようには見えなかった。

一緒に飼われている動物が死んだとき、本当に寂しがるペットもいるが、その様子がはっきりとは見て取れないペットもいるということを示した調査がある。イヌとネコの飼い主に、一緒に飼っている動物が死んだときのペットの反応を尋ねたものだ。[*7]

約4分の3のネコ（そして同じ割合のイヌ）が、仲間の動物が死んだあとに行動の変化が見られたという。もっとも多かったのは、普段よりも愛情を求め、全般的に甘えん坊になったという変化で、仲間の死の影響を受けたほぼすべてのネコに見られた。

それ以外で多かったネコの変化は、鳴く回数が増え、声も大きくなった、家の中のほかのネコに攻撃的になった、死んでしまった仲間がよくいた場所を探していた、などだ。

イヌと違い、摂食行動の変化は報告されなかった。中には死んだ動物の遺体をペットが目にしたケースもあったが（家での自然死もしくは安楽死の場合）、これは前述の行動の変化になんの影響も及ぼさなかった。

行動の変化は時とともに減少し、6カ月後にはどのペットも元どおりになっていたという。

もしペットを失い、残されたほかのペットがいる場合、必要があると感じたら、やさしく接し、普段よりも気を配り、愛情を注ぐようにしよう。

さまざまな緊急時への備え　非常用袋、迷子対策、面倒をみてもらう人

緊急時や、飼い主の入院や死去に備え、対策を練っておくことは大切だ。

自分が病気になったり死んだりした場合、誰にネコの面倒をみてもらうかを考えるにあたっては、ネコが好きというだけではなく、自分と同じような方針でネコの面倒をみてくれる人を選ぶべきだ。自分のネコと良好な関係を築いている友人や家族がいるなら、その人に頼むといいだろう。もちろん、一時的な緊急事態の際に助けてもらう人と、飼い主が死去した場合に愛猫の面倒をみてくれる人が同じである必要はない。死去した場合には、離れて住んでいる親戚が引き取ることもあるだろう。

想定外に家に帰れなくなった場合に備えて、誰か信用できる人に家の鍵を預けておき、ネコのフードとトイレの世話をしてもらうよう頼んでおくと安心だ。地元の保護団体やシェルターにも緊急時の預かりをしている所があり、家が火事になった場合などには、短期間ならネコの

面倒をみてもらえるかもしれない。旅行の際にペットシッターやペットホテルを利用する場合は、専門機関に登録しているか、保険に加入しているか、などを確認する。

山林火災、地震、ハリケーンなどの際には、ペットと一緒に避難できることが大切だ。それが可能になるように前もって計画を立てよう。ホテルによってはペットの宿泊を受け入れていないので、近くでペットと泊まれる所を調べておくといい。

人間は緊急時のための非常用持ち出し袋の準備を推奨されているが、ペットにも必要だ。中身は、ペットの投薬とワクチン接種の記録の写し、かかりつけの獣医師と救急動物病院の電話番号、72時間分（できれば1週間分）のフードとミネラルウォーター、ごはん皿、ネコ砂とネコトイレ、清掃用品とゴミ袋を適宜、ネコの寝具。さらには、日常的にブラッシングを行ったり、目の周りと顔を拭いてあげたりしているのであれば、ブラシやタオル。そして、落ち着かせるためのおもちゃもいくつか。また、避難所に行く場合に備えて、一時的に入れておけるケージもあるといい。もちろん、避難するにあたってはキャリーに入れなければならないので、キャリーに入るトレーニングをしておくとずっと楽だ。

ネコには、迷子になった場合に備えてなんらかの身分証明（マイクロチップまたはタトゥー）が必要だ。ある研究によれば、獣医師は、イヌの飼い主に比べネコの飼い主に対しては、マイクロチップの装着を勧めないという。*8 その場合、飼い主のほうから獣医師に聞いてみよう。室内飼いのネコでも、外に逃げてしまう可能性があることをお忘れなく。住所や電話番号が新しくなったら、マイクロチップのデータも忘れずに変更する（タトゥーの場合は獣医師に知らせる）。たとえ完全室内飼いのネコであっても、名前を呼んだら来るようにしつけておくのも理想的だ（5章）。
愛猫の外見の特徴がはっきりとわかる写真を用意しておくことも大切だ。万一、迷いネコのチラシを作ることになったときに使える。
実際にネコが迷子になった場合、悲しいことに、地域の動物管理センターやシェルターに収容されても、飼い主との再会を果たせていないネコは多い。学術誌『アニマルズ』に掲載された論文によると、過去5年間で15％の飼い主のネコやイヌが行方不明になっているが、ネコと再会できた飼い主は75％にとどまった。[*9]
2011年と2016年にオーストラリアのクイーンズランド州の王立動物虐待防止協会に収容されたネコのその後についての調査では、いずれもわずか5％しか飼い主の所に戻っていないことがわかった。オーストラリアのビクトリア州の地方自治体を対象に行った別の調査では、飼い主に引き取られたネコは13％だった。[*10]
愛猫が迷子になるリスクを減らすには、家の安全対策を講じ、破れたりしている網戸を補修し、同居者全員と訪問客に、ドアや窓などを開ける際の決まり事を周知徹底する。
別のある研究によると、ネコがよく行方不明になるのは、ドアやガレージを開けっ放しにしていたときだが（74％）、窓（11％）、破れた網戸（6％）、ベランダ（5％）から逃げ出したケースもあった。[*11]

行方不明になったネコの3分の1は7日以内に、半分が30日以内に生きた状態で見つかっている。しかし、61日目の時点で見つかっていたネコはわずか56％で、それを過ぎてから見つかったネコはわずかだった。

平均で、完全室内飼いのネコは家から39メートルの地点、室内と屋外の両方を行き来しているネコは家から300メートルの地点で見つかっている（統計学的に意味のある差ではなかった）。発見地点の家からの距離の中央値は50メートルで、75％が500メートル以内で見つかった。つまり、もしネコが行方不明になってしまったら、家の近所のかなり狭い範囲を念入りに探すべきだということだ。

ネコは小さな隙間にも隠れることができ、高い所にも登れるため、さまざまな高さの場所を探す必要がある。徒歩で探すのが見つかりやすく、暗くなってから探すのも効果的だ。本棚の本の後ろ、クローゼットの奥、食器棚の中、なども懐中電灯で照らして確認しよう。ネコの気持ちになり、隠れてくつろぐことのできる、暖かい、狭い場所を探してみることだ。

行方不明のネコを探す手段としてはほかに、迷いネコのチラシを作って貼る、近所の人々に物置小屋やガレージを調べてもらう、家の玄関のドアの前に段ボール箱を置いて隠れる場所を作り、おやつの袋を振ってネコを誘い出すといった方法がある（ただし、迷いネコは怯えていることが多く、怖がって出てこないかもしれない）。

また、愛猫の鳴く声がしないか耳を澄まし、庭にトレイルカメラを設置することも検討する。

捕獲用のケージを貸してくれる地元の保護団体やシェルターもあるだろう（通常は少額の使用料または寄付が必要）。ただし、監視を怠らず、野生動物が入ってしまったら逃がす。

もし愛猫が木の上から降りられなくなっていたら、地元のアーボリスト（樹木の診断や剪定を行う専門家）などに降ろしてもらおう。希望を捨てずに探し続けることが大切だ。

逆の立場で言えば、もし知らないネコを見つけたら、マイクロチップを装着しているかを調べ、迷いネコを預かっているというチラシを作って地元の掲示板に貼ったり、インターネットで投稿したりして、飼い主を見つける努力をしよう。行方不明のネコを自力で取り戻すのは至難の業なのだから。

［まとめ］

ネコを幸せにするための心得

・愛猫に健康上の問題が生じたら、飼い主の工夫や獣医師の治療によって生活の質（QOL）を維持できる期間を延ばせるか検討する。

・前もって、ネコの最期についてどう決断するかを考えておく。一般的な目安としては、愛猫に調子のいい日よりも悪い日のほうが多くなったら、安楽死を検討するときだ。愛猫にとって何が大事かを考えることを忘れずに。そのときが訪れたら、愛猫が動物病院で最期を迎えなくていいように、獣医師に家に来てもらえる場合もある。

・飼い主が病気になったり先立ったりした場合に、ネコの面倒をみてもらう人を決め、状況の変化に応じて、検討し直しておく。

・緊急時の避難計画にはネコのことも忘れずに加える。キャリーに慣れていない場合は、トレーニングを始める。近所のペットOKのホテルも調べておく。数日間過ごすのに必要な物品が揃った緊急時のセットを常備し、マイクロチップのような身分証明を確実に備える。

14章　ネコの幸せのために

HOW TO HAVE
A HAPPY CAT

「ネコ科学」への関心の高まりさらなるアイデアに期待して

今、うちのネコたちは二匹とも寝ている。11月初めの寒い日なので、ハーリーは暖かい空気をできるだけたくさん取り込もうと、暖房の吹き出し口にへばりついている。私たちのベッドの下では、ボジャーのものだったベッドの上で、メリーナが毛布にくるまっている。覗き込んで様子を見ると、メリーナの両耳がぴょこっと持ち上がり、鼻の上のオレンジ色の縞が見えた。この素敵な気持ちのいい場所から出たくないの、と言いたげな目で私を見る。それで、そっとしておくことにした。

ネコにとって大事なことの1つは、主体的な行動、つまり自分で意思決定をすることだ。それ以外に、決まった生活パターン、次に起こることが予測可能ないつもどおりの日常、そして、遊ぶ時間、おいしい食べ物、適切な場所を適宜なでてもらうことなども大事だ。

どのネコにも共通する大事な事柄があると同時に、あなたの愛猫独自のこだわりもある。家をネコに適した環境に整えるためには、健全なネコのための5つの柱（3章）に則した家づくりが大切だ。

そしてネコの福祉全般を良好に保つには、十分な栄養、良い環境、良好な健康状態、正常な行動を可能にする周囲との関わり、そしてポジティブな経験をする機会を与える必要がある。ネコが恐怖や不安、痛みを感じていると、ポジティブな経験を楽しむことができないので、そういったネガティブな経験をできるだけ少なくしてあげることが重要だ。

本書で伝えてきたように、ネコに関する科学は興味深く、役に立つ。飼いネコが必要としている事柄（次の表を参照）について多くのことを教えてくれる。ただし現状では、まだまだ研究が必要な領域がたくさんある。これまでの研究の多くは小規模で、研究室のネコを対象に行われたものもあるため、必ずしも飼いネコに当てはまるとは言いきれない。

また、ネコに関する数々の〝常識〟の中には、科学的根拠に乏しいものもあるが、なるほどとうなずけるものも少なくない（フードパズルの使用や余分にトイレを置くなど）。嬉しいことに昨今、「ネコ科学」への関心が高まっている。将来に向けてもっと多くの研究が行われ、ネコを幸せにする（あるいはもっと幸せにする）ためのいっそう素晴らしいアイデアがもたらされることを期待している。

読者が本書の内容を愛猫に応用できるよう、ネコを幸せにするためのチェックリストを載せた（P341〜）。ただし、これはガイドラインにすぎない。愛猫について何か心配事があれば、状況に応じて、かかりつけの獣医師か、適切な資格を持つネコの行動学の専門家に相談してほしい。リストを見て、今すでに行っていることが正しいと確認できたら、それを続けてほしい。これまでのやり方を変えてみてもいいかもしれないと思う点も、いくつかあるはずだ。良さそ

飼いネコの福祉

栄養	物理的な環境	健康	正常な行動を可能にする周囲との関わり
・品質の良いフード ・小分けにした複数回の食事 ・水	・囲まれた安全な場所 ・必需品は1匹ずつに複数 ・ネコの嗅覚への配慮 ・心地よいネコベッド ・優秀な爪とぎポール ・くつろげる安全な隠れ場所―子どもに煩わされない ・適切な規定や法的枠組み	・良好な健康状態 ・ストレス軽減に配慮した獣医師による診察 ・人間の手に慣れ、手入れができるようにするトレーニング ・子ネコの健康に留意し、遺伝性疾患を回避する繁殖 ・運動	・社会化の感受期におけるポジティブな経験 ・ほかのネコとの交流、もしくは隔離 ・人間との交流―ネコの立場から見て楽しい、日常的で予測可能な交流 ・遊ぶ機会―単独で、または人間やおなじ仲間のグループのほかのネコと ・報酬を用いたトレーニング―罰は用いない ・エンリッチメントの機会

精神状態
・安心できること ・ルーティン ・問題行動への迅速な支援 ・自ら選択し主体的に行動する

うだと思うものがあれば、試してみてほしい。

しかし、ネコは変化が嫌いな生き物なので、一度にいろいろなことを試さないほうがいい。飼い主自身と愛猫にとって役立ちそうなものを1つ選び、挑戦してみよう。愛猫の反応について書き留めておくと役に立つ。たとえば、新しいエンリッチメントのためのおもちゃを与えた場合は、それを使ったかどうか。使わない場合は、使うように促すには何ができるか。おもちゃを簡単なものにする、ごほうびを用いる、ネコの好きなにおいを付けるといったことになるだろう。そして次に進む準備ができたら、リストからほかのものを選んでそれを試してみるといい。

ネコの様子を書き留めておくと――メモを書き記してもいいし、ネコが遊んだり寝たりしているときの短い動画でもいい――新たな試みがネコの立場から見て良いものか否かを確認することができる。人間だって、魔法にかかったみたいな素敵な毎日をいつも送ることができないように、すべてをネコにとって完璧にしてあげることはできない。

だから、いったんやってみようと思い立ったけれども気が乗らなくなったという場合は、無理をする必要はない。私が願ってやまないのは、本書によって飼い主がネコのニーズについての理解を深め、それを満たすことで、ネコとの関係をより良いものにすることだ。

科学的知識とネコのニーズを蓄積

愛猫にとって最高の日々を追い続けて

ネコに対する科学者の関心が高まっていることから、ネコの飼い主が希望すれば、愛猫の暮らしを向上させるだけでなく、ネコに関する科学的知識の蓄積に一役買うこともできる。

多くの研究者は、飼い主と飼いネコについての質問票に答えてくれるボランティアを必要としている。また、ネコ学の分野を扱っている大学の近くに住んでいるなら、飼い主の家で行う実験や、研究室に招いて行う実験に参加してくれる被験者の募集があるかもしれない（研究室のほうはネコの性格によっては難しいだろう）。ソーシャルメディアで、多くのネコ学者やネコを守る活動をしている団体をフォローすることもできる。それによって、専門的な知識やネコのニーズなど、役に立つ情報が得られるだろう。

特におすすめしたい素晴らしい団体は、インターナショナル・キャット・ケア、キャッツ・プロテクション、ブリティッシュコロンビア動物虐待防止協会（BC SPCA）、英国王立動物虐待防止協会（RSPCA）だ。いずれもたくさんの有意義な情報を公開している。

米国獣医行動学専門医協会（American College of Veterinary Behaviorists）、全米猫獣医師協会（American Association of Feline Practitioners）、米国獣医動物行動学会（American Veterinary Society of Animal Behavior）

も、ネコに関する良質な情報の提供に尽力している。

そして、本書で引用もしくは言及した、さまざまな分野のネコの専門家のアカウントも、フォローする価値のある情報を提供している。

もちろん私のブログ「コンパニオン・アニマル・サイコロジー」も見に来てほしい。科学がイヌやネコの何を教えてくれるのかということや、科学的根拠に基づいた世話の仕方を伝え続けている。メールでもソーシャルメディアでも、フォローが可能だ。

ブログを書き始めたきっかけをくれたのは、私自身のペットであるイヌのゴーストとボジャー、ネコのハーリーとメリーナだ。その子たちについて綴り、私が学んだ事柄を伝えられることを大変幸運に思う。

私はハーリーとメリーナにとって、最高の日々とはなんだろうと考え続けてきた。

ハーリーは習慣を守るのが大好きで、すべてのことが時間どおりに運ぶと幸せだ。食事、ブラッシング、遊び——そして夜のおやつをもらって、人間が床に就く時間まで、定刻どおりを望んでいる。人間の寝る時間になると、ベッドに飛び乗り、ある程度かわいがられてから寝るのがルーティンだからだ。暖かいのが大好きなので、暖房のついている季節は背中を吹き出し口に当て、脚をまっすぐ投げ出してリラックスして過ごすのが、ハーリーにとって最高の一日だろう。

でも、陽だまりでのんびりハチドリを眺めるのも大好きだ。ハチドリがやってくる季節の天気のいい日もやはり、彼にとって最高の日と言えるだろう。寝室の窓のそばの暖かい陽だまりに寝そべって、ハチドリが餌箱のそばを行ったり来たりするのを眺めるのだ。

ネコじゃらしで遊んだり、レーザーポインターの光を追いかけて廊下を行ったり来たりするのは両方好きで、ネコじゃらしの種類にはこだわらない。また、1日に数回は、なでてもらいながらゆっくりする。さらに付け加えると、私の机に飛び乗り、ドンと居座ってマイク付きヘッドホンのケーブルをかじるのもお気に入りだ。

メリーナはハーリーよりも活発で、時間の正確さにはそれほど頓着しない（もしかしたらしているかもしれないが、騒ぎ立てたりせず行儀良くしている）。朝食後はボジャーの古いベッドに引きこもって、午前中の昼寝をする。

彼女にとっての完璧な一日に欠かせないのは、一人遊びだ。ボールのおもちゃか、小さなバネのおもちゃを前脚ではじいて遊ぶ。ネコじゃらしを追いかけて飛び跳ねるのも大好きだ。お気に入りは、端にかわいらしい本物っぽいチョウが付いているネコじゃらしだ。窓から眺める野生動物は鳥とリスだけで、道でイヌが吠えていても気に留めない。

夕方には夫の膝の上か、ソファの私の隣に座る。私の膝に立って鼻のにおいを嗅ぎ、アゴの下を数回なでさせてくれることもあるが、私の膝の上よりは隣に座るほうが好みだ。そして夜にはベッドでハーリーや私たちに寄りかかる。

飼い主はみな、愛猫に1日でも多く、この上なく幸せな日を過ごしてもらいたいと思っているに違いない。一緒に過ごす時間を増やしてニーズに気を配ることで、愛猫の幸せを支えることができ、飼い主もいっそう幸せになれるだろう。

ネコの幸福度チェックリスト

本書の内容の一部を、自分のネコに当てはめて考えられるよう、チェックリストを設けた。ただしこれは科学的に検証されたチェックリストではなく、専門家の意見に代わるものでもない。そのため、もし愛猫について気になることがある場合は、獣医師（場合によっては動物行動学の専門家）に相談してほしい。

各質問に「はい」か「いいえ」で答える形式になっている。「はい」が多いほど良い。「いいえ」と答えた項目については、原因を考え、改善できるか検討しよう（たとえば、フードパズルの難易度を下げる、ストレス要因を減らすなど）。

愛猫の名前：
年齢：　　歳
種類：

		はい／いいえ	［参照先（章番号）］
1	うちのネコの日課（食事の時間、遊びの時間）は毎日ほぼ同じだ（つまり、毎日同じ時間に決まったことをする）。		[1]
2	どの部屋にもネコが安心できる場所がある。		[3]
3	家じゅうに、ネコが上ることのできる高い場所がある（キャットタワーや棚など）。		[3]
4	毎日ネコと遊んであげている（たとえば、ネコじゃらしなどで）。		[3]
5	うちのネコは一人遊び用のおもちゃを持っており、飽きないように定期的に入れ替えてあげている。		[3][7]
6	うちのネコはフードパズルを持っている（簡単なレベルから始め、気に入るように工夫した）。		[4][10]
7	ネコのエンリッチメントとしてにおいを利用している（たとえば／キャットニップ／バレリアン／ハニーサックル／マタタビ／などのにおいのするおもちゃがある、屋外からネコに害のない自然物を持ち込むなど）。		[7]
8	自分も家族も、日常的な短い交流を（ネコが望めば）頻繁に行っている。		[3][8]

9	幼い子どもがネコをなでる場合には、やさしくなでられるように大人が手を添えている。		[8]
10	なでてOKか否かの選択権を常にネコに与えている。		[8]
11	霧吹きで水をかける、コインを入れた缶を振って大きな音を立てる、といったことを含めネコに一切罰を与えていない。		[5]
12	ネコトイレは、ほかのネコ用品から離れた静かな場所にある。		[3][11]
13	少なくとも1日に1回はネコトイレの排せつ物を除去し、1週間に1回は完全に清掃している。		[11]
14	ネコトイレは大きくて快適だ。		[11]
15	ごはん皿と水飲み皿は、ほかのネコ用品から離してある。		[3]
16	丈夫で高さがあり、安定している優秀な爪とぎがある。		[3]
17	爪とぎは横置き型のものもある。		[3]
18	ネコのお気に入りの場所には、強い香りの製品(洗剤など)の使用を避けるようにしている。		[3]
19	定期的にブラッシングを行い、目の周りや顔を毎日拭いてあげている(ネコの種類によって必要な場合)。		[6]
20	ネコがキャリーを好きになるようにトレーニングを行い、気が向けばキャリーの中でくつろぐことができるように、部屋に出しっぱなしにしている。		[6]

21	年に1回(もしくは獣医師が推奨する頻度で)獣医師に診てもらっている。		[6]
22	獣医師の推奨に従って、ワクチン接種を受けている。		[6]
23	獣医師の推奨に従って、ノミの予防や寄生虫の駆除を行っている。		[6]
24	うちのネコは健康的な体重だ。		[10]
25	ネコのストレスのサインに気を配り、必要に応じてストレスを軽減する工夫をしている。		[4][11]
26	ネコに特別なケアが必要となった場合には、状況に応じて、環境に工夫を施している(スロープや踏み台を設けるなど)。		[12]
27	自分に何かあったときにネコをどうするかを考えてある。		[13]
28	家族の緊急時の避難計画にネコも含めている。		[13]
	うちのネコが寝るときのお気に入りの場所は……		
	うちのネコのお気に入りのおもちゃは……		
	うちのネコのお気に入りの隠れ場所は……(隠れるのが好きな場所で、そこにいるときは邪魔をせずそっとしておく)		

【付録】ネコのためのトレーニングプラン

APPENDIX: TRAINING PLANS

「ちょうだい」を覚えてもらう 報酬と合図で段階的に

用意する物

・**報酬**（生まれつき求める刺激）：愛猫の好きな食べ物。とてもおいしく、小さいサイズのものにする（人間の手の爪の4分の1から半分くらいのサイズ）。チキンやマグロのかけらでも良いし、ほかの肉や魚、ネコ缶、ネコ用おやつなどでも良い。あらかじめ適切な大きさにしておき、自分で持っているか近くに置いておく（たとえば、イヌのトレーニング用のおやつポーチに入れたり、ボウルに入れて近くに置いたりする）。

・**学習を必要とする刺激**：クリッカー（クリック音のなるトレーニングツール）。臆病なネコはクリッカーの音に驚くこともあるので、その場合は音の静かな製品（アイクリックなど）を使うか、クリッカーを靴下の中に入れる、ボールペンのクリック音を用いる、クリッカーはやめて掛け声にするといった方法を試す。補助的な刺激として掛け声を用いる場合は、1つの言葉に決め（たとえば「よし」「いいよ」など）、声のトーンが毎回同じになるように気をつける。

・**トレーニングに適した場所**：静かで、ネコが滑らない場所を選ぶ。飼い主が床にかがむのが嫌ならテーブルに乗せても良い。

トレーニングのコツ

- 飼い主が求めている行動をしたら、すぐに補助的な刺激であるクリック音を鳴らす。それから、チキンやマグロをひとかけら与える。
- 間違えてクリッカーを鳴らしてしまった場合も、報酬を与える。間違えたのは飼い主でありネコではない。次回からはタイミングよく鳴らせるように気をつける。
- トレーニングは飼い主にとってもネコにとっても楽しいかもしれない。ただ、1回のトレーニング時間は短くし、5分にとどめる。
- 太りすぎになるのを防ぐため、トレーニングで与えたごほうびの量を記録し、その分だけ食事の量を減らす。
- 忍耐強くなること。いったんある段階を〝こなせた〟と思っても、あと戻りすることがある。これは普通のことで、特にネコが初めてトレーニングに挑戦する場合には、新しいことを身につけるのに時間がかかる。
- トレーニングプランは、いくつかの段階に分かれている。ネコがある段階を完全に習得してから、次の段階に進むようにする。行き詰まって一進一退の状態が続いたら、プランの中にも記しているように、1つの段階を2つに分割し、半歩ずつ進む方法がある。それによって、報酬をあげられる率が高まり、関心を引きつけておくことができる。

トレーニングプラン

ステップ1

ネコを誘導して座らせる。まず食べ物の小片を指でつまんで鼻の前に持っていき、少し上に動かしてから、やや後ろに動かす。食べ物を追って鼻を上に向けると、お尻が下がって床に付く。食べ物は鼻のすぐそばを離れないようにし、お尻が床に付いたら、それに対して合図を送り（すなわちクリック音を鳴らし）、食べ物を与える。

分割する場合：少しだけ鼻でフードを追える（つまり、完全に座ってはいないが、中腰になる）ようにする。

ステップ2

誘引物をなくす。手に何も食べ物を持たずに、ステップ1とまったく同じ手の動きをして座らせる。ネコは飼い主の手を追って鼻を上に向ける。お尻が床に付いたら、すかさずクリック音を鳴らし食べ物を与える。

分割する場合：手に食べ物を持っていないと興味を持たない場合には、次のように段階を分けて誘引物をなくすことができるか試してみる。

a. 食べ物を手に取る真似をし、〝持っているフリ〟をして誘導する。クリック音を鳴らしたら、手を見せて食べ物を持っていないことを示し、反対の手で食べ物をあげる。

b. もし〝持っているフリ〟に反応してくれなかったら、ステップ1に戻る。ただし、食べ物を指で完全に隠してネコから見えない状態で行う。

c. ステップ1を繰り返す。ただし、食べ物を指で完全に隠した上で、クリック音を鳴らすか「よし」などの声かけをしたあとに、反対の手で食べ物を与える。これによってネコは、飼い主が手に持っている食べ物はもらえないが、座るという行動をすれば食べ物をもらえるということを学ぶ。この方法を習得したら、あらためてステップ2に挑戦する。

ステップ3

ステップ2と同じ方法で行うが、この段階では、ネコが座ったら、飼い主は手を5センチ上に引き上げ、少し背伸びをしなくてはならないように誘導する。自然と前脚が持ち上がって床を離れる。飼い主の手を追って伸び上がったら、鼻が飼い主の手のそばを離れないうちに、すかさずクリック音を鳴らし食べ物を与える。

分割する場合：手を上に引き上げる距離は2〜3センチ程度にとどめ、大きく伸び上がらなくてもいいようにする。

ステップ4

手による合図をネコの近くで行うが、鼻のすぐそばまでは近づけない。難易度が高そうなら、合図を出す位置を少しネコに近づけるが、鼻のすぐそばまでは手を持っていかない。合図を送る位置を離していくことで、真ん前に立たなくても「ちょうだい」をしてもらうことができるようになる。「ちょうだい」をしたらクリック音を鳴らし、すぐに食べ物を与える。

ステップ5

ステップ4を完全に習得できたら、「ちょうだいして」のように声による合図を送り、一瞬待ってから手で合図をする。これまでと同じように、ネコが「ちょうだい」をしたらすぐにクリック音を鳴らし、食べ物を与える。

ステップ6

ネコがステップ5を完全に習得すると、そのうち飼い主が手の合図を送る前に「ちょうだい」ができるようになる。声の合図だけでネコが「ちょうだい」を確実にできるようになったら、手の合図を送るのをやめていい。

うまくいかない場合

・ネコが飽きないように、報酬である食べ物の種類に変化をつける。食べ物に興味を示さなかった場合は、肉を魚に変えてみるなど違うタイプの食べ物を使ってみる。ネコによって好みが違うので、愛猫が夢中になるものを見つける必要がある。
・咬みついたりネコパンチをしたりしてきた場合には、ごほうびの食べ物をあげるときに、へらやスプーン、注入器（シリンジ）などの道具を使うか、チューブ入りのおやつを選び、チューブから直接与える。それによって飼い主の指に触れることなく、ごほうびを食べることができる。手で合図をする代わりに、ターゲットスティックと呼ばれるトレーニングツールを用いる方法もある。
・飼い主の意図する姿勢にいま一歩ならない場合、誘引のための食べ物を持っている手の位置を見直す。また、クリック音を鳴らして報酬をあげるタイミングが遅すぎる場合、食べ物を手に入れようと両手を伸ばしてくる可能性がある。それも歓迎するかどうかは飼い主しだいだろう。これは飼い主にとってもネコにとっても新しい挑戦だ。トレーニングは楽しみながら進めよう。

キャリーを好きになるためのトレーニング

ほとんどのネコはすでにキャリーに悪いイメージを抱いているだろう。と言うことは、飼い主としては、キャリーが中でリラックスしておやつを食べる場所だという、いいイメージを新たに作り上げなければならないということだ。家の中に場所を見つけ、そこにキャリーを置きっぱなしにして愛猫が中で楽しめるようにしよう。

まずトレーニングを始めるにあたって、キャリーの中が快適になるよう、底部に肌触りのいいタオルかフリース毛布を敷く（すでに愛猫のにおいが付いている物なら、なお良い。キャリーは扉付きで、上部が外れるタイプを使う）。

そして、マグロの小片、ネコ用おやつなど、愛猫の大好物をごほうびとして用意する（ブラッシングが大好きなネコなら、短時間のブラッシングをごほうびにしてもいい）。ごほうびのアイデアについては、「ちょうだい」のトレーニングの「報酬」を。

トレーニングはとても細かい段階に分けて行うことが大事だ。後述する各段階を順番に進めていってほしい。ネコのペースで進め、1つの段階をネコが確実に楽しくこなせるようになるまでは、次の段階に進んではいけない。

2匹以上のネコを飼っている場合には、それぞれのネコのペースに合わせて別々に進める必要がある（もちろんそれぞれのネコに自分専用のキャリーを用意する）。ネコがキャリーを怖がっていない場合や、子ネコの場合には、最初の段階はかなり早く進むだろう。だがもし、ネコにストレスのサインが見られたり、気が進まなそうな様子を見せたりしたら、1つ前の段階に戻ってやり直す（必要に応じて、数段階前まで戻ってもいい）。

トレーニングプラン

各段階で十分にごほうびをあげる。ごほうびのおやつは、キャリーに入っている間、追加であげ続ける。一歩前進したかと思うと後退するというようなことも、ときどきあるだろう。それはいたって普通のことだ。ネコだって人間と同じように、覚えるには練習が必要だ。

キャリーに喜んで近づくようになったら、おまけとしてキャリーの中においしい食べ物かおもちゃを置いておき、見つけさせる。ごほうびがないかキャリーの中を確かめるようになるだろう（がっかりさせないよう、ごほうびがなくなったら補充を忘れずに！）。

段階	目標	キャリーの状態	ごほうびのタイミング
1	キャリーが置いてある部屋に入る	心地よい毛布などを敷いたキャリーの底部をネコがよくいる部屋に置く（キャリー上部のフタは外しておく）	ネコが部屋に入ったらごほうびを与える。ごほうびを与える場所はキャリーから離れていても良い。ネコが不快に思わない距離を保つ
2	キャリーの底部に近づく	同上	ネコが不快に思わない場所でごほうびを与える。最初はキャリーから離れていてもいい。だんだんキャリーに近い場所でごほうびをあげるようにする
3	キャリーの底部に乗る	同上	ごほうびをキャリーの底に置く。キャリーの上にとどまっているあいだ、ごほうびをあげ続ける
4	上部のフタがされたキャリーに入る	キャリー上部のフタをする。キャリーの扉は必ず開けておく	同上。最初はキャリーの入り口付近にごほうびを置き、しだいに奥のほうにずらしていくことで、全身をキャリーの中に入れるように促す
5	キャリーの中に入り１秒間扉を閉めてから開ける	キャリーの中に入ったらいったん扉を閉めすぐに開ける	ごほうびをあげる。扉を開けたあともキャリーの中にとどまっている場合は、ごほうびをあげ続ける
6	キャリーの中に入り、30秒を目標にして扉を閉める時間をしだいに長くしていく	キャリーに入ったら扉を閉め、少し長めに時間をおいてから開ける。最終目標は30秒だが、ごく短時間で開けるパターンを差し挟みながら、しだいに長くしていく。たとえば、扉を閉める時間を、３秒、５秒、１秒、７秒、10秒、２秒、12秒、１秒、５秒、15秒、３秒、12秒、18秒、２秒、５秒、21秒、３秒、25秒、１秒、９秒、28秒、12秒、30秒、１秒のように変えていく。	キャリーの中に入っている間はごほうびをあげ続ける。出し惜しみしてはいけない。

段階	目標	キャリーの状態	ごほうびのタイミング
7	キャリーに入ってとどまる	キャリーに入ったら扉を閉めて持ち上げる。すぐに下に降ろして扉を開ける	同上
8	キャリーに入っていったん車に乗り、すぐに家に戻って出る	キャリーに入ったら扉を確実に閉め、キャリーを運んで車に乗せる。すぐに家に戻り、扉を開ける	同上
9	キャリーに入って車に乗り、短時間ドライブをしてから家に戻る	キャリーに入ったら車に運び、シートベルトで固定してごく短時間のドライブをする。最初は数メートル移動しただけで家に戻るほうがいいかもしれない。しだいに距離を延ばしていく。もっと細かく段階を分ける必要があれば、最初はエンジンをかけて止めるだけ、次は方向指示器を出して止めるなどの段階を踏んでから、数分間のドライブができるようにする	同上。この段階では誰かの手助けが必要。誰かに運転してもらい、飼い主が後部座席でごほうびをあげ続けるか、飼い主が運転して誰かに後部座席でごほうびをあげてもらう。後者の場合は、出し惜しみせずにごほうびを与え続けるよう念を押しておく

謝辞

本書の執筆にご協力頂いたすべての方々、そして特に、私の質問に答えてくださった科学者、獣医師、シェルターのスタッフのみなさまに御礼申し上げます。クリスティ・ベンソン、ジル・ブラッドショー博士、スザンヌ・ブライナー、ジーン・ドナルドソン、ボニー・ハートニー、ステフ・ハービー、ケイト・ラサラ、クリスティン・ルーシー、キム・モンティース、クラウディア・リクター博士、ジェシカ・リング、ベス・ソーティンス、リサ・スカビエンスキー、ニコラ・スクワイア、ティム・スティール、レイチェル・スメル博士、リン・トーマス、ロイとフランキー・トッド、カレン・バン・ハーフテン博士には深く感謝しています。

執筆グループのアカデミーの方々には常に支えて頂き、いつも感謝しています。「Ｋｏ－Ｆｉ」のサポーターのみなさまは、私が行き詰っているときにもやさしい励ましや〝コーヒー代〟で支援してくださいました。長年にわたり、「コンパニオン・アニマル・サイコロジー」で、「いいね」やシェアをし、励ましの言葉を送ってくださっているみなさまにも感謝を捧げます。

私の素晴らしいエージェントであるフィオナ・ケンスホールは、私のことを信頼し、素晴らしいサポートをしてくださいました。心より感謝しています。

本というのは、一般に考えられているよりもチームの力によって作られています。グレイストーン・ブックスのみなさまには、本書の出版の実現に多大なるお力添えを頂き、ありがとうございました。特に担当編集者のルーシー・ケンウォードには、きめ細かな意見や提案を頂くとともに、意見交換を重ねながら編集にあたってくださったことに感謝しています。

親身になり、高いプロ意識を携えて正確な校閲をしてくださったロウィナ・レイには、大変お世話になりました。素晴らしい表紙のデザインを担当してくださったベル・ウースリッチにも深く感謝しています。また、本書の出版や販売に関して多大なる支援を頂いたジェニファー・クロール、メーガン・ジョーンズ、ララ・ルモワール、キャシー・ヌウェン、ハンナ・ニコルズ、マケンジー・プラット、丁寧な校正をしてくださったメグ・ヤマモトにも感謝しています。

素晴らしい写真を提供してくださった、ジーン・バラードとフィオナ・ケンスホールにも御礼申し上げます。

本書の出版は、アルの協力なくして実現しませんでした。ありがとう。

注　記

1章　あなたのネコは本当に幸せでしょうか？

1　Kristopher Poole, "The contextual cat: Human–animal relations and social meaning in Anglo-Saxon England," *Journal of Archaeological Method and Theory* 22, no. 3 (2015): 857–882.

2　A.F. Haruda et al., "The earliest domestic cat on the Silk Road," *Scientific Reports* 10, no. 1 (2020): 1–12.

3　Jonathan Balcombe, *What a Fish Knows: The Inner Lives of Our Underwater Cousins* (New York: Scientific American/Farrar, Strauss and Giroux, 2016)（『魚たちの愛すべき知的生活：何を感じ、何を考え、どう行動するか』ジョナサン・バルコム著、桃井緑美子訳／白揚社／ 2018 年）.

4　Annika Stefanie Reinhold et al., "Behavioral and neural correlates of hide-and-seek in rats," *Science* 365, no. 6458 (2019): 1180–1183.

5　Philip Low et al., "The Cambridge declaration on consciousness," Francis Crick Memorial Conference, Cambridge, England, 2012, fcmconference.org/img/CambridgeDeclarationOnConsciousness.pdf.

6　John Bradshaw, "Normal feline behaviour: . . . and why problem behaviours develop," *Journal of Feline Medicine and Surgery* 20, no. 5 (2018): 411–421.

7　Kristyn R. Vitale Shreve and Monique A.R. Udell, "What's inside your cat's head? A review of cat (*Felis silvestris catus*) cognition research past, present and future," *Animal Cognition* 18, no. 6 (2015): 1195–1206.

8　David J. Mellor, "Updating animal welfare thinking: Moving beyond the 'five freedoms' towards 'a life worth living.'" *Animals* 6, no. 3 (2016): 21; David J. Mellor, "Moving beyond the 'five freedoms' by updating the 'five provisions' and introducing aligned 'animal welfare aims.'" *Animals* 6, no. 10 (2016): 59.

9　David J. Mellor, "Moving beyond the 'five freedoms'"; David J. Mellor et al., "The 2020 Five Domains Model: Including human–animal interactions in assessments of animal welfare," *Animals* 10, no. 10 (2020): 1870.

10　Jean-Loup Rault et al., "The power of a positive human–animal relationship for animal welfare," *Frontiers in Veterinary Science* 7 (2020).

11　David J. Mellor et al., "The 2020 Five Domains Model."

12　People's Dispensary for Sick Animals, "Animal wellbeing PAW report: The essential insight into the wellbeing of UK pets," 2020, pdsa.org. uk/media/10509/20039_pdsa-paw-report-2020_7-10_press_3_ online-5.pdf.

13 Fiona Rioja-Lang et al., "Determining priority welfare issues for cats in the United Kingdom using expert consensus," *Veterinary Record Open* 6, no. 1 (2019).

14 Emma K. Grigg and Lori R. Kogan, "Owners' attitudes, knowledge, and care practices: Exploring the implications for domestic cat behavior and welfare in the home," *Animals* 9, no. 11 (2019): 978.

15 Tiffani J. Howell, Kate Mornement, and Pauleen C. Bennett, "Pet cat management practices among a representative sample of owners in Victoria, Australia," *Journal of Veterinary Behavior* 11 (2016): 42–49.

16 Emma K. Grigg et al., "Cat owners' perceptions of psychoactive medications, supplements and pheromones for the treatment of feline behavior problems," *Journal of Feline Medicine and Surgery* 21, no. 10 (2019): 902–909.

17 Jaak Panksepp, "Affective consciousness: Core emotional feelings in animals and humans," *Consciousness and Cognition* 14, no. 1 (2005): 30–80.

18 International Cat Care, "Top tip: Understanding cat blinks," 2020, icatcare.org/top-tip-understanding-cat-blinks.

19 Nadine Gourkow and Clive J.C. Phillips, "Effect of cognitive enrichment on behavior, mucosal immunity and upper respiratory disease of shelter cats rated as frustrated on arrival," *Preventive Veterinary Medicine* 131 (2016): 103–110.

20 Valerie Bennett, Nadine Gourkow, and Daniel S. Mills, "Facial correlates of emotional behaviour in the domestic cat (Felis catus)," *Behavioural Processes* 141 (2017): 342–350.

21 Marina C. Evangelista et al., "Facial expressions of pain in cats: the development and validation of a Feline Grimace Scale," *Scientific Reports* 9, no. 1 (2019): 1–11.

22 Lauren C. Dawson et al., "Humans can identify cats' affective states from subtle facial expressions," Animal Welfare 28, no. 4 (2019): 519–531.

2章　ネコを家に迎えるときの心得

1 RSPCA, "Kittens for sale," n.d.," (現在は "What to think about when buying a kitten" に変更)
www.rspca.org.uk/adviceandwelfare/pets/cats/kittens.

2 S.L. Crowell-Davis, T.M. Curtis, and R.J. Knowles, "Social organization in the cat: A modern understanding," *Journal of Feline Medicine and Surgery* 6 (2004): 19–28.

3 Lauren R. Finka, et al., "Owner personality and the wellbeing of their cats share parallels with the parent-child relationship," *PLoS ONE* 14, no. 2 (2019): e0211862.

4 Mark J. Farnworth, et al., "Flat feline faces: Is brachycephaly associated with respiratory abnormalities in the domestic cat (*Felis catus*)?," *PLoS ONE* 11, no. 8 (2016): e0161777.

5 Kerstin L. Anagrius et al., "Facial conformation characteristics in Persian and Exotic Shorthair cats," *Journal of Feline Medicine and Surgery* (2021): 1098612X21997631.

6 Lauren R. Finka et al., "The application of geometric morphometrics to explore potential impacts of anthropocentric selection on animals' ability to communicate via the face: The domestic cat as a case study," *Frontiers in Veterinary Science* 7 (2020): 1070.

7 International Cat Care, "Bengal," 2018, icatcare.org/advice/bengal.

8 Mark J. Farnworth et al., "In the eye of the beholder: Owner preferences for variations in cats' appearances with specific focus on skull morphology," *Animals* 8, no. 2 (2018): 30.

9 Jacqueline Wilhelmy et al., "Behavioral associations with breed, coat type, and eye color in single-breed cats," *Journal of Veterinary Behavior* 13 (2016): 80–87.

10 Milla Salonen et al., "Breed differences of heritable behaviour traits in cats," *Scientific Reports* 9, no. 1 (2019): 1–10.

11 Roberta R. Collard, "Fear of strangers and play behavior in kittens with varied social experience," *Child Development* (1967): 877-891; John W.S. Bradshaw, Rachel A. Casey, and Sarah L. Brown, *The Behaviour of the Domestic Cat* (Boston, MA: CABI, 2012).

12 Fox (1970), as cited in Dennis C. Turner, "A review of over three decades of research on cat-human and human-cat interactions and relationships," *Behavioural Processes* 141 (2017): 297–304.

13 Thomas McNamee, *The Inner Life of Cats: The Science and Secrets of Our Mysterious Feline Companions* (New York: Hachette, 2018)（『猫の精神生活がわかる本』トーマス・マクナミー著、プレシ南日子、安納令奈訳／エクスナレッジ／2017年）.

14 Milla K. Ahola, Katariina Vapalahti, and Hannes Lohi, "Early weaning increases aggression and stereotypic behaviour in cats," *Scientific Reports* 7, no. 1 (2017): 1–9.

15 ASPCA Pro, "Telling a kitten's age in four steps," n.d., aspcapro.org/resource/telling-kittens-age-four-steps.

3章　ネコが心地よく過ごせる環境づくり

1 F. Rioja-Lang et al., "Determining priority welfare issues for cats in the United Kingdom using expert consensus," *Veterinary Record Open* 6, no. 1 (2019).

2 S. L. Ellis et al., "AAFP and ISFM feline environmental needs guidelines," *Journal of Feline Medicine and Surgery* 15, no. 3 (2013): 219–230.

3 J.J. Ellis et al., "Environmental enrichment choices of shelter cats." *Behavioural Processes.* 141, no. 3 (2017): 291–296.

4 Sarah L. Hall, John W.S. Bradshaw, and Ian H. Robinson, "Object play in adult domestic cats: The roles of habituation and disinhibition," *Applied Animal Behaviour Science* 79, no. 3 (2002): 263–271.

5 B. Strickler and E. Shull, "An owner survey of toys, activities, and behavior problems in indoor cats," *Journal of Veterinary Behavior: Clinical Applications and Research* 9, no. 5 (2014): 207–214.

6 K.R.V. Shreve and M.A. Udell, "tress, security, and scent: The influence of chemical signals on the social lives of domestic cats and implications for applied settings," *Applied Animal Behaviour Science* 187 (2017): 69–76.

7 Mei S. Yamaguchi et al., "Bacteria isolated from Bengal cat (*Felis catus* × *Prionailurus bengalensis*) anal sac secretions produce volatile compounds potentially associated with animal signaling," *PLoS ONE* 14, no. 9 (2019): e0216846.

8 Miyabi Nakabayashi, Ryohei Yamaoka, and Yoshihiro Nakashima, "Do faecal odours enable domestic cats (*Felis catus*) to distinguish familiarity of the donors?" *Journal of Ethology* 30, no. 2 (2012): 325–329.

9 Manuel Mengoli et al., "Scratching behaviour and its features: A questionnaire- based study in an Italian sample of domestic cats," *Journal of Feline Medicine and Surgery* 15, no. 10 (2013): 886–892.

10 Colleen Wilson et al., "Owner observations regarding cat scratching behavior: An internet-based survey," *Journal of Feline Medicine and Surgery* 18, no. 10 (2016): 791–797.

11 Lingna Zhang, Rebekkah Plummer, and John McGlone, "Preference of kittens for scratchers," *Journal of Feline Medicine and Surgery* 21, no. 8 (2019): 691–699.

4章　「安全」と「幸せ」を両立させるために

1 Catherine M. Hall et al., "Factors determining the home ranges of pet cats: A meta-analysis," *Biological Conservation* 203 (2016): 313–320.

2 Peter Sandøe et al., "The burden of domestication: a representative study of welfare in privately owned cats in Denmark," *Animal Welfare* 26 (2017): 1–10.

3 Daiana de Souza Machado et al., "Beloved whiskers: Management type, care practices and connections to welfare in domestic cats," *Animals* 10, no. 12 (2020): 2308.

4 Sarah M.L. Tan, Anastasia C. Stellato, and Lee Niel, "Uncontrolled outdoor access for cats: An assessment of risks and benefits," *Animals* 10, no. 2 (2020): 258.

5 RSPCA, "What are the signs of antifreeze poisoning in cats?" n.d.,

rspca.org.uk/adviceandwelfare/pets/cats/health/poisoning/antifreeze.

6 I. Rochlitz, " The effects of road traffic accidents on domestic cats and their owners," *Animal Welfare* 13, no. 1 (2004): 51–56.

7 Stanley D. Gehrt et al., "Population ecology of free-roaming cats and interference competition by coyotes in urban parks," *PLoS ONE* 8, no. 9 (2013): e75718.

8 Rachel N. Larson et al., "Effects of urbanization on resource use and individual specialization in coyotes (*Canis latrans*) in southern California," *PLoS ONE* 15, no. 2 (2020): e0228881.

9 S.A. Poessel, E.C. Mock, and S.W. Breck, "Coyote (*Canis latrans*) diet in an urban environment: variation relative to pet conflicts, housing density, and season," *Canadian Journal of Zoology* 95, no. 4 (2017): 287–297.

10 Royal Society for the Protection of Birds, "How many birds do cats kill," n.d., rspb.org.uk/birds-and-wildlife/advice/gardening-for-wildlife/animal-deterrents/cats-and-garden-birds/are-cats-causing-bird-declines.

11 Roland W. Kays and Amielle A. DeWan, "Ecological impact of inside/outside house cats around a suburban nature preserve," *Animal Conservation forum* 7, no. 3 (2004): 273–283.

12 Michael Calver et al., "Reducing the rate of predation on wildlife by pet cats: The efficacy and practicability of collar-mounted pounce protectors," *Biological Conservation* 137, no. 3 (2007): 341–348.

13 Catherine M. Hall et al., "Assessing the effectiveness of the Birdsbesafe® anti-predation collar cover in reducing predation on wildlife by pet cats in Western Australia," *Applied Animal Behaviour Science* 173 (2015): 40–51.

14 Martina Cecchetti et al., "Provision of high meat content food and object play reduce predation of wild animals by domestic cats *Felis catus*," *Current*

Biology 31, no. 5 (2021): 1107–1111.e5.

15 Tiffani J. Howell, Kate Mornement, and Pauleen C. Bennett, "Pet cat management practices among a representative sample of owners in Victoria, Australia," *Journal of Veterinary Behavior* 11 (2016): 42–49.

16 Scott S. Campbell and Irene Tobler, "Animal sleep: A review of sleep duration across phylogeny," *Neuroscience & Biobehavioral Reviews* 8, no. 3 (1984): 269–300.

17 John W.S. Bradshaw, Rachel A. Casey, and Sarah L. Brown, *The Behaviour of the Domestic Cat* (Boston, MA: CABI, 2012).

18 Daniel E. Slotnik, "Michel Jouvet, who unlocked REM's sleep secrets, dies at 91," *New York Times*, 2017, nytimes.com/2017/10/11/obituaries/michel-jouvet-who-unlocked-rem-sleeps-secrets-dies-at-91.html; Barbara E. Jones, "The mysteries of sleep and waking unveiled by Michel Jouvet," *Sleep Medicine* 49 (2018): 14–19.

19 Daoyun Ji and Matthew A. Wilson, "Coordinated memory replay in the visual cortex and hippocampus during sleep," *Nature Neuroscience* 10, no. 1 (2007): 100–107.

20 Christy L. Hoffman, Kaylee Stutz, and Terrie Vasilopoulos, "An examination of adult women's sleep quality and sleep routines in relation to pet ownership and bedsharing," *Anthrozoös* 31, no. 6 (2018): 711–725.

21 Giuseppe Piccione et al., "Daily rhythm of total activity pattern in domestic cats (*Felis silvestris catus*) maintained in two different housing conditions," *Journal of Veterinary Behavior* 8, no. 4 (2013): 189–194.

5章　トレーニングで生まれる最良の信頼関係

1 Pamela J. Reid, *Excel-erated Learning: Explaining in Plain English How Dogs Learn and How Best to Teach Them.* (Berkeley, CA: James and Kenneth Publishers, 2011)（『エクセレレーティッド・ラーニング：イヌの学習を加速させる理論』パメラ・J. リード著、大谷伸代監修、橋根理恵、松尾千彰訳／レッドハート／2007年）.

2 N. Porters et al., "Development of behavior in adopted shelter kittens after gonadectomy performed at an early age or at a traditional age," *Journal of Veterinary Behavior: Clinical Applications and Research* 9, no. 5 (2014), 196–206.

3 Kristina A. O'Hanley, David L. Pearl, and Lee Niel, "Risk factors for aggression in adult cats that were fostered through a shelter program as kittens," *Applied Animal Behaviour Science* 236 (2021): 105251.

4 John W.S. Bradshaw, Rachel A. Casey, and Sarah L. Brown, *The Behaviour of the Domestic Cat* (Boston, MA: CABI, 2012).

5 Claudia Fugazza et al., "Did we find a copycat? Do as I do in a domestic cat (*Felis catus*)," *Animal Cognition* 24 (2020): 121–131.

6 L. Pratsch et al., "Carrier training cats reduces stress on transport to a veterinary practice," *Applied Animal Behaviour Science* 206 (2018): 64–74.

7 J. Lockhart, K. Wilson, and C. Lanman, "The effects of operant training on blood collection for domestic cats," *Applied Animal Behaviour Science* 143, no. 2-4 (2013): 128–134.

8 L. Kogan, C. Kolus, and R. Schoenfeld-Tacher, "Assessment of clicker training for shelter cats. *Animals* 7, no. 10 (2017): 73.

9 N. Gourkow and C. Phillips, "Effect of cognitive enrichment on behavior, mucosal immunity and upper respiratory disease of shelter cats rated as frustrated on arrival," *Preventive Veterinary Medicine* 131 (2016): 103–110.

6章　動物病院と健康を保つ手入れ

1 John O. Volk et al., "Executive summary of the Bayer veterinary care usage study," *Journal of the American Veterinary Medical Association* 238, no. 10 (2011): 1275–1282.

2 John O. Volk et al., "Executive summary of phase 2 of the Bayer veterinary care usage study," *Journal of the American Veterinary Medical Association* 239, no. 10 (2011): 1311–1316.

3 Zoe Belshaw et al., "Owners and veterinary surgeons in the United Kingdom disagree about what should happen during a small animal vaccination consultation," *Veterinary Sciences* 5, no. 1 (2018): 7.

4 Carly M. Moody et al., "Can you handle it? Validating negative responses to restraint in cats," *Applied Animal Behaviour Science* 204 (2018): 94–100.

5 Carly M. Moody et al., "Getting a grip: Cats respond negatively to scruffing and clips," *Veterinary Record* 186, no. 12 (2020): 385–385.

6 C. M. Moody, C.E. Dewey, and L. Niel, "Cross-sectional survey of cat handling practices in veterinary clinics throughout Canada and the United States," *Journal of the American Veterinary Medical Association*, 256, no. 9 (2020): 1020–1033.

7 Chiara Mariti et al., "Guardians' perceptions of cats' welfare and behavior regarding visiting veterinary clinics," *Journal of Applied Animal Welfare Science* 19, no. 4 (2016): 375–384.

8 Stefanie Riemer et al., "A review on mitigating fear and aggression in dogs and cats in a veterinary setting," *Animals* 11, no. 1 (2021): 158.

9 American Association of Feline Practitioners, "Cat friendly homes," n.d., catfriendly.com.

10 Amy E.S. Stone et al., "2020 AAHA/AAFP feline vaccination guidelines," *Journal of Feline Medicine and Surgery* 22, no. 9 (2020): 813–30.

11 Jan Bellows et al., "2019 AAHA dental care guidelines for dogs and cats," *Journal of the American Animal Hospital Association* 55, no. 2 (2019): 49–69.

12 Marianne Diez et al., "Health screening to identify opportunities to improve preventive medicine in cats and dogs," *Journal of Small Animal Practice* 56, no. 7 (2015): 463–469.

13 D.G. O'Neill et al., "Prevalence of disorders recorded in cats attending primary-care veterinary practices in England," *The Veterinary Journal* 202, no. 2 (2014): 286–291.

14 N.C. Finch, H.M. Syme, and J. Elliott, "Risk factors for development of chronic kidney disease in cats," *Journal of Veterinary Internal Medicine* 30, no. 2 (2016): 602–610.

15 S.R. Urfer et al., "Risk factors associated with lifespan in pet dogs evaluated in primary care veterinary hospitals," *Journal of the American Animal Hospital Association* 55, no. 3 (2019): 130–137.

7章　さらなる幸せのために「エンリッチメント」

1 Sarah Ellis, "Environmental enrichment: Practical strategies for improving feline welfare," *Journal of Feline Medicine and Surgery* 11 (2009): 901–912.

2 M.R. Shyan-Norwalt, "Caregiver perceptions of what indoor cats do 'for fun.'" *Journal of Applied Animal Welfare Science* 8, no. 3 (2005): 199–209.

3 Sarah L.H. Ellis and Deborah L. Wells, "The influence of visual stimulation on the behaviour of cats housed in a rescue shelter," *Applied Animal Behaviour Science* 113, no. 1–3 (2008): 166–174.

4 Sarah L.H. Ellis and Deborah L. Wells, "The influence of olfactory stimulation on the behaviour of cats housed in a rescue shelter," *Applied Animal Behaviour Science* 123, no. 1–2 (2010): 56–62.

5 Neil B. Todd, "Inheritance of the catnip response in domestic cats," *Journal of Heredity* 53, no. 2 (1962): 54–56.

6 Benjamin R. Lichman et al., "The evolutionary origins of the cat attractant nepetalactone in catnip," *Science Advances* 6, no. 20 (2020): eaba0721.

7 Reiko Uenoyama et al., "The characteristic response of domestic cats to plant iridoids allows them to gain chemical defence against mosquitoes," *Science Advances* 7, no. 4 (2021): eabd9135.

8 S. Bol et al., "Responsiveness of cats (*Felidae*) to silver vine (*Actinidia polygama*), Tatarian honeysuckle (*Lonicera tatarica*), valerian (*Valeriana officinalis*) and catnip (*Nepeta cataria*)," *BMC Veterinary Research* 13, no. 1 (2017): 70.

9 John W.S. Bradshaw, Rachel A. Casey, and Sarah L. Brown, *The Behaviour of the Domestic Cat* (Boston, MA: CABI, 2012).

10 Charles T. Snowdon, David Teie, and Megan Savage, "Cats prefer species-appropriate music," *Applied Animal Behaviour Science* 166 (2015): 106–111.

11 Amanda Hampton et al., "Effects of music on behavior and physiological stress response of domestic cats in a veterinary clinic," *Journal of Feline Medicine and Surgery* 22, no. 2 (2020): 122–128.

12 Emily G. Patterson-Kane and Mark J. Farnworth, "Noise exposure, music, and animals in the laboratory: a commentary based on Laboratory Animal Refinement and Enrichment Forum (LAREF) discussions," *Journal of Applied Animal Welfare Science* 9, no. 4 (2006): 327–332.

8章　飼い主への愛情とお互いの絆

1 Kristyn R. Vitale, Alexandra C. Behnke, and Monique A.R. Udell, "Attachment bonds between domestic cats and humans", *Current Biology* 29, no. 18 (2019): R864-R865.

2 Alice Potter and Daniel Simon Mills, "Domestic cats (*Felis silvestris catus*) do not show signs of secure attachment to their owners," *PLoS ONE* 10, no. 9 (2015): e0135109.

3 A. Saito et al., "Domestic cats (*Felis catus*) discriminate their names from other words," *Scientific Reports* 9 (2019): 5394.

4 Saho Takagi et al., "Cats match voice and face: cross-modal representation of humans in cats (*Felis catus*)," *Animal Cognition* 22, no. 5 (2019): 901–906.

5 Dennis C. Turner, "A review of over three decades of research on cat-human and human-cat interactions and relationships," *Behavioural Processes* 141 (2017): 297–304.

6 Claudia Mertens and Dennis C. Turner, "Experimental analysis of human-cat interactions during first encounters," *Anthrozoös* 2, no. 2 (1988): 83–97.

7 Kristyn R. Vitale and Monique A.R. Udell, "The quality of being sociable:

The influence of human attentional state, population, and human familiarity on domestic cat sociability," *Behavioural Processes* 158 (2019): 11–17.

8 Kristyn R. Vitale Shreve, Lindsay R. Mehrkam, and Monique A.R. Udell, "Social interaction, food, scent or toys? A formal assessment of domestic pet and shelter cat (*Felis silvestris catus*) preferences," *Behavioural Processes* 141 (2017): 322–328.

9 Matilda Eriksson, Linda J. Keeling, and Therese Rehn, "Cats and owners interact more with each other after a longer duration of separation," *PLoS ONE* 12, no. 10 (2017): e0185599.

10 Moriah Galvan and Jennifer Vonk, "Man's other best friend: Domestic cats (*F. silvestris catus*) and their discrimination of human emotion cues," *Animal Cognition* 19, no. 1 (2016): 193–205.

11 Isabella Merola et al., "Social referencing and cat–human communication," *Animal Cognition* 18, no. 3 (2015): 639–648.

12 Ádám Miklósi et al., "A comparative study of the use of visual communicative signals in interactions between dogs (*Canis familiaris*) and humans and cats (*Felis catus*) and humans," *Journal of Comparative Psychology* 119, no. 2 (2005): 179.

13 Sarah L.H. Ellis, Victoria Swindell, and Oliver H.P. Burman, "Human classification of context-related vocalizations emitted by familiar and unfamiliar domestic cats: an exploratory study," *Anthrozoös* 28, no. 4 (2015): 625–634.

14 Karen McComb et al., "The cry embedded within the purr," *Current Biology* 19, no. 13 (2009): R507–R508.

15 Sarah Lesley Helen Ellis et al., "The influence of body region, handler familiarity and order of region handled on the domestic cat's response to being stroked," *Applied Animal Behaviour Science* 173 (2015): 60–67.

16 Lynette A. Hart et al., "Compatibility of cats with children in the family," *Frontiers in Veterinary Science* 5 (2018): 278.

17 John W.S. Bradshaw, "Sociality in cats: A comparative review," *Journal of Veterinary Behavior* 11 (2016): 113–124.

18 Tasmin Humphrey et al., "The role of cat eye narrowing movements in cat–human communication," *Scientific Reports* 10, no. 1 (2020): 1–8.

9章　ネコの社会性

1 S.L. Crowell-Davis, T.M. Curtis, and R.J. Knowles, "Social organization in

the cat: A modern understanding," *Journal of Feline Medicine and Surgery* 6, no. 1 (2004): 19–28.

2 John W.S. Bradshaw, "Sociality in cats: A comparative review," *Journal of Veterinary Behavior* 11 (2016): 113–124.

3 Noema Gajdoš Kmecová et al., "Potential risk factors for aggression and playfulness in cats: Examination of a pooling fallacy using Fe-BARQ as an example," *Frontiers in Veterinary Science* 7 (2021): 545326.

4 Rachel Foreman-Worsley and Mark J. Farnworth, "A systematic review of social and environmental factors and their implications for indoor cat welfare," *Applied Animal Behaviour Science* 220 (2019): 104841.

5 Theresa L. DePorter et al., "Evaluation of the efficacy of an appeasing pheromone diffuser product vs placebo for management of feline aggression in multi-cat households: A pilot study," *Journal of Feline Medicine and Surgery* 21, no. 4 (2019): 293–305.

6 As described in an online lecture in 2017 by Dr. Charlotte Cameron-Beaumont, in which she gave information from her doctoral thesis: C.L. Cameron-Beaumont, "Visual and tactile communication in the domestic cat (*Felis silvestris catus*) and undomesticated small felids," PhD thesis, University of Southampton, U.K., 1997.

7 S. Cafazzo and E. Natoli, "The social function of tail up in the domestic cat (*Felis silvestris catus*)," *Behavioural Processes* 80, no. 1 (2009): 60–66.

8 John Bradshaw, "Normal feline behaviour: . . . and why problem behaviours develop," *Journal of Feline Medicine and Surgery* 20, no. 5 (2018): 411–421.

9 Mikel Delgado and Julie Hecht, "A review of the development and functions of cat play, with future research considerations," *Applied Animal Behaviour Science* 214 (2019): 1–17; John W.S. Bradshaw, Rachel A. Casey, and Sarah L. Brown, *The Behaviour of the Domestic Cat* (Boston, MA: CABI, 2012).

10 N. Feuerstein and J. Turkel, "Interrelationships of dogs (*Canis familiaris*) and cats (*Felis catus L.*) living under the same roof," *Applied Animal Behaviour Science* 113 (2007): 150–165.

11 J.E. Thomson, S.S. Hall, and D.S. Mills, "Evaluation of the relationship between cats and dogs living in the same home," *Journal of Veterinary Behavior* 27 (2018): 35–40.

12 Miriam Rebecca Prior and Daniel Simon Mills, "Cats vs. dogs: The efficacy of Feliway FriendsTM and AdaptilTM products in multispecies homes," *Frontiers in Veterinary Science* 7 (2020): 399.

10章　ネコの食事

1 Mikel Delgado and Leticia M.S. Dantas, "Feeding cats for optimal mental and behavioral well-being," *Veterinary Clinics: Small Animal Practice* 50, no. 5 (2020): 939–953.

2 Tammy Sadek et al., "Feline feeding programs: Addressing behavioural needs to improve feline health and wellbeing," *Journal of Feline Medicine and Surgery* 20, no. 11 (2018): 1049–1055.

3 A. Alho, J. Pontes, and C. Pomba, "Guardians' knowledge and husbandry practices of feline environmental enrichment," *Journal of Applied Animal Welfare Science* 19, no. 2 (2016): 115–125.

4 L. Dantas et al., "Food puzzles for cats: Feeding for physical and emotional wellbeing," *Journal of Feline Medicine and Surgery* 18, no. 9 (2016).

5 Deborah E. Linder, "Cats are not small dogs: Unique nutritional needs of cats," *Petfoodology blog*, Cummings Veterinary Medical Center, 2018, vetnutrition.tufts.edu/2018/12/cats-are-not-small-dogs-unique-nutritional-needs-of-cats.

6 J.L. Stella and C.A.T. Buffington, "*Individual and environmental effects on cat welfare,*" Ch. 13 in Dennis C. Turner and Patrick Bateson (eds), *The Domestic Cat: The Biology of Its Behaviour*, 3rd ed. (U.K.: Cambridge University Press, 2015)（『ドメスティック・キャット：その行動の生物学』デニス・C・ターナー、パトリック・ベイトソン編著、武部正美、加隈良枝訳／チクサン出版社／ 2006 年）.

7 Martina Cecchetti et al., "Provision of high meat content food and object play reduce predation of wild animals by domestic cats *Felis catus*," *Current Biology* 31, no. 5 (2021): 1107–1111.e5.

8 Stacie C. Summers et al., "Evaluation of nutrient content and caloric density in commercially available foods formulated for senior cats," *Journal of Veterinary Internal Medicine* 34, no. 5 (2020): 2029–2035.

9 ASPCA Pro, "People foods pets should never eat," n.d., aspcapro.org/resource/people-foods-pets-should-never-eat.

10 Kathryn Michel and Margie Scherk, "From problem to success: Feline weight loss programs that work," *Journal of Feline Medicine and Surgery* 14, no. 5 (2012): 327–336.

11 World Small Animal Veterinary Association, "Body condition score," 2020, wsava.org/wp-content/uploads/2020/08/Body-Condition-Score-cat-updated-August-2020.pdf .

12 J. K. Murray et al., "Cohort profile: The 'Bristol Cats Study' (BCS)—A birth cohort of kittens owned by UK households," *International Journal of Epidemiology* 46, no. 6 (2017): 1749–1750e.

13 Elizabeth M. Lund et al., "Prevalence and risk factors for obesity in adult

cats from private US veterinary practices," *International Journal of Applied Research in Veterinary Medicine* 3, no. 2 (2005): 88–96.

14 Laurence Colliard et al., "Prevalence and risk factors of obesity in an urban population of healthy cats," *Journal of Feline Medicine and Surgery* 11, no. 2 (2009): 135–140.

15 John Flanagan et al., "An international multi-centre cohort study of weight loss in overweight cats: Differences in outcome in different geographical locations," *PLoS ONE* 13, no. 7 (2018): e0200414.

16 Emily D. Levine et al., "Owner's perception of changes in behaviors associated with dieting in fat cats," *Journal of Veterinary Behavior* 11 (2016): 37–41.

17 Séverine Ligout et al., "Cats reorganise their feeding behaviours when moving from ad libitum to restricted feeding," *Journal of Feline Medicine and Surgery* 22, no. 10 (2020): 953–958.

18 E. Kienzle and R. Bergler, "Human-animal relationship of owners of normal and overweight cats," *The Journal of Nutrition* 136, no. 7 Suppl (2006): 1947S–1950S.

19 J.B. Coe et al., "Dog owner's accuracy measuring different volumes of dry dog food using three different measuring devices," *Veterinary Record* 185, no. 19 (2019): 599.

20 D. Brooks et al., "2014 AAHA weight management guidelines for dogs and cats," *Journal of the American Animal Hospital Association* 50, no. 1 (2014): 1–11.

11 章　ネコの問題行動

1 S. Scott et al., "Follow-up surveys of people who have adopted dogs and cats from an Australian shelter," *Applied Animal Behaviour Science* 201: (2018).

2 John Bradshaw, "Normal feline behaviour: . . . and why problem behaviours develop," *Journal of Feline Medicine and Surgery* 20, no. 5 (2018): 411–421.

3 Daniel S. Mills et al., "Pain and problem behavior in cats and dogs," *Animals* 10, no. 2 (2020): 318.

4 Emma K. Grigg and Lori R. Kogan, "Owners' attitudes, knowledge, and care practices: Exploring the implications for domestic cat behavior and welfare in the home," *Animals* 9, no. 11 (2019): 978.

5 Sophie Liu et al., "A six-year retrospective study of outcomes of surrendered cats (*Felis catus*) with periuria in a no kill shelter," *Journal of Veterinary Behavior* 42 (2021): 75–80.

6 Virginie Villeneuve-Beugnet and Frederic Beugnet, "Field assessment of cats' litter box substrate preferences," *Journal of Veterinary Behavior* 25 (2018): 65–70.

7 Norma C. Guy, Marti Hopson, and Raphaël Vanderstichel, "Litterbox size preference in domestic cats (*Felis catus*)," *Journal of Veterinary Behavior* 9, no. 2 (2014): 78–82.

8 Emma K. Grigg, Lindsay Pick, and Belle Nibblett, "Litter box preference in domestic cats: covered versus uncovered," *Journal of Feline Medicine and Surgery* 15, no. 4 (2013): 280–284.

9 Virginie Villeneuve-Beugnet and Frederic Beugnet, "Field assessment in single-housed cats of litter box type (covered/uncovered) preferences for defecation," *Journal of Veterinary Behavior* 36 (2020): 65–69.

10 J.J. Ellis, R.T.S. McGowan, and F. Martin, "Does previous use affect litter box appeal in multi-cat households?" *Behavioural Processes* 141 (2017): 284–290.

11 Wailani Sung and Sharon L. Crowell-Davis, "Elimination behavior patterns of domestic cats (*Felis catus*) with and without elimination behavior problems," *American Journal of Veterinary Research* 67, no. 9 (2006): 1500–1504.

12 Ragen T.S. McGowan et al., "The ins and outs of the litter box: A detailed ethogram of cat elimination behavior in two contrasting environments," *Applied Animal Behaviour Science* 194 (2017): 67–78.

13 Ana Maria Barcelos et al., "Common risk factors for urinary house soiling (periuria) in cats and its differentiation: The sensitivity and specificity of common diagnostic signs," *Frontiers in Veterinary Science* 5 (2018): 108.

14 Daniela Ramos et al., "A closer look at the health of cats showing urinary house-soiling (periuria): A case-control study," *Journal of Feline Medicine and Surgery* 21, no. 8 (2019): 772–779.

15 Hazel Carney et al., "AAFP and ISFM guidelines for diagnosing and solving house-soiling behavior in cats," *Journal of Feline Medicine and Surgery* 16, no. 7 (2014): 579–598.

16 Nicole K. Martell-Moran, Mauricio Solano, and Hugh G.G. Townsend, "Pain and adverse behavior in declawed cats," *Journal of Feline Medicine and Surgery* 20, no. 4 (2018): 280–288.

17 The Paw Project, n.d., pawproject.org.

18 Ilana R. Reisner et al., "Friendliness to humans and defensive aggression in cats: the influence of handling and paternity," *Physiology & Behavior* 55, no. 6 (1994): 1119–1124.

19 Sandra McCune, "The impact of paternity and early socialisation on the development of cats' behaviour to people and novel objects," *Applied Animal Behaviour Science* 45, no. 1–2 (1995): 109–124.

20 I.C.G. Weaver et al., "Epigenetic programming by maternal behavior," *Nature Neuroscience* 7 (2004): 847–854.

21 Patricia Vetula Gallo, Jack Werboff, and Kirvin Knox, "Development of home orientation in offspring of protein - restricted cats," *Developmental Psychobiology: The Journal of the International Society for Developmental Psychobiology* 17, no. 5 (1984): 437–449.

22 Kristina O'Hanley, David L. Pearl, and Lee Niel, "Risk factors for aggression in adult cats that were fostered through a shelter program as kittens," *Applied Animal Behaviour Science* (2021): 105251.

23 Jorge Palacio et al., "Incidence of and risk factors for cat bites: A first step in prevention and treatment of feline aggression," *Journal of Feline Medicine and Surgery* 9, no. 3 (2007): 188–195.

24 Daniela Ramos and Daniel Simon Mills, "Human directed aggression in Brazilian domestic cats: owner reported prevalence, contexts and risk factors," *Journal of Feline Medicine and Surgery* 11, no. 10 (2009): 835–841.

25 A.R. Dale et al., "A survey of owners' perceptions of fear of fireworks in a sample of dogs and cats in New Zealand," *New Zealand Veterinary Journal* 58, no. 6 (2010): 286–291.

26 Stephanie Schwartz, "Separation anxiety syndrome in cats: 136 cases (1991–2000)," *Journal of the American Veterinary Medical Association* 220, no. 7 (2002): 1028–1033.

27 Daiana de Souza Machado et al., "Identification of separation-related problems in domestic cats: A questionnaire survey," *PLoS ONE* 15, no. 4 (2020): e0230999.

28 Karen L. Overall, *Manual of Clinical Behavioral Medicine for Dogs and Cats* (Maryland Heights, MO: Mosby, Elsevier, 2013).

29 Emma K. Grigg et al., "Cat owners' perceptions of psychoactive medications, supplements and pheromones for the treatment of feline behavior problems," *Journal of Feline Medicine and Surgery* 21, no. 10 (2019): 902–909.

30 Marta Amat, Tomàs Camps, and Xavier Manteca, "Stress in owned cats: behavioural changes and welfare implications," *Journal of Feline Medicine and Surgery* 18, no. 8 (2016): 577–586; Debra F. Horwitz and Ilona Rodan, "Behavioral awareness in the feline consultation: Understanding physical and emotional health," *Journal of Feline Medicine and Surgery* 20, no. 5 (2018): 423–436.

12章　高齢ネコと特別なケアが必要なネコ

1 Amy Hoyumpa Vogt et al., "AAFP-AAHA: Feline life stage guidelines," *Journal of Feline Medicine and Surgery* 12, no. 1(2010): 43–54.

2 Hoyumpa Vogt, " AAFP-AAHA: Feline life stage guidelines"; Jan Bellows et al., "Aging in cats: Common physical and functional changes," *Journal of Feline Medicine and Surgery* 18, no. 7 (2016): 533–550.

3 Lorena Sordo et al., "Prevalence of disease and age-related behavioural changes in cats: past and present," *Veterinary Sciences* 7, no. 3 (2020): 85.

4 Lisa M. Freeman, "Double trouble: What's the best diet when your pet has more than one disease?" *Petfoodology blog*, Cummings Veterinary Medical Center, 2020, vetnutrition.tufts.edu/2020/02/double-trouble-whats-the-best-diet-when-your-pet-has-more-than-one-disease.

5 Andre Tavares Somma et al., "Surveying veterinary ophthalmologists to assess the advice given to owners of pets with irreversible blindness," *Veterinary Record* 187, no. 4 (2020).

6 George M. Strain, "Hearing disorders in cats: Classification, pathology and diagnosis," *Journal of Feline Medicine and Surgery* 19, no. 3 (2017): 276–287.

7 Tammy Hunter and Cheryl Yuill, "What is cerebellar hypoplasia?" VCA Hospitals, n.d., vcahospitals.com/know-your-pet/cerebellar-hypoplasia-in-cats.

8 L.M. Forster et al., "Owners' observations of domestic cats after limb amputation," *Veterinary Record* 167, no. 19 (2010): 734–739.

13章　愛猫の最期

1 BBC News, "Oldest cat in the world, Scooter, dies age 30," 2016, bbc.co.uk/newsbeat/article/36292937/oldest-cat-in-the-world-scooter-dies-aged-30.

2 Dan G. O'Neill et al., "Longevity and mortality of cats attending primary care veterinary practices in England," *Journal of Feline Medicine and Surgery* 17, no. 2 (2015): 125–133.

3 Wei-Hsiang Huang et al., "A real-time reporting system of causes of death or reasons for euthanasia: A model for monitoring mortality in domesticated cats in Taiwan," *Preventive Veterinary Medicine* 137 (2017): 59–68.

4 Peter Sandøe, Clare Palmer, and Sandra Corr, "Human attachment to dogs and cats and its ethical implications," *22nd FECAVA Eurocongress, VÖK Jahrestagung 31ST VOEK Annual Meeting: Animal Welfare, Proceedings* 31 (2016): 11–14.

5 Naomi Harvey, "Imagining life without Dreamer," *Veterinary Record* 182 (2018): 299.

6 Sandra Barnard-Nguyen et al., "Pet loss and grief: Identifying at-risk pet owners during the euthanasia process," *Anthrozoös* 29, no. 3 (2016): 421–430.

7 Jessica K. Walker, Natalie K. Waran, and Clive J.C. Phillips, "Owners' perceptions of their animal's behavioural response to the loss of an animal companion," *Animals* 6, no. 11 (2016): 68.

8 P.A. Dingman et al., "Use of visual and permanent identification for pets by veterinary clinics," *Veterinary Journal* 201, no. 1 (2014): 46–50.

9 E. Weiss, M. Slater, and L. Lord, "Frequency of lost dogs and cats in the United States and the methods used to locate them," *Animals* 2, no. 2 (2012): 301–315.

10 Caroline Audrey Kerr et al., "Changes associated with improved outcomes for cats entering RSPCA Queensland shelters from 2011 to 2016," *Animals* 8, no. 6 (2018): 95; Jacquie Rand et al., "Strategies to reduce the euthanasia of impounded dogs and cats used by councils in Victoria, Australia," *Animals* 8, no. 7 (2018): 100.

11 L. Huang et al., "Search methods used to locate missing cats and locations where missing cats are found."0 *Animals* 8, no. 1 (2018): 5.

著者略歴

ザジー・トッド（Zazie Todd）

心理学博士。科学的な根拠をもとに、犬や猫などの家庭で飼育されている動物のケアについて探求している。その成果を書籍、動物行動学の専門誌、ウェブなどに執筆。米国獣医動物行動学会準会員。インターナショナル・キャット・ケア（「世界猫の日」を主催する非営利団体）の教育コースを優秀な成績で修了。姉妹本『あなたの犬を世界でいちばん幸せにする方法』（日経ナショナル ジオグラフィック）がベストセラーとなる。夫、犬1匹、猫2匹とともにカナダのブリティッシュコロンビア州メープルリッジに在住。2012年開設の自身のブログ「コンパニオン・アニマル・サイコロジー」（companionanimalpsychology.com）で、最新の科学的知見に基づくペットのケア方法を伝えている。

訳者略歴

片山美佳子（かたやま・みかこ）

翻訳者。2匹のネコと暮らす愛猫家。東京外国語大学英米語学科卒。ナショナル ジオグラフィック翻訳講座で翻訳の面白さに目覚める。訳書に『ディープフェイク　ニセ情報の拡散者たち』、『いつかは訪れたい 美しき世界の教会』、『写真家だけが知っている　動物たちの物語』（いずれも日経ナショナル ジオグラフィック）ほか。

STAFF
編集　石黒謙吾
デザイン　吉田考宏
カバーイラスト　松本ひで吉
DTP　藤田ひかる（ユニオンワークス）

あなたの猫を世界でいちばん幸せにする方法

2024年5月20日　第1版1刷

著　者　ザジー・トッド
訳　者　片山美佳子
編　集　尾崎憲和　葛西陽子
発行者　田中祐子
発　行　株式会社日経ナショナル ジオグラフィック
〒105-8308　東京都港区虎ノ門4-3-12
発　売　株式会社日経BPマーケティング
印刷・製本　シナノパブリッシングプレス

ISBN978-4-86313-612-0
Printed in Japan

本書はカナダ Dunod 社の書籍
「Purr: The Science of Making Your Cat Happy」を翻訳したものです。
内容については原著者の見解に基づいています。